U0320570

权威·前沿·原创

皮书系列为
"十二五""十三五""十四五"国家重点图书出版规划项目

BLUE BOOK

智 库 成 果 出 版 与 传 播 平 台

上海蓝皮书

BLUE BOOK OF SHANGHAI

上海资源环境发展报告（2022）

ANNUAL REPORT ON RESOURCES AND ENVIRONMENT OF SHANGHAI（2022）

全面提升城市生态软实力

主 编／周冯琦 程 进 胡 静

社会科学文献出版社

SOCIAL SCIENCES ACADEMIC PRESS（CHINA）

图书在版编目（CIP）数据

上海资源环境发展报告 . 2022：全面提升城市生态
软实力 / 周冯琦，程进，胡静主编 . --北京：社会科
学文献出版社，2022.5
（上海蓝皮书）
ISBN 978-7-5201-9951-3

Ⅰ.①上⋯ Ⅱ.①周⋯ ②程⋯ ③胡⋯ Ⅲ.①自然资
源-研究报告-上海-2022②环境保护-研究报告-上海
-2022 Ⅳ.①X372.51

中国版本图书馆 CIP 数据核字（2022）第 054080 号

上海蓝皮书

上海资源环境发展报告（2022）
——全面提升城市生态软实力

主　　编 / 周冯琦　程　进　胡　静

出 版 人 / 王利民
责任编辑 / 王　展
责任印制 / 王京美

出　　版 / 社会科学文献出版社·皮书出版分社（010）59367127
　　　　　　地址：北京市北三环中路甲 29 号院华龙大厦　邮编：100029
　　　　　　网址：www.ssap.com.cn
发　　行 / 社会科学文献出版社（010）59367028
印　　装 / 三河市东方印刷有限公司

规　　格 / 开　本：787mm×1092mm　1/16
　　　　　　印　张：18　字　数：269 千字
版　　次 / 2022 年 5 月第 1 版　2022 年 5 月第 1 次印刷
书　　号 / ISBN 978-7-5201-9951-3
定　　价 / 249.00 元

读者服务电话：4008918866

主要编撰者简介

周冯琦　上海社会科学院生态与可持续发展研究所所长，研究员，博士研究生导师；上海社会科学院生态与可持续发展研究中心主任；上海市生态经济学会会长；中国生态经济学会副理事长。国家社会科学基金重大项目"我国环境绩效管理体系研究"首席专家。主要研究方向为绿色经济、区域绿色发展、环境保护政策等。相关研究成果获得上海市哲学社会科学优秀成果二等奖、上海市决策咨询二等奖及中国优秀皮书一等奖等奖项。

程　进　上海社会科学院生态与可持续发展研究所自然资源与生态城市研究室主任。主要从事环境绩效评价、低碳绿色发展与区域环境治理等领域研究。参与国家社会科学基金重大项目"我国环境绩效管理体系研究"，先后主持国家社科基金青年项目、上海市人民政府决策咨询研究重点课题、上海市哲社规划专项课题、上海市"科技创新行动计划"软科学重点项目等相关课题，担任子课题负责人。研究成果获皮书报告二等奖等奖项。

胡　静　上海市环境科学研究院低碳经济研究中心主任，高级工程师。主要从事低碳经济与环境政策研究。先后主持开展科技部、生态环境部、上海市科委、上海市生态环境局等相关课题和国际合作项目40余项，公开发表科技论文20余篇。

摘　要

2021 年 6 月 22 日，上海提出全面提升城市软实力的部署，全面提升城市软实力是上海面向未来塑造城市核心竞争力的关键之举。生态软实力是城市软实力的重要组成内容之一，上海应重点从生态品质、生态文化、生态话语权三个方面识别并具象化城市生态软实力的发展方向和具体实施措施。本报告从生态品质、生态文化和国际影响力三个方面构建城市生态软实力指数，对上海、北京、香港、纽约、伦敦、东京、巴黎、新加坡等城市生态软实力进行比较分析，发现生态文化是全球城市生态软实力发展差距较大的领域，各城市间的国际影响力得分差距相对较小。上海在生态软实力的三个维度方面发展较为均衡，但尚未形成明显优势领域，因而上海城市生态软实力与全球城市顶级水平存在一定差距。为进一步提升上海城市生态软实力，建议以提升城市生态品质为重点任务，以集聚高端资源为导向提升城市生态品质，强化生态"软文化"与"硬制度"建设，发展具有上海特色的超大城市生态文化，在对接转化国际标准中提升国际生态话语权。

生态品质让城市更具亲和力和吸引力，本报告提出了上海城市生态品质多维评价标准框架，包括人与自然和谐共生、生态设施公平韧性、生态文化包容和谐、生态经济协调高效、人居环境美丽幸福、交通出行绿色低碳等 6 个领域。上海城市生态环境品质促进城市生态软实力提升应着力打造城市动人生态底色，构建引领未来生活空间，打造和谐宜居生态之城，彰显塑造城市生态魅力。生态品质能够促进居民福祉与幸福感提升，本报告的问卷调查研究显示，提高城市居民对生态品质的满意度，能够促进亲环境行为，实现城市居民亲环

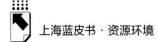

境行为与生态福祉之间以生态环境为载体进行良性互动。本报告进一步聚焦上海五个新城居民生态福祉提升策略，提出应通过补齐和补强环境治理的短板和弱点、优化生态空间的结构和功能、增加滨水空间的数量、完善公众参与生态环境治理的机制等措施增进居民的客观生态福祉和居民的主观感知。

生态文化塑造城市形象和价值观，城市生态文化和城市软实力的构成要素均包括精神、物质、行为和制度四个方面，生态文化内涵的丰富和完善，对于提升城市软实力意义重大。全球城市生态文化的发展经历了以自然为中心、以人为中心、人与自然和谐共生三个阶段，表明城市生态文化是人文生态与自然生态相结合的必然产物。上海发展城市生态文化，不仅要以"软文化"为底蕴，也要以"硬制度"来约束。前者主要包括城市生态理念、生态行为、生态价值观等，是城市居民共同认同、遵守的生态理念和规范；后者主要包括城市生态法规、政策等，是城市居民共同遵守的生态治理规程或行动准则。上海可把建设生态文化地标作为提高城市生态软实力的重要抓手，把城市红色文化、海派文化、江南文化、浦江文化等文化基因融入城市生态软实力建设过程，重点围绕"一江一河"发展规划，完善市、区两级联动机制，建立资金投入保障机制，打造识别度高的城市生态文化新地标，使之成为城市生态文化浓缩的载体。

生态话语权彰显国际影响力和竞争力，气候变化领域的话语权是当前全球城市关注的焦点。基于全球城市历史数据的分析表明，城市人均碳足迹与人均 GDP 呈现倒 U 形关系，上海需要协同经济高质量发展与碳减排目标、建立行业低碳标准规范、打造低碳技术创新中心，树立高发展、低排放的全球城市模范，提升气候变化领域话语权。为提升以规则制定权为核心的国际生态话语权，在政策体系设计上建议上海围绕"需求管理为先、过程控制为重、源头与末端管理并举"主线，推动减污降碳协同增效。上海应以知识生产为基础，建成承接和转移外国先进绿色技术的枢纽，在非显性碳定价和碳排放核算等方面加快实现与发达国家接轨、互认，并大力培育为企业应对碳边境调节机制提供支持的第三方服务行业。

关键词： 生态软实力　生态品质　生态文化　生态话语权

目 录 ⟍⟋

Ⅰ 总报告

Ⅱ 生态品质篇

Ⅲ 生态文化篇

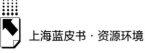

IV 生态话语权篇

V 附录

皮书数据库阅读 **使用指南**

总 报 告

General Report

B.1

上海城市生态软实力内涵及提升路径研究

周冯琦　程 进　王雅婷*

摘　要： 生态软实力是城市软实力的重要组成内容之一，上海应从生态品
质、生态文化、生态话语权三个方面识别并具象化城市生态软实
力的发展方向和具体实施措施。生态品质让城市更具亲和力和吸
引力，生态文化塑造城市形象和价值观，生态话语权彰显国际影
响力和竞争力。对上海、北京、香港、纽约、伦敦、东京、巴
黎、新加坡8个城市生态软实力的比较分析显示，纽约和伦敦位
于第一梯队，代表了目前全球城市生态软实力的最高水平，新加
坡为第二梯队，上海、北京、香港、东京和巴黎为第三梯队，上
海城市生态软实力与全球城市顶级水平还存在一定差距。与全球
城市顶级水平相比，上海城市生态软实力的各细分领域发展水平

---

* 周冯琦，上海社会科学院生态与可持续发展研究所所长，研究员，主要研究方向为低碳绿色
经济、环境经济政策等；程进，上海社会科学院生态与可持续发展研究所副研究员，主要研
究方向为生态城市与区域发展；王雅婷，上海社会科学院生态与可持续发展研究所硕士研究
生，主要研究方向为低碳经济。

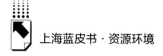

相当，总体上尚未形成绝对优势领域。为进一步提升上海城市生态软实力，首先，应以集聚高端资源为导向提升城市生态品质，构建多维度城市生态品质提升标准，发挥城市生态品质的人才吸引力、市民凝聚力和文化感召力作用。其次，发展具有上海特色的超大城市生态文化，强化生态"软文化"与"硬制度"建设，打造具有上海特色的城市生态文化地标。最后，在对接转化国际标准中提升国际生态话语权，主动对接和转化国际生态规则标准，积极开展国际生态环境治理多边和双边交流合作。

关键词： 生态软实力　生态品质　生态文化　生态话语权

从全国最大的工业基地到卓越的全球城市，上海的城市化进程突飞猛进，经济规模、科技创新、基础设施等城市硬实力不断提升。当前，提升城市发展活力与竞争力的逻辑开始发生转变，在增强城市硬实力的同时，也要更加注重城市软实力的提升。2021 年 6 月 22 日，上海提出全面提升城市软实力的部署，全面提升城市软实力是上海面向未来塑造城市核心竞争力的关键之举。作为上海建设卓越的全球城市的三大目标之一，上海生态之城建设也将从重视硬实力转向软实力与硬实力并重，生态绿色将被打造成为上海城市软实力的重要标识。生态环境在提升城市软实力方面具有特殊性，一方面，良好的生态环境是城市软实力的重要构成要素之一，能显著增强城市的吸引力和竞争力；另一方面，生态环境建设既包括硬实力要素建设，也包括软实力要素建设。因而提升城市生态软实力应成为城市软实力理论研究和实践探索的重要议题。

一　城市生态软实力的内涵

在全面提升城市软实力的背景下，上海应重点从生态品质、生态文化、生态话语权三个方面识别并具象化城市生态软实力的发展方向和具体实施措施。

（一）提升城市生态软实力的意义

生态软实力是城市软实力的重要组成内容之一，提升城市生态软实力对于提升上海城市软实力、实现城市发展愿景目标有着非常重要的支撑作用。

1.缩小上海与全球城市顶级水平的差距

近年来，上海在经济、科技、基础设施建设上进步明显，而在生态绿色发展方面与全球城市顶级水平尚存差距，生态建设成为上海跻身全球城市第一梯队的重要影响因素之一。在 2020 年"全球城市实力指数"48 个城市排名中，上海的环境排在第 42 位，上海的宜居性排在第 37 位。在 2019 年"全球城市生活质量榜"中，上海在全球仅排第 103 位。城市生态软实力是城市软实力的重要组成部分，要把生态绿色打造成为上海城市软实力的重要标识。提升上海城市生态软实力，有助于缩小上海全球城市建设与国际顶级水平之间的差距。

2.增强上海对全球高端资源要素的集聚

提升全球资源配置能力是上海城市发展的目标之一，全球城市发展趋势表明生态环境正成为吸引高端资源的必要竞争优势。日本森纪念财团发布的"全球城市实力指数"报告中，将环境列为全球城市实力六大评价领域之一，生态环境已经成为全球城市实力的重要构成内容，城市的环境质量、气温舒适度、生态景观建设、绿化清洁成为增强城市吸引力和竞争力的重要因素。特别是随着人们更加追求高品质的健康生活，城市只有拥有碧水、蓝天、净土，才能够做到近者悦、远者来。因此，提升上海城市生态软实力，不断提高城市生态亲和力，有助于增强上海对全球高端人才、资本、信息、技术等资源要素的吸引和集聚。

3.打造具有特色的海派生态文化新标识

城市生态文化标识具有标志性、独特性和识别性，是不可替代的城市名片，是增强城市生态软实力、满足市民生态需求、彰显城市品格的重要载体。生态文化标识越来越成为外界了解一座城市的重要窗口，如曼哈顿中央公园是纽约的标志与象征，泰晤士河是伦敦的标志与象征。上海地标性生态文化标识相对不足，尤其是在融合城市自然基底与城市文化基因打造城市生态地标方面还有提升空间。上海通过提升城市生态软实力，将人文思想、人文理念贯穿城市生态软实力建设过程，融入上海城市特有的地域环境、红色文化、海派文化、江南文化、浦江文化等城市文化基因，将生态地标与城市精神关联，成为展现上海城市形象的发力点。

4. 增强上海城市的国际生态话语权

随着全球生态环境和气候变化形势日益严峻，城市在全球生态治理体系中的地位不断上升。如国际地方政府环境行动理事会（ICLEI）、C40 城市集团和"市长盟约"倡议（*Covenant of Mayors*）等在推动城市参与全球生态治理方面起到重要作用。上海积极参与全球治理体系变革，通过提升城市生态软实力，对接国际生态标准，创新全球叙事方式，充分展示上海城市生态软实力建设的成功实践，不断提升上海在生态环境建设和可持续发展领域的国际影响力和话语权，为全球城市生态治理体系转型做出了有益探索。

（二）城市生态软实力要加强与生态硬实力的互动

关于软实力与硬实力的关系有不同的论点。相辅相成论认为软、硬实力是相辅相成的，区别在于软、硬实力行为的性质和资源的实在程度不同。决定论认为硬实力是软实力的基础，硬实力决定软实力，硬实力的成功使文化等软实力更具吸引力。载体论认为硬实力是软实力的物质基础和有形载体，软力量是硬力量的延伸，两者相互影响、相互转化。过渡论认为软、硬实力之间是一种过渡关系，两者之间没有明确的界限①。

从资源层面上看，软实力和硬实力是相辅相成的；从行为层面上来

---

① 陶建杰：《城市软实力及其综合的评价指标体系》，《上海城市管理》2010 年第 3 期。

看，尽管软实力和硬实力在某种程度上都体现为一种影响力，但软实力是一种有吸引力的权力①。软实力包含对内和对外两个方面：对内要有凝聚力和创造力，自身整体实力的提升是对外施加影响的基础；对外则要有吸引力、竞争力，这是外部主体能被影响且产生认同行为的保障②。因此，能产生吸引力的资源都可视为软实力的来源，但一些资源既能生成硬实力，也能营造软实力，即硬实力是软实力的有形载体，而软实力是硬实力的无形延伸。

良好的生态环境既是一种硬实力，也是一种软实力。首先，在城市整体层面，良好的生态环境是城市软实力的重要组成内容之一，能带来有别于经济、科技、基础设施等城市硬实力的城市品质和魅力，显著增强城市的吸引力和竞争力。其次，在生态之城建设层面，生态之城建设既包括生态硬实力要素建设，也包括生态软实力要素建设。生态硬实力可以理解为城市排污水平、生态空间规模、生态环境质量等方面，生态软实力则可以理解为生态品质、生态文化、生态意识、生态形象、生态品牌和生态话语权等不同领域。

从这个角度来看，生态软实力和生态硬实力之间可以相互影响和相互转化。比如完善的城市生态空间体系作为城市生态硬实力的重要来源，既为城市居民提供了良好的生态品质，也可以通过成为"公园城市"的范本吸引其他国家和城市模式效仿。清洁的空气是城市生态硬实力的重要组成部分，同时也为城市塑造良好的生态品质奠定基础，在此基础上形成的城市空气污染治理体系不仅是城市生态制度的构成要素，也是打造城市生态品牌的基石。城市的生态环境治理不仅夯实了城市的生态硬实力，在这之中还存在一种外部信号效应，能够潜移默化地塑造城市居民的生态保护意识，构建独具特色的城市生态文化（见图1）。

---

① 〔美〕约瑟夫·奈、王缉思：《中国软实力的兴起及其对美国的影响》，《世界经济与政治》2009年第6期。
② 王岩：《文化软实力指标体系研究综述》，《马克思主义文化研究》2019年第1期。

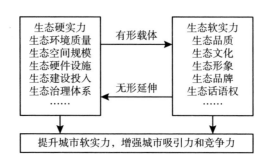

图1 生态软实力与生态硬实力关系

（三）城市生态软实力重点聚焦生态品质、生态文化、生态话语权

生态软实力作为城市软实力的重要组成部分，其内核是以人为本，提升城市居民生态福祉，增强城市内部凝聚力和外部吸引力。本报告围绕生态品质、生态文化和生态话语权三个方面来阐述城市生态软实力的内涵特征。

1.生态品质让城市更具亲和力和吸引力

良好的生态环境是生态品质的核心要义，但生态品质又超出了良好的生态环境质量的范畴。近年来逐渐兴起的Environmental Amenity（环境优越性/生态环境优越性）理念，更贴近生态品质的核心理念。生态环境具有优越性的特征直接关系到城市居民的健康状态和生活体验，可通过改善城市居民的体验感来提高城市生态环境的吸引力和影响力。

首先，生态品质是增强城市吸引力和创造力的重要影响因素。随着互联网的发展和交通运输能力的提升，区域间信息传递和要素流动的成本大幅下降，城市吸引力更加注重人力资本和创新要素汇集所带来的影响力，而非以往局限于物理空间层面的产业集聚效应和规模效应。高质量的人居环境在增进城市居民身心健康和幸福感方面具有积极作用，因而高端资源要素对人居环境和城市生态品质有着更高的要求。城市生态空间可以增强人们与自然的

亲和度，为居民提供健身锻炼、休闲游憩等休闲服务，提高居民身体锻炼的
频率来减少死亡率和慢性病发病率[1]，促进居民的健康福祉并增强其生态和
环保意识。居民的心理健康水平与居住地附近的绿地面积以及居民使用绿地
的频率存在显著的正相关关系[2]。

其次，生态品质更加强调便利性和公平性。生态品质的便利性是决定社
会经济主体选择开展社会经济活动的地理分布的关键因素，区域范围内生态
品质相关的生态便利性能够有效增强当地的吸引力，成为当地吸引人才、招
商引资的重要优势[3]。当地生态资源的丰富程度是生态品质具备便利性的基
础，而生态资源空间分布的可获得性则是决定生态品质便利程度的关键。此
外，环境公平也日益成为城市生态环境领域的焦点问题，环境公平对城市吸
引力也存在潜在的影响，生态品质必须彰显生态公平。

最后，生态品质的提升要坚持以人民为中心。由于自然生态系统具有属
地性，生态文化和审美也具有极大的个体差异，生态品质在不同人群之间的
影响具有异质性。提升城市生态品质不仅要聚焦生态环境质量，更要体现生
态品质对居民生活质量、城市吸引力等城市软实力的影响。要以人的需求为
出发点探讨生态品质，从环境质量、居民感知、健康效应、公平性、社会经
济福利等多个维度制定城市生态品质的评价标准，真正明确生态品质如何发
挥城市生态软实力的底色作用。

2. 生态文化塑造城市形象和价值观

生态文化是生态软实力的核心所在，基于城市气候、水文、地形等塑造
和形成的城市生态文化是城市生态软实力的灵魂和核心价值。生态文化软实
力是强调人与自然协调发展的一种新的文化形态，即人与自然接触过程中形

---

[1] Ekkel, E., Dinand, De Vries, Sjerp., "Nearby Green Space and Human Health: Evaluating Accessibility Metrics", *Landscape and Urban Planning*, 2017, Vol. 157.

[2] Ambrey, Christopher, L., "Urban Green Space, Physical Activity and Well Being: The Moderating Role of Perceptions of Neighborhood Affability and Incivility", *Land Use Policy*, 2016, Vol. 57 (30).

[3] Ahmadiani, Mona, Ferreira, Susana, "Environmental Amenities and Quality of Life across the United States", *Ecological Economics*, 2019, Vol. 164.

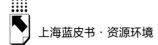

成的生态美学、生态人文、生态意识等价值观念和思维方式①。生态文化软实力不仅体现为生态环境保护意识、引导人类摆脱生态危机，还体现为系统的生态环境价值理念，更加强调生态责任。

首先，城市生态文化传播具有城市特色的生态价值观。生态文化往往以生态服务、生态教育和生态创新产品为载体，向外界传播具有属地特色的生态环境保护意识和生态环境价值理念②。商业化的生态服务、城市生态空间等公共生态服务均在塑造和传播城市生态价值方面发挥着推动作用。城市绿色基础设施通过增强人们与自然的亲和度来培育居民的生态环保意识，并作为城市生态文化对外传播的重要载体，促进当地生态文化和城市形象的宣传推广③，提高居民对当地生态政策、生态制度等生态文化的认同感，进而提高当地生态文化的影响力。

其次，生态文化创新能进一步塑造城市生态价值观。生态文化创新以创新手段提供具有高附加值的生态文化产品或生态文化服务，从而提升城市生态文化的吸引力④。城市生态文化不仅集中体现为生态服务、生态艺术、生态教育等生态文化载体，也具有生态地标、生态制度、生态叙事等多种表现形式。生态文化根植于属地自然生态环境，因而生态文化创新不能简单地就文化论文化，在从文化发展视角探讨城市生态文化培育机制的基础上，更要体现出城市生态文化是城市自然基底与城市文化基因深度融合的结果。

最后，生态文化地标是塑造并推广城市生态形象的重要载体。一个地区生态文化的形成与当地历史文化底蕴、民俗习惯、地理风貌等因素密不可

① 尚晨光、赵建军：《生态文化的时代属性及价值取向研究》，《科学技术哲学研究》2019年第2期。

② Huhmarniemi, Maria, Jokela, Timo., "Arctic Arts with Pride: Discourses on Arctic Arts, Culture and Sustainability", *Sustainability*, 2020, Vol. 12 (2).

③ Terkenli, T., S., Bell, S., Toskovi, O. et al., "Tourist Perceptions and Uses of Urban Green Infrastructure: An Exploratory Cross-cultural Investigation", *Urban Forestry & Urban Greening*, 2020, Vol. 49 (3).

④ 史哲宇、张蓉：《新时代生态产品文化价值实现路径研究》，《青海社会科学》2020年第6期。

分，因此城市生态文化大多也具备地域性的特色①。城市生态文化地标具有标志性、独特性和识别性，是增强城市生态软实力的重要载体。应把城市文化基因融入城市生态软实力建设过程，打造识别度高的城市生态文化新地标。

3. 生态话语权彰显国际影响力和竞争力

国家行为主体一定程度上在全球生态治理中面临集体行动困境，因而城市在全球生态治理中的地位不断上升。城市在承担全球生态治理的能力、资源、灵活性和有效性等方面具有一定潜力，生态话语权成为城市生态软实力的重要组成部分，在提高城市的国际影响力和竞争力方面发挥了必不可少的作用。生态话语权可理解为国际话语主体对生态文明建设"发声"的权利②，一个掌握生态话语权的城市能够充分发挥其在全球生态建设中的引领作用，通过对接国际生态标准，并将本土化的标准推广至全球范围，最大化实现城市生态软实力的吸引力和影响力。

首先，提升城市生态话语权需要对接国际标准。全球生态治理合作形式多样，既有宏观层面的国家博弈、谈判，也有微观层面的技术合作、制度协同等内容。因此具体领域的全球生态治理合作一般表现为相关领域的国际标准，标准竞争成为全球城市生态治理竞争的热点之一。提升城市生态话语权，需要以有效对接国际标准为基础，实现既对接全球标准又体现城市特色，增进全球范围对城市生态治理理念和方案的认同，进而深度融入全球城市生态话语体系。

其次，从城市层面来看，提升生态话语权的路径多样。从城市外交的视角来看，在全球生态治理主体多元化的大背景下，城市之间将建立一系列的对话和共同行动平台，通过城市外交实践产生不同于国家间的外交规

---

① Zhang, MunkhDalai, A., Borjigin, Elles, Zhang, Huiping, "Mongolian Nomadic Culture and Ecological Culture: On the Ecological Reconstruction in the Agro-pastoral Mosaic Zone in Northern China", *Ecological Economics*, 2007, Vol. 62 (1).

② 廖小平、董成：《论新时代中国生态文明国际话语权的提升》，《湖南大学学报》（社会科学版）2020年第3期。

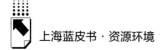

则来影响新国际规则的制定①。如城市气候外交既是城市共同引领全球气候治理的直接体现，也是提升气候治理话语权的主要形式②。从公共物品供给视角来看，全球生态治理是一个在全球尺度上通过多元主体合作来提供生态公共产品的问题，城市拥有更多的可以直接利用的资源和能力来供给生态治理中的公共产品，城市在供给全球气候公共产品中的地位日益凸显③。从全球生态话语体系传播视角来看，提升国际生态话语权，依赖相关话语平台和专业化的传播队伍④，通过多样化的话语表达方式和先进的传播策略，向全球传播城市生态建设理念和经验。虽然城市生态话语权的提升视角不同，但构筑体现城市特色的生态话语体系、传播城市生态建设思想、参与全球城市生态治理、推进城市层面生态环保交流合作是提升城市生态话语权的主要路径。

二 上海与代表性全球城市生态软实力发展评价

要使城市生态软实力建设更具实效，开展城市生态软实力评价就显得十分重要。在深化对城市生态软实力的认识的基础上，本文开展上海、北京、香港、纽约、伦敦、东京、巴黎、新加坡等城市的生态软实力比较分析，总结上海城市生态软实力的优势和短板，为进一步提升城市生态软实力指明方向。

（一）城市生态软实力评价体系

基于城市生态软实力包含生态品质、生态文化和生态话语权三个方面的

---

① 韩德睿：《城市参与全球治理的路径探析——以中国城市为视角》，《区域与全球发展》2019 年第 5 期。
② 冯帅：《论全球气候治理中城市的角色转型——兼论中国困境与出路》，《北京理工大学学报》（社会科学版）2020 年第 2 期。
③ 庄贵阳、周伟铎：《非国家行为体参与和全球气候治理体系转型——城市与城市网络的角色》，《外交评论》2016 年第 3 期。
④ 华启和：《中国提升生态文明建设国际话语权的基本理路》，《学术探索》2020 年第 10 期。

认识，从生态品质、生态文化和国际影响力三个方面构建城市生态软实力指数评价体系，如表1所示。

表1 上海城市生态软实力评价体系

一级指标	二级指标	三级指标	具体指标	单位
生态软实力	生态品质	气候舒适	城市年平均降水量与适宜降水量差值	毫米
			城市年平均气温与标准温度差值	℃
		生态质量	$PM_{2.5}$ 年均浓度	微克/米^3
			城市公共绿色空间占比	%
	生态文化	生态文化氛围	文物和历史遗址数目	个
			每10万人的书店数量	个
		生态行为意识	绿色出行指数	—
			人均生活垃圾产生量与人均GDP的比值	—
	国际影响力	城市地位	城市在全球城市实力指数环境领域排名	—
			城市在全球城市可持续竞争力指数的排名	—
		国际表达	城市生态环境主题的国际论文发表数量	篇
			国际交流会议会展数量	个

受新冠肺炎疫情影响，2020年各个城市的数据较正常年份产生较大偏差，因此本文主要基于2019年各全球城市的数据进行评价。在本文构建的指标体系中，城市公共绿色空间的占比数据来源于世界城市文化论坛，公共图书馆数量以及城市的文化和自然遗产数量来自世界城市文化峰会发布的《世界城市文化报告》。绿色出行指数来源于国际研究机构Oliver Wyman提供的全球城市绿色出行指数排名榜单，而单位产值的人均生活垃圾产生量则来源于世界银行于2019年发布的调查报告《垃圾何其多2.0》。城市在全球城市实力指数环境领域的排名以及城市在全球城市可持续竞争力指数的排名则分别使用日本森纪念财团旗下城市战略研究所发布的2019年全球城市实力指数报告和联合国人居署发布的《全球城市竞争力报告2018~2019》。城市生态环境主题的国际论文发表数量则是基于sciencedirect数据库统计2019年当年以该城市名称为关键词检索出的环境领域有关的论文数量。全球城市的国际交流会议会展数量的数据则来源于ICCA发布的《2019年国际协会会

议市场年度报告》。除上述提及的指标以外的其他指标的数据则来源于各个城市的统计年鉴。

（二）上海与代表性全球城市生态软实力现状综合评价

基于熵值法对选取的8个全球城市生态软实力数据进行处理，分别得出全球城市生态软实力的总体得分和分领域得分。

表2　上海与国际一流全球城市生态软实力测评结果

		上海	北京	香港	纽约	伦敦	东京	巴黎	新加坡
生态软实力	得分	0.303	0.353	0.388	0.578	0.525	0.401	0.375	0.464
	排名	8	7	5	1	2	4	6	3
生态品质	得分	0.402	0.304	0.723	0.506	0.572	0.423	0.301	0.807
	排名	6	7	2	4	3	5	8	1
生态文化	得分	0.219	0.378	0.228	0.748	0.470	0.271	0.202	0.134
	排名	6	3	5	1	2	4	7	8
国际影响力	得分	0.325	0.364	0.293	0.405	0.559	0.565	0.692	0.602
	排名	7	6	8	5	4	3	1	2

1. 上海城市生态软实力与全球城市顶级水平存在一定差距

根据全球城市生态软实力的总体得分情况，可以将8个全球城市分为三个梯队，第一梯队为纽约和伦敦，生态软实力得分为0.578、0.525，这两个城市得分大于0.5，代表了目前全球城市生态软实力的最高水平。第二梯队为新加坡，生态软实力得分为0.464，也是唯一一个生态软实力得分位于0.4~0.5区间的城市；第三梯队为上海、北京、香港、东京和巴黎，虽然这5个城市的生态软实力得分有一定差距，但均位于0.3~0.4区间，可以认为处于相当水平，不过上海城市生态软实力与全球城市顶级水平还存在一定差距。

从生态品质、生态文化和国际影响力三个维度内部各城市间的差距来看，生态文化是全球城市发展差距较大的领域，最高城市得分是最低城市得分的5.6倍；各城市间的国际影响力得分差距相对较小，最高城市得分是最低城市得分的2.4倍，也间接反映了全球城市整体上均具有相对较好的国际影响力。上海生态品质、生态文化和国际影响力在 8 个城市中的排名分别为第六、第六、第七位，一定程度上说明上海在生态软实力的三个维度方面发展较为均衡，但由于尚未形成具有明显优势的领域，上海生态软实力整体水平在全球城市中排名靠后。

2. 上海城市生态软实力的三个维度均存在提升空间

（1）生态品质

在生态品质维度，新加坡和香港得分遥遥领先，分别列第一名和第二名，得分分别为 0.807 和 0.723。新加坡和香港在气候舒适度和生态环境质量上均处于全球领先水平。伦敦和纽约为第三和第四名，得分位于 0.5~0.6 区间，与新加坡和香港之间存在一定的差距。不过，值得注意的是，尽管伦敦在气候舒适度上存在一定的先天不足，但是伦敦通过良好的城市生态环境管理形成了城市生态环境质量的后发优势。伦敦年均细微颗粒物浓度为 11.6 微克/米^3，仅低于东京的 10.4 微克/米^3，伦敦的城市生态绿色空间覆盖率亦相对较高。上海与东京在生态品质上得分均处于 0.4~0.5 区间，特别是上海在气候舒适度上得分约为 0.63，在 8 个全球城市中排名第三，且与排名前两名的城市差距较小。这表明上海具备较好的生态禀赋，通过弥补城市环境污染治理和绿色生态空间建设上的不足，能很快追赶顶级全球城市生态品质水平。北京和巴黎的生态品质得分处于 0.3~0.4 区间，在城市气候舒适度和生态质量上均存在不足。

（2）生态文化

在生态文化维度，全球城市之间差距十分明显。纽约以 0.748 的得分位列第一，远高于第二名伦敦的 0.470。纽约良好的城市文化氛围不仅有助于城市生态文化氛围的营造，更有助于加强城市居民的生态行为意识，打造良好的城市生态文化。北京以 0.378 的得分位列第三，主要源于北京深厚的城市文化底蕴，但在城市居民的生态意识和生态行为的普及教育上，北京还存在一定的进步空间。东京、香港、上海、巴黎得分在 0.2~0.3 区间，东京城市居民的生态环境保护意识和行为较强，单位产值的人均生活垃圾产生量仅多于纽约，为每人每天 0.244 千克。相比之下，尽管上海的绿色出行指数为62.4（只略低于新加坡和伦敦），但上海和香港单位产值的人均生活垃圾产生量超出东京1倍，这表明上海在绿色生活方式营造上仍存在提升空间。新加坡的得分排名最后，原因在于其城市生态文化氛围相对不足，而这更多的是城市体量和历史发展的缘故。此外，在居民生态行为方面，尽管新加坡拥有8个全球城市中最高的绿色出行指数（70.8），但其也是单位产值的人均生活垃圾产生量最大的城市，这表明新加坡城市居民的生活消费方式有待转变。因此，尽管新加坡在城市生态品质和国际影响力方面表现优异，但城市生态文化氛围的不足是制约其城市生态软实力水平进一步提升的重要因素。

（3）国际影响力

在国际影响力维度下，巴黎凭借其在国际表达上的超高影响力成为在生态环境领域最具国际影响力的城市（国际影响力得分为0.692）。尽管巴黎并非全球城市在可持续发展和环境领域的标杆城市，与城市生态环境相关的学术研究也远远落后于北京、上海乃至纽约、东京，但巴黎是全球城市中举办国际交流会议会展最多的城市，《巴黎协定》的签订更是在无形中增加了巴黎在全球生态环境领域的知名度。由此可见，国际交流会议会展的召开在提升城市国际影响力上发挥着重要的作用。新加坡在国际影响力维度的得分为0.602，排名第二，与巴黎不同的是，新加坡在国际表达上存在一定的短板，但在各个国际组织发布的生态环境和可持续发展领域城市实力和竞争力指数排名上，新加坡都位列前茅。新加坡成功塑造了生态环境领域"标杆城市"的国际城市形象和国际城市地位，因此尽管新加坡在学术界和媒体界相对来说并没有强大的传播力，但从整体来看拥有不俗的国际影响力。尽管北京和上海在学术领域得到了较为广泛的关注和研究，因而在国际表达上得分较高，但在城市地位上和其他全球城市相比还是存在不小的差距。一方面上海应积极承办举办国际级别的高端会议会展，进一步提升在国际表达上的地位，提升上海的国际知名度；另一方面，上海也应完善城市在生态环境领域的治理体系和治理机制，提高城市可持续发展能力，增强在全球城市中的城市地位（见图2）。

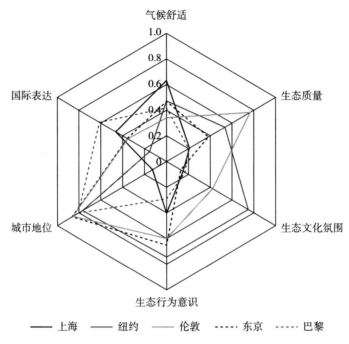

图2 5个全球城市生态软实力具体领域得分情况

三 提升上海城市生态软实力的对策建议

与全球城市顶级水平相比,上海城市生态软实力的各细分领域发展水平相当,尚未形成绝对优势领域。为进一步提升上海城市生态软实力,建议以提升城市生态品质为重点任务,协同推进城市生态文化、生态话语权建设。

(一)以集聚高端资源为导向提升城市生态品质

上海在环境质量改善、生态空间建设等方面取得了显著进展。为打造生态宜居的人居环境,不断提高城市生态亲和力,上海应以集聚全球高端人才、资本、信息、技术等战略资源为导向,进一步提升城市生态环境品质。

1. 构建多维度城市生态品质提升标准

城市生态品质建设和评价标准需要从传统的污染治理等自然属性视角，转向结合人的需求等多维属性视角，从环境质量、居民感知、健康效应、公平性、社会经济福利等多个维度明确城市生态品质的建设和评价标准。其中环境质量体现为污染状况、生态系统服务能力、生态足迹、能源效率等内容；居民感知体现为舒适度、幸福感、满意度、获得感等内容；健康效应体现为身体状况自评、心理疾病、亚健康情况、重点疾病发病率等内容；公平性体现为不同群体的获得感、生态空间可达性等内容；社会经济福利体现为就业收入、公共服务、社区交流频次等内容。

2. 发挥多样化城市生态品质功能作用

为增强对全球高端资源要素的吸引和集聚能力，要发挥城市生态品质的多样化功能及作用。

一是增强人才吸引力。随着环保和健康意识的上升，高端资源对生态品质的要求也不断增加，只有一个无污染和洁净的人居环境，才能实现身心健康、人与自然和谐共生。上海提升生态品质应把健康权、生命权放到首要地位，以世卫组织环境健康标准为努力目标，打造高标准的生态、绿色与可持续发展的城市人居环境，不断提升对全球高端创新要素和人才资源的吸引和集聚能力。

二是增强市民凝聚力。空气、水、生态空间已经成为城市居民生活不可缺少的资源，针对城市不同地域、不同人群的生态需求，推进生态环境精细化管理，动态性解决民生关切的生态环境问题，丰富城市生态空间的运营模式，提升城市生态环境的生态服务功能，满足不同人群对生态品质的异质性需求，增强市民获得感、幸福感和凝聚力。

三是增强文化感召力。城市生态环境是承载城市文化的重要载体之一，上海应挖掘城市生态环境的文化和服务功能，赋予城市生态环境更多的文化属性，推进城市生态环境和城市人文气息良性互动，以城市生态品质提升带动人文素养提升，塑造城市生态文化形象，更好地在世界上展现上海的生态文化品质，增强城市文化感召力，为全球城市生态建设贡献"上海能量"。

（二）发展具有上海特色的超大城市生态文化

生态文化是城市生态软实力的内核所在，上海需要深挖城市文化中的生态基因，用文化的力量引领生态环境发展方向，塑造城市生态环境形象。

1. 强化生态"软文化"与"硬制度"建设

发展城市生态文化，不仅要有"软文化"为底蕴，也要有"硬制度"加以约束。前者主要包括城市生态理念、生态行为、生态价值观等，是城市居民共同认同、遵守的生态理念和规范。后者主要包括城市生态法规、政策等，是城市居民共同遵守的生态治理规程或行动准则。

首先，倡导生态"软文化"，塑造城市生态价值观念。挖掘上海城市文化中的生态意识，以生态艺术、生态服务、生态教育为载体，从宏观层面的生态艺术形式与城市公共艺术创新融合，到微观层面的企业产品包装生态设计创新，向公众或外界传播生态价值理念，彰显城市的生态文明和生态影响力，形成非制度的强大驱动力。

其次，完善生态"硬制度"，健全约束机制。通过地方立法、完善环保规章制度等举措，构建具有上海特色的超大城市生态环境治理制度体系，让"硬制度"成为上海城市生态软实力的重要标志。只有实行最严格的规章制度，才能促进城市生态治理进入法治化、规范化发展阶段，为上海生态之城建设提供可靠保障。

2. 打造具有上海特色的城市生态文化地标

首先，摸清上海的自然基底和文化基因家底。上海地处长江入海口，北跨长江，东濒东海，南邻杭州湾，黄浦江、苏州河穿市而过。上海兼具中国传统的江南水乡文化与海洋文化，形成自身独特的海派文化。上海的城市自然基底和文化基因独具特色，按照典型性和代表性对其进行分类排序，掌握上海打造生态文化地标的基础条件。

其次，打造识别度高的城市生态文化新地标。融合生态工程、社会工程、文化工程、产业工程的建设要求，把城市红色文化、海派文化、江南文化、浦江文化等文化基因融入城市生态软实力建设过程，重点围绕"一江

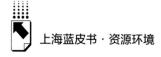

一河"发展规划，打造识别度高的城市生态文化新地标，使之成为城市生态文化浓缩的载体，创新生态文化地标宣传方式，让更多的人了解上海、认识上海、关注上海。

（三）在对接转化国际标准中提升国际生态话语权

上海提升城市生态软实力的核心任务之一，就是突破发达国家和城市主导的全球生态议题话语权，更加广泛对接全球城市生态治理标准、更加深刻构建具有海派特色的全球城市生态环境议题，积极参与全球生态环境治理与交流，不断提升国际生态话语权。

1.主动对接和转化国际生态规则标准

加强对国际生态规则标准的转化和衔接，更好促进全球城市生态治理发展趋势和上海实践的融合，同时体现上海特色，既有助于健全完善国际生态标准规则，也有助于培育上海与世界对话的开放精神。近期上海应以对接转化"碳达峰、碳中和"国际规则标准为主要任务。

首先，梳理分析 CPTPP（跨太平洋伙伴关系协定）、SDG（联合国可持续发展目标）等国际重要生态环境履约发展形势，分析欧盟、美国、日本等主要发达经济体城市生态环境治理发展动向趋势。分析国际上以 ISO 14064、PAS 2050、GHG Protocol 和 ISO 14067 等为代表的碳足迹相关量化规则标准，以及以 PAS 2060、ISO14068 等为代表的碳中和规则标准主要内容及特点。

其次，完善碳排放监测、报告和核查制度及碳信息披露制度。可监测、可报告、可核查（MRV 体系）是碳市场金融化发展的基础，上海在打造国际碳金融中心进程中，应主动对标国际规则标准，根据上海的发展阶段和特点构建与国际接轨的碳排放核算标准与方法学，并在上海进行试点示范，提高碳排放核算结果的权威性。逐步推行碳排放在线监测制度，保障在线监测数据的真实性。提高第三方核查力量的专业性、独立性和业务能力。

2.积极开展国际生态环境治理交流合作

对标东京等全球精英城市，上海应不断深化与世界各地的城市和国际组织的合作，传播城市生态环境治理信息，提供政策知识和技术，协助改善国际城市生态环境，为应对全球气候变化做出贡献。积极协调城市之间的环境政策以及积极学习知识和技术，加强引领全球环境问题解决方案的全球伙伴关系和从业者层面的交流，通过参与国际网络和国际会议，向世界传播上海的生态环境治理措施。

首先，积极加入生态环境领域的国际城市联合组织，开展生态环保多边合作。上海已加入 C40 城市气候领导联盟，可继续根据积累的经验和专业知识，致力于在城市应对气候变化的行动中发挥领导作用。在此基础上，在条件适宜时加入国际碳行动伙伴组织（ICAP）等国际城市联合组织，积极传播和分享城市在生态环境治理领域的成就和专业知识。

其次，积极与"一带一路"城市开展生态环境双边合作。上海可加强与"一带一路"城市的生态环境技术交流。与东京等城市交流环境质量改善领域的研究人员，开展超大城市污染物防治的技术交流。通过城市双边合作计划，推动废弃物治理、建筑节能、清洁能源等实践层面的工作。

3. 发挥政府主体和社会主体的协同作用

如何让上海城市的生态环境议题影响全球城市，不仅仅是政府的责任和工作，更是社会组织、公众、企业等社会主体的责任。因此应从政府维度和社会维度选择上海提升生态话语权的路径。

首先，提升在全球生态治理中的统筹协调能力，深化上海生态话语权的政府维度。通过加入全球城市生态治理网络、引入国际生态环保组织、培育国际生态环保组织，开展城市生态外交，以"上海主场"为载体，提高传播能力和统筹协调能力，增强国际影响力和话语权。

其次，发动社会组织、跨国企业、社会公众等社会力量配合城市生态话语权的提升，强化上海生态话语权的社会维度。企业主体主要任务是在关键的制造、科技领域形成自身具有竞争力和影响力的生态环境策略，积极参与国际环境议题。公众通过各项对外人文交流活动展现上海生态之城建设最为真实、立体的一面，为上海参与全球城市生态治理提供令人信服的证明。

参考文献

Ahmadiani, Mona, Ferreira, Susana, "Environmental Amenities and Quality of Life Across the United States", *Ecological Economics*, 2019, Vol. 164.

Ambrey, Christopher, L., "Urban Green Space, Physical Activity and Wellbeing: The Moderating Role of Perceptions of Neighborhood Affability and Incivility", *Land Use Policy*, 2016, Vol. 57.

Ekkel, E., Dinand, De Vries, Sjerp., "Nearby Green Space and Human Health: Evaluating Accessibility Metrics", *Landscape and urban planning*, 2017, Vol. 157.

Huhmarniemi, Maria. Jokela, Timo., "Arctic Arts with Pride: Discourses on Arctic Arts, Culture and Sustainability", *Sustainability*, 2020, Vol. 12.

Terkenli, T., S., Bell, S., Toskovi, O. et al., "Tourist Perceptions and Uses of Urban Green Infrastructure: An Exploratory Cross-cultural Investigation", *Urban Forestry & Urban Greening*, 2020, Vol. 49.

Zhang, MunkhDalai, A., Borjigin, Elles, Zhang, Huiping, "Mongolian Nomadic Culture and Ecological Culture: On the Ecological Reconstruction in the Agro-pastoral Mosaic Zone in Northern China", *Ecological Economics*, 2007, Vol. 62.

冯帅：《论全球气候治理中城市的角色转型——兼论中国困境与出路》，《北京理工大学学报》（社会科学版）2020 年第 2 期。

韩德睿：《城市参与全球治理的路径探析——以中国城市为视角》，《区域与全球发展》2019 年第 5 期。

华启和：《中国提升生态文明建设国际话语权的基本理路》，《学术探索》2020 年第 10 期。

廖小平、董成：《论新时代中国生态文明国际话语权的提升》，《湖南大学学报》（社会科学版）2020 年第 3 期。

尚晨光、赵建军：《生态文化的时代属性及价值取向研究》，《科学技术哲学研究》2019 年第 2 期。

史哲宇、张蓉：《新时代生态产品文化价值实现路径研究》，《青海社会科学》2020 年第 6 期。

陶建杰：《城市软实力及其综合的评价指标体系》，《上海城市管理》2010 年第 3 期。

王磐璞：《环境文化也是重要的文化软实力》，《环境保护》2008 年第 1 期。

王岩：《文化软实力指标体系研究综述》，《马克思主义文化研究》2019 年第 1 期。

〔美〕约瑟夫·奈、王缉思：《中国软实力的兴起及其对美国的影响》，《世界经济与政治》2009 年第 6 期。

赵建军：《制度体系建设：生态文明建设的"软实力"》，《中国党政干部论坛》2013 年第 12 期。

郑德凤、王燕燕、曹永强：《基于生态系统服务的生态福祉分类与时空格局——以中国地级及以上城市为例》，《资源科学》2020 年第 6 期。

庄贵阳、周伟铎：《非国家行为体参与和全球气候治理体系转型——城市与城市网络的角色》，《外交评论》2016 年第 3 期。

生态品质篇

Chapter of Ecological Quality

B.2

上海城市生态品质多维评价标准研究

吴 蒙*

摘 要： 城市生态品质提升是对过去城市生态环境建设的价值理念、目标要求和要素内涵的一种深刻反思，也是全面提升城市软实力的必要途径。当前上海积极参与全球城市竞争，建设与卓越的全球城市相匹配的城市生态品质是其内在需要和必然趋势。对此，本研究运用扎根理论，对城市生态学、社会学、经济学、伦理学和人居环境学当中与城市生态环境建设相关的理论知识进行熔炼，为建立城市生态品质多维评价标准提供理论支撑。在此基础上，围绕《上海市城市总体规划（2017～2035年）》当中提出的"成为引领国际超大城市绿色、低碳、可持续发展的标杆"的生态之城建设目标，构建基于NICEST的城市生态品质多维评价标准框架，包含一个目标、六大标准领域和18个构成要素，以期为上海城市生态品质提升提供评价管理的科学参考依据，以评促建

* 吴蒙，博士，上海社会科学院生态与可持续发展研究所助理研究员，主要研究方向为环境规划与管理、城市生态空间治理。

助推上海城市生态软实力提升，增强城市综合竞争力。

关键词： 生态品质　生态软实力　评价标准　上海

一　上海城市生态品质多维评价标准研究的背景与意义

在中国城市由高速增长迈向高质量发展的新阶段，城市软实力日益成为城市综合竞争力的重要体现，而厚植城市生态品质是提升城市软实力的必要途径。上海目前正积极打造我国引领未来超大城市发展的新标杆，打造与卓越的全球城市相匹配的城市生态品质是内在需要和必然趋势。在此背景下，遵循人与自然和谐共生的价值观和"人民城市"理念，开展城市生态品质多维评价标准研究，有助于从理论层面为实现"指标化生态环境建设"向"生态环境建设多元价值融合"转变，为助推上海城市生态品质提升提供科学的评价参考依据。

（一）中国城市已由高速增长阶段进入高质量发展新阶段

改革开放以来，我国经历了世界上规模最大、速度最快的城镇化发展过程，城镇化率从 1978 年的 17.9% 提高到 2021 年的 63.9%，城镇常住人口达到 9.02 亿人，并且预计 2030 年将达到 10 亿人，2050 年城镇化率将达到 72.9%[1]，顺利完成由农业人口占主导的国家向城镇人口占主导的国家的历史性转变。与此同时，城市化发展遗留的社会、经济、环境问题复杂而尖锐，也时刻警示了旧式城镇化发展模式已经难以适应我国社会主要矛盾的转变和全球城市间日益激烈的竞争格局，必须坚持走中国特色新型城镇化道路、实施城市更新等重大战略举措，积极推动城市由高速度增长向高质量发

---

① 林伟斌、孙一民：《基于自然解决方案对我国城市适应性转型发展的启示》，《国际城市规划》2020 年第 2 期。

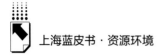

展转变，满足人民日益增长的高品质城市生活需求，并助推城市综合竞争力提升。

2012年，党的十八大提出"新型城镇化"概念，紧接着国家明确提出坚持走中国特色新型城镇化发展道路；2014年3月，国务院印发《国家新型城镇化规划（2014~2020年）》，提出要努力走出一条以人为本、四化同步、优化布局、生态文明、文化传承的中国特色新型城镇化道路①；2016年2月，《国务院关于深入推进新型城镇化建设的若干意见》要求以人的城镇化为核心，以提高质量为关键，以体制机制改革为动力，深入推进新型城镇化建设②；2017年10月，党的十九大报告明确提出要着力提高新型城镇化发展质量，坚持走绿色、集约、高效、低碳、创新、智能的新型城镇化高质量发展道路；2020年10月，党的十九届五中全会审议通过《中共中央关于制定国民经济和社会发展第十四个五年规划和二〇三五年远景目标的建议》明确提出实施城市更新行动，总体目标是"建设宜居城市、绿色城市、韧性城市、智慧城市、人文城市，不断提升城市人居环境质量、人民生活质量、城市竞争力，走出一条中国特色城市发展道路③"。至此，我国城市高质量发展内涵不断丰富，也更加注重精细化品质化，迫切需要采用新的评价标准来判断其具体发展措施和成果，实现新形势下城市发展评价标准的与时俱进，并不断赋予其新的内涵。

（二）厚植城市生态品质是全面提升城市软实力必要途径

当今世界，软实力正日益成为一个国家、一个地区和一座城市综合竞争力的重要体现。聚焦具体某一座城市，在硬基建高峰过后，就要从文化建设、城市治理、人居环境、营商和创新等领域精心打造与之相匹配的城市软实力，通常由城市文化、规则、制度、政策、市民素质等无形资源要素产生

---

① 中共中央、国务院：《国家新型城镇化规划（2014~2020年）》，2014年3月16日。
② 国务院：《国务院关于深入推进新型城镇化建设的若干意见》，2016年2月6日。
③ 国家发改委：《中共中央关于制定国民经济和社会发展第十四个五年规划和二〇三五年远景目标的建议》，2020年10月30日。

的有关城市吸引力、凝聚力、辐射力、影响力和美誉度等都属于城市软实力范畴①。城市生态品质的概念内涵目前尚无定论，本研究将其理解为城市生态环境建设在物质层面的质量、行为与价值观等层面的本质和水准。城市生态品质在实践当中应当是指"优良的城市生态品质"。从理论层面来看，是基于人与自然和谐共生的生态伦理观和高品质城市人居环境的价值诉求，对过去城市生态环境建设的价值理念、重要内涵、目标要求等的一种深刻反思。从实践层面看，国内外城市在生态品质提升相关实践当中均强调要以满足人们对高品质城市人居环境需求和人与自然和谐共生的可持续发展为核心目标，侧重从城市环境、经济、社会、交通、文化、制度等多个维度，营造以绿色、低碳、健康、宜居、公平、韧性等为主要内涵特征，并具有魅力、特色，以及面向未来的人性化城市空间，并不断提升城市生活吸引力和整体竞争力。

城市生态品质是城市生态软实力的核心要素，也是城市软实力的重要构成②。首先，随着当前人们对城市美好生态环境的需求日益增长，通过提高城市生态品质来优化提升人居环境并提供更多生态福祉，逐渐成为城市吸引高素质、创新型人才的重要举措，直接关系到城市人才吸引力这一关键软实力要素。其次，城市生态品质提升通过在物质、精神、制度层面营造更加开放包容的生态文化底蕴，彰显城市文化魅力，弘扬城市精神和品格，助力城市文化吸引力和美誉度等城市软实力提升。最后，城市生态品质提升在实践当中将促进城市生态环境治理能力和治理体系现代化建设，加速中国特色生态文明建设理论和实践的国际化进程，增强我国在生态城市建设领域的国际影响力和话语权。

综上所述可以看出，厚植城市生态品质是打造城市软实力的必要路径，也是城市软实力的重要外化特征。

---

① 胡键：《城市软实力的构成要素、指标体系的编制及其意义》，《探索与争鸣》2021年第7期。
② 周冯琦、张文博：《上海专门为"一江一河"制定发展规划，体现了提升城市软实力的一条重要思路》，上观新闻，2021年9月8日。

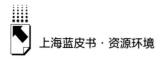

（三）生态品质多维评价标准助推城市发展多元价值融合

20 世纪 80~90 年代，我国在城市生态环境建设领域引入西方城市生态规划、地理信息系统、遥感技术、绿道规划、景观生态学等技术方法后，出现了一波城市生态环境建设与评价的技术理性热潮，注重运用具有适用性和精确性的技术工具，开展基于理性计算的"指标化生态建设"。城镇化率、绿地率、绿化覆盖率等能够被量化的单一发展指标均成为衡量城市生态品质的标准。基于技术理性的"指标化生态建设"虽然在很大程度上推动了城市生态环境建设与评价技术的发展，但也在一定程度上造成对人的生活品质需求以及人与自然和谐共生的价值观的考量不够充分，未能有效实现城市发展多元价值的融合。

面向未来，城市将成为人类最主要的聚居地，城市生态品质评价标准理应高度重视城市的宜居生活品质。根据普华永道的研究，城市的发展可以划分为生存、基础、进阶和生活品质四个阶段，其中，生活品质是在全球一体化时代与城市发展成功与否相关度最高的因素[1]。联合国人居署在《新城市议程》（New Urban Agenda）中指出人类的共同愿景是人人共享城市、平等使用和享有城市和人类居住区，力求促进包容性，确保今世和后代的所有居民都能不受任何歧视，建设公正、安全、健康、便利、负担得起、有韧性和可持续的城市和人类住区，以促进繁荣，改善人类生活质量[2]。可以看出，追求高品质已成为当前全球城市发展的重要价值取向。另外，从纽约、伦敦、悉尼、墨尔本、法兰克福等全球城市未来发展战略规划实践当中表现出的共性特征来看，强调绿色低碳、创新能力、公平性、宜居性、幸福感、韧性等城市发展多元价值融合已经成为一种共识。在我国社会主要矛盾已然发生转变、生态文明建设进入"三期叠加"的战略阶段、"人民城市"成为城市发展重要理念的大背景下，以人与自然和谐共生的核心价值观为指引，统

---

[1] PwC, *Cities of Opportunity 7*, https：//www.pwc.nl/nl/assets/documents/pwc – cities – of – opportunity–7.pdf.

[2] 《新城市议程》，《城市规划》2016 年第 12 期。

筹考虑城市生态环境建设过程中人的价值与自然价值，人文价值与经济价值，代内价值与代际价值，区域价值、民族价值、国别价值与全人类价值在双向增益中共生①，在此基础上，开展城市生态品质多维评价标准研究，将有效实现城市发展多元价值融合，助推城市高质量发展。

（四）上海参与全球城市竞争城市生态品质提升任重道远

当前，上海围绕"卓越的全球城市"发展愿景积极参与全球城市竞争，城市生态品质是面临的重要短板之一。从近年来日本森纪念财团都市战略研究所发布的全球城市实力指数报告来看，上海从 2019 年的第 30 名跃升至 2021 年的第 10 名，成为全球排名上升最快的城市，并在交通领域全球排名第一。综合各维度来看，城市发展富有生机，但报告也指出环境和居住仍然是上海的短板，"空气的清洁度""绿地的充实度"等指标均有待进一步提升②。根据 2020 年 12 月中国社科院财经战略研究院和联合国人居署共同发布的《全球城市竞争力报告（2020～2021）》，当前纽约、新加坡、东京、伦敦、巴黎等经济竞争力排名前 10 的城市，体现城市生态品质的可持续竞争力的排名也均位于前 10，城市发展相对均衡。上海经济竞争力排第 12 位，但可持续竞争力排第 33 位，二者存在较大差距③，一定程度上反映了上海城市生态品质仍有较大的提升空间。

近年来，上海市通过制定《上海市城市总体规划（2017～2035 年）》《上海市生态空间专项规划（2021～2035）》，着力推进与具有世界影响力的社会主义现代化国际大都市相匹配的生态空间建设，打造令人向往的生态之城，让城市更具韧性、更加低碳、更为健康、更可持续④。总体来看，生态之城建设取得明显成效，但面临激烈的全球城市竞争格局和双碳目标巨大

---

① 方世南：《促进人与自然和谐共生的内涵、价值与路径研究》，《南通大学学报》（社会科学版）2021 年第 5 期。

② 日本森纪念财团都市战略研究所：《2021 全球城市实力指数报告》，2021 年 11 月 24 日。

③ 中国社科院财经战略研究院和联合国人居署：《全球城市竞争力报告（2020～2021）》，2020 年 12 月 8 日。

④ 上海市人民政府：《上海市生态环境保护"十四五"规划》，2021 年 8 月 6 日。

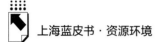

压力，生态环境质量与城市目标定位相比还有较大差距，传统环境问题尚未得到根本解决，结构性污染矛盾依然较为突出，生态环境基础设施建管能力和水平仍是主要短板，生态文化品质有待提升，环境治理体制机制亟需创新。此外，城市生态环境建设规划的目标体系仍以底线约束与基础夯实为主要特征，尚未全面反映卓越的全球城市对更可持续的韧性生态之城的更高更细要求。例如，上海"十四五"规划提出的"步行 5~10 分钟有绿、骑行 15 分钟有景、车行 30 分钟有大型公园"的目标仍有很大提升空间，建设与卓越的全球城市相匹配的城市生态品质任重道远。

二　城市生态品质多维评价标准研究的多学科理论基础

目前，不同学科领域对生态城市应当具备的特征标准均给出了科学的认知：生态哲学领域认为生态城市实质上是人与自然、人与人、人与社会相和谐的城市；生态经济学领域认为生态城市应以生态系统的承载能力和环境容量为基准，实现城市生态与经济的协调发展；生态社会学认为生态城市不单单是自然的生态化，更是人类的生态化；从系统论的视角来看，生态城市是一个结构合理、功能稳定、达到动态状态的社会、经济、自然复合的生态系统[1]，以此为基础，既有研究基于城市生态系统"结构-功能-协调性"、"社会-经济-自然"复合生态系统的可持续性两种主要研究范式，开展了大量有关生态城市[2]、生态文明城市[3]、生态宜居城市[4]等的评价研究。然而，随着城市发展所处阶段变化、社会主要矛盾转化、城市自身生态环境问题演变以及全球环境问题治理要求不断升级，生态城市的品质内涵需要不断丰富并拓展延伸，例如，新时代新阶段需要基于人的需求的转变更加注重对城市

① 周振华：《城市发展：愿景与实践》，上海人民出版社，2010。
② 李剑玲、赵进、潘月杰、刘璐：《生态城市评价研究与启示》，《生态经济》2017 年第 7 期。
③ 秦伟山、张义丰、袁境：《生态文明城市评价指标体系与水平测度》，《资源科学》2013 年第 8 期。
④ 王小双、张雪花、雷喆：《天津市生态宜居城市建设指标与评价研究》，《中国人口·资源与环境》2013 第 S1 期。

生态产品供需平衡、公平性、健康需求、宜居品质的考量，更加注重城市绿色低碳发展，更加注重人与自然和谐共生保护城市生物多样性等。因此，在没有现成的综合性理论可供借鉴的情况下，需要运用扎根理论，秉持正确的可持续发展观和人与自然和谐共生价值观，摒弃任何门户之见和学科障碍，将城市生态学、社会学、经济学、城市规划学、人居环境学等与城市生态环境建设相关的多学科理论知识和信息融入一个"漏斗"，熔炼并最终过滤出理论精华，为建立更加具有包容性的城市生态品质评价标准提供科学理论依据。

（一）城市生态学相关理论支撑

城市生态学是研究人类和生态系统如何实现和谐共生、可持续发展的一门学科，既有研究归纳总结了自 20 世纪中叶以来城市生态学发展演变的三大模式：urban ecology in the city 模式、urban ecology of the city 模式和 urban ecology for the city 模式[1]。其中，urban ecology for the city 模式注重在跨城市、跨区域及全球尺度上研究生态过程和社会动态如何影响城市的可持续发展，重点关注人类生态福祉、城市的宜居性和城市生物的丰富性。城市生态学领域的复合生态系统理论、生态承载力理论、生物多样性理论和生态基础设施理论等，对城市生态品质评价标准的研究具有重要指导价值。

复合生态系统理论认为城市是以人的行为为主导、自然生态环境为支撑、资源流动为命脉、社会文化为经络的"社会−经济−自然"复合生态系统[2]，各个子系统之间相互交织、相辅相成，催动整个复合体复杂的矛盾运动[3]，城市生态环境问题的生态学实质是人与自然之间系统关系的失衡[4]。

---

① Steward, T. A. P., Mary, L. C., Daniel, L. et al., "Evolution and Future of Urban Ecological Science: Ecology *in*, *of*, and *for* the City", *Ecosystem Health and Sustainability*, 2015, Vol. 2 (7).

② 马世骏、王如松：《社会−经济−自然复合生态系统》，《生态学报》1984 年第 1 期。

③ 王如松、欧阳志云：《社会−经济−自然复合生态系统与可持续发展》，《中国科学院院刊》2012 年第 3 期。

④ 李泽红：《城市复合生态系统与城市生态经济系统理论比较研究》，《环境与可持续发展》2019 年第 2 期。

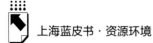
城市生态环境建设应以效率、公平性和可持续能力为目标①。生态承载力理论认为城市生态承载力是以城市人口及其活动为承载对象，以"社会-经济-自然"复合生态系统为承载体，表征生态系统保障城市生态安全、为人类提供可持续的生态系统服务的能力②。城市生态承载力的提升需要综合考虑平衡性（总量平衡、空间平衡和供需平衡)③、协调性（生态承载力与资源承载力、环境承载力间的协调性）、永续性（自然永续性、社会永续性和人文永续性)④。生物多样性理论认为城市生物多样性通过影响城市生态系统的物质流、能量流和信息流及其相互作用过程，影响城市生态系统功能和服务，是维持城市生态系统稳定性、保障城市生态安全、实现城市可持续发展的基础资源保障⑤。清华大学杨军教授认为城市生物多样性保护需要遵循复杂性原则（Complexity）、协同效益原则（Co-benefit）和共生原则（Co-existence）的3C原则。生态基础设施理论认为城市生态基础设施"作为城市空间组织框架的自然景观和区域"⑥，对维持自然生态过程稳定、促进社会经济可持续发展、保障人居环境质量具有重要作用。俞孔坚教授认为应当建设更加系统、长期的城市生态基础设施，包括常规城市绿地系统以及林业系统、农业系统、自然保护地等一切能够提供生态系统服务的城市绿地系统在内⑦。生态基础设施建设遵循优先保护、结构优化、动态适应和适

① 王如松、李锋、韩宝龙：《城市复合生态及生态空间管理》，《生态学报》2014年第1期。

② 石忆邵、尹昌应、王贺封：《城市综合承载力的研究进展及展望》，《地理研究》2013年第1期。

③ 景永才、陈利顶、孙然好：《基于生态系统服务供需的城市群生态安全格局构建框架》，《生态学报》2018年第12期。

④ 刘耕源、王雪琪、王宣桦：《城市生态承载力理论与提升逻辑：历史性、关联性与非线性》，《北京师范大学学报》（自然科学版）2021年第5期。

⑤ 徐炜、马志远：《生物多样性与生态系统多功能性：进展与展望》，《生物多样性》2016年第1期。

⑥ UNESCO, UNEP, "USSR State Committee for Science and Technology. International Experts Meeting on Ecological Approaches to Urban Planning", Suzdal: USSR, 1984.

⑦ 俞孔坚、李迪华、潮洛蒙：《城市生态基础设施建设的十大景观战略》，《规划师》2001年第6期。

度干预的原则①，围绕区域尺度的生态安全格局、城市尺度的生态网络体系、微观尺度的可持续生态系统基础结构，并强调居民健康与福祉和空间布局公平性、供需结构配置的平衡性等。

综上所述，城市生态品质评价标准应统筹考虑城市复合生态系统的效率性、公平性、安全性和可持续性；考虑城市生态基础设施建设对生态安全、生态系统服务功能多样性的维护，居民健康与福祉和空间布局公平性；考虑城市生态承载力的平衡性、协调性和永续性；遵循复杂性原则、协同效益原则和人与自然共生原则，维护城市生物多样性和丰富性。

（二）城市社会学相关理论支撑

运用社会学理论解释城市发展问题的两大基本研究范式分别从生产的观点来研究消费与居住和从人力资本的视角来分析工作与就业②。自20世纪初期美国芝加哥学派率先揭开城市科学研究的时代序幕，随着城市问题的不断发展演变，城市社会学理论研究先后诞生了人文生态学理论、马克思主义城市理论和场景理论等重要理论③。其中，场景理论秉持"城市文化支撑着城市发展"的理念，对城市生态品质评价标准研究具有重要启发。

场景理论认为城市生活娱乐设施的不同组合构成不同场景，场景不仅具有功能属性，其构成和分布以抽象的符号感和信息等形式，传递着文化和价值观，是一种涂尔干所描绘的作为文化与价值观的外化符号而影响个体行为的社会事实④。在场景理论中，个体的空间行为动机是个体对文化与价值观的诉求，而文化和价值观以社区、建筑、风俗和群体活动等为载体，外化表现为城市生活娱乐设施的种类、组成、功能和布局的总和。芝加哥学派将真实性感觉"真"、合法性感觉"善"和戏剧性感觉"美"作为理解具有文

① 徐翀崎、李锋、韩宝龙：《城市生态基础设施管理研究进展》，《生态学报》2016年第11期。
② 吴军：《城市社会学研究前沿：场景理论述评》，《社会学评论》2014年第2期。
③ 吴军、张娇：《城市社会学理论范式演进及其21世纪发展趋势》，《中国名城》2018年第1期。
④ 郜书锴：《场景理论的内容框架与困境对策》，《当代传播》2015年第4期。

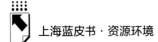

化价值取向的场景的三个维度，对纽约、伦敦、东京、巴黎等全球城市进行实证研究后发现，城市生活娱乐设施的不同组合构造出不同的区位场景，并彰显文化和价值因素的人群吸引力，催生并形成高级人力资本与新兴产业聚集效应，推动城市更新与发展①。

场景理论对城市生态品质评价标准研究具有以下几方面重要启示，首先，城市生态环境建设需要考虑文化价值观场景的真实性感觉"真"（理性、本土、国家、社团、种族）、合法性感觉"善"（传统主义、自我表现、实用主义、超凡魅力、平等主义）和戏剧性感觉"美"（亲善、正式、展示、时尚等）。其次，需要强调区域特质并重视其背景特征。最后，由于生态基础设施和其他设施的不同组合蕴含着不同价值取向，需要针对不同区域的邻里社区、基础设施、特殊场景以及历史文化背景等进行调查，以回应区域内在的差异性和多样性需求。

（三）生态经济学相关理论支撑

20 世纪 60 年代，源于 Boulding、Daily 和 Costanza 等代表性经济学家对地球承载极限的深入思考②，在国际上生态经济学作为一门新兴交叉学科诞生并兴起，引导后来相关领域学者以人类需求与自然供给动态平衡、生态与经济资源有效配置为两条主线，以实现人类社会可持续发展为目标，开展相关理论研究与实践探索，为解决城市发展过程中所面临的生态经济问题、探寻城市生态经济运行规律奠定了重要基础。20 世纪 80 年代初，在许涤新先生的推动下我国生态经济学研究迅速发展，王松霈认为生态经济学是推动实现可持续发展的重要理论基础③。沈满洪认为生态经济学是社会科学中的经济科学，是从经济学的角度探索实现经济生态化、生态经济化和生态系统与

---

① 〔美〕特里·N. 克拉克、李鹭：《场景理论的概念与分析：多国研究对中国的启示》，《东岳论丛》2017 年第 1 期。

② 齐红倩、王志涛：《生态经济学发展的逻辑及其趋势特征》，《中国人口·资源与环境》2016 年第 7 期。

③ 王松霈：《生态经济学为可持续发展提供理论基础》，《中国人口·资源与环境》2003 年第 2 期。

经济系统之间的协调发展，认为其基本范畴包括生态经济系统、生态经济产业、生态经济消费、生态经济效益、生态经济制度等①。魏后凯认为生态经济是在生态系统承载能力范围内，以绿色生产与绿色消费为路径，以复合生态系统的可持续性为原则，实现社会经济高质量发展的一种经济形态②。于法稳将中国生态经济研究划分为生态平衡、生态经济协调发展、生态环境与社会经济可持续发展、绿色发展四个阶段③。

　　生态经济学相关理论和遵循的基本规律对城市生态品质评价标准研究具有重要启示。生态经济协调发展理论认为城市经济系统是生态系统的一个子系统，并以生态系统为基础支撑，二者对立统一，如果城市经济系统与生态系统相适应则表现为生态经济平衡，反之则表现为生态经济失衡。因此，需要在生态系统承载力阈值范围内寻找一个平衡点，以实现生态经济系统的协调发展。生态产业链理论认为城市生态产业链是模仿生物链特征，以产业发展各类资源要素为纽带，创造具有系统耗散结构、整体性、有序性、多样性和结构功能可控性的生态产业联盟，以促进物质和能量的低碳循环利用。生态需求递增理论认为在人们生活进入小康社会乃至富裕社会后，消费者收入水平显著提升，人们对高质量城市生态环境和生态产品的需求将呈现递增的趋势，需要通过不断增加生态产品的供给来实现生态系统服务的供需平衡。生态价值增值理论认为生态产品是有价的经济资源，在当前生态资源日益短缺的背景下，生态资源呈现出价值递增的趋势，对此，必须坚持"绿水青山就是金山银山"的绿色发展理念，坚持保护自然生态就是保护生产力，注重生态投资与经济投资并重，依托制度创新激励生态投资与生态增值，保障足够的生态产品供给。

　　基于以上生态经济学视角的分析，城市生态品质评价标准研究需要关注城市生态经济系统的协调发展、低碳循环、生态增值和生态赋能。

---

① 沈满洪：《生态经济学的定义、范畴与规律》，《生态经济》2009 年第 1 期。
② 魏后凯：《新中国农业农村发展研究 70 年》，中国社会科学出版社，2019。
③ 于法稳：《中国生态经济研究：历史脉络、理论梳理及未来展望》，《生态经济》2021 年第 8 期。

（四）生态伦理学相关理论支撑

本研究认为城市生态品质是新时代新阶段基于人与自然和谐共生的价值诉求，对过去城市生态环境建设过程中人与自然关系的一种深刻反思。基于此观点，城市生态品质评价标准的制定必须回应生态伦理学相关理论关切，体现生态伦理学的正确思想。在我国古代早已诞生了丰富的生态哲学思想，例如孟子提出的"仁民而爱物"①、《庄子·马蹄》等均对人的价值和自然的权利与魅力予以肯定②。20 世纪 70 年代环境伦理学作为一门学科正式诞生于美国，强调从伦理角度为保护自然生态环境提供道德理论支撑，形成了包括"非人类中心主义""整体主义""生态公正"等在内的重要观点。在实践当中，环境伦理学相关理论对城市生态品质评价标准研究具有以下几点重要启发。

首先，在理论层面，非人类中心主义的生态哲学思想旨在唤醒城市中人的发展与自然环境相融洽的生态良知，认为人类作为城市生态系统中的一员，与自然是相互联系、彼此依赖的生态共同体，因此，要尊重生态系统中一切自然生物的生存权与内在价值，敬爱自然、善待自然，实现人与自然和谐共生。生态公正思想认为人类在进行人与自然关系中的利益和义务分配时，要以人与人、人与社会、人与自然的公平性、包容性发展为准则③，例如，城市公园、绿地、绿色基础设施等的空间公平性和社会公平性都属于生态公正范畴。其次，生态伦理学作为对人类与自然关系进行深刻反思、确立人类对自然行为规范的一门科学④，在实践层面，要求按照生态伦理学的道德标准和可持续发展原则，对人类的生产生活方式和行为进行生态化改造，实施可持续消费，即绿色消费。

---

① 乐爱国：《朱熹对〈孟子〉"仁民而爱物"的诠释——一种以人与自然和谐为中心的生态观》，《中国地质大学学报》（社会科学版）2012 年第 2 期。
② 陈发俊：《齐：庄子生态伦理思想之特质》，《广西大学学报》（哲学社会科学版）2020 年第 4 期。
③ 周小亮：《包容性绿色发展：理论阐释与制度支撑体系》，《学术月刊》2020 年第 11 期。
④ 杨卫军：《环境伦理学：构建社会主义和谐社会的生态文化基础》，《前沿》2010 年第 7 期。

从上述环境伦理学相关理论和观点来看，城市生态品质评价标准需要关注城市生态环境建设过程中的人与自然和谐共生、生态公正以及绿色消费。

（五）人居环境学相关理论支撑

中国人居环境科学奠基人吴良镛先生认为人居环境科学"是一门研究人类社会发展模式、推动人与聚居环境和谐相处、指导人类建设符合理想聚居环境的学问"。其在著作《中国人居史》中提出"宜以安人、巧以利人、美以感人"的人居环境设计基本方法。由此可知，城市宜居性应当综合表现为城市居民所感知到的居住满意度、生活质量、幸福感以及人与聚居环境的和谐相处[①]。

国内外学者围绕宜居城市标准和基本内涵做了大量研究，Hahlweg 认为宜居城市要具有吸引力，能够体现对社会弱势群体的人文关怀，具备良好的绿地可达性[②]；Evans 认为城市宜居性应该体现在职住邻近、可以负担得起的住房、可以满足环境健康需求的公共设施等方面[③]；Asami 认为在研究城市宜居性时，不仅要考虑安全性、保健性、便利性、舒适性等个人损益情况，还必须建立起个人对社会贡献的可持续性理念[④]；顾文选等认为宜居城市应当具备良好的居住和空间环境、人文社会环境、自然生态环境和清洁高效的生产环境[⑤]；张文忠等认为宜居城市包含不同层次的建设目标，在较低层次上需要满足居民安全、健康、生活便捷性等基本需求，在较高层次上要满足城市人文与自然环境的舒适性、提供个人发展机会等需求[⑥]，并指出宜

① Timmer, V. Seymoar, N. K. , "The Livable City", In：*The World Urban Forum*, *Vancouver Working Group Discussion Paper*, Vancouver：Vancouver Working Group, 2006.

② Hahlweg, D. , "The City as a Family", In：*International Making Cities Livable Conferences*, California, USA：Gondolier Press, 1997.

③ Evans, P. , *Livable Cities? Urban Struggles for Livelihood and Sustainability*, Berkeley：University of California Press, 2002.

④ Asami, Y. , *Residential Environment：Methods and Theory for Evaluation*, Tokyo：University of Tokyo Press, 2001.

⑤ 顾文选、罗亚蒙：《宜居城市科学评价标准》，《北京规划建设》2007 年第 1 期。

⑥ 张文忠、尹卫红、张景秋：《中国宜居城市研究报告（北京）》，社会科学文献出版社，2006。

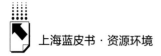

居城市需要遵循的基本原则是城市更安全、生活更方便、环境更宜人、社会更和谐①。从国外宜居城市建设的经验来看，笔者研究总结发现无论是各大全球城市，抑或区域性中心城市，宜居城市建设都具有以下几点共性特征：以人与自然的和谐为重要基础；突出以人为本并尊重历史、关注现实、面向未来；重视建设配套齐全并体现公平正义的公共服务设施；倡导低碳、便捷、提供优质服务的公共交通出行。

综上所述，从人居环境视角来看，城市生态品质评价标准应遵循城市可持续发展、以人为本、人与自然和谐、尊重城市历史和文化、重视创新与包容等基本理念，以城市安全可持续、生活便捷舒适、环境健康美丽、社会包容和谐为重要参考依据。

三　基于 NICEST 的上海城市生态品质多维评价标准框架

《上海市城市总体规划（2017～2035 年）》提出"面对全球气候变化和环境资源约束带来的发展瓶颈，上海致力于在 2035 年建设成为拥有更具适应能力和韧性的生态城市，并通过空间领域和基础设施方面的示范，成为引领国际超大城市绿色、低碳、可持续发展的标杆②"。围绕这一城市生态环境建设的总体目标，以前文城市生态品质多维评价标准多学科理论基础为理论依据，本研究提出了基于 NICEST 的上海城市生态品质多维评价标准框架，并对标准内涵进行分类阐释。具体包括人与自然和谐共生、生态设施公平韧性、生态文化包容和谐、生态经济协调高效、人居环境美丽幸福、交通出行绿色低碳共 6 个标准领域以及 18 个标准构成要素，以期为上海城市生态品质提升提供评价管理的科学参考依据，助推上海城市生态软实力提升，增强城市综合竞争力。评价标准框架如图 1 所示。

---

① 张文忠：《宜居城市建设的核心框架》，《地理研究》2016 年第 2 期。
② 上海市人民政府：《上海市城市总体规划（2017～2035 年）》，2018 年 1 月。

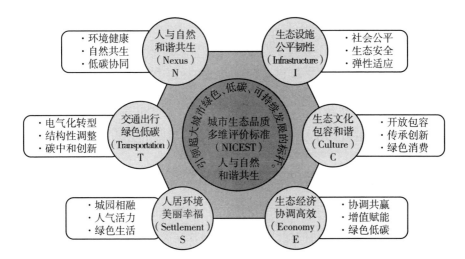

图1 基于 NICEST 的上海城市生态品质多维评价标准框架

（一）人与自然和谐共生（N，Nexus）

坚持人与自然和谐共生，坚持山水田林湖草是生命共同体，建设一个健康、自然与碳中和的城市。

（1）环境健康

坚持良好的生态环境是最普惠的民生福祉。从人的角度出发，统筹各类环境要素治理、环境基础设施建设、非机动和公共交通一体化，营造令人向往并支持健康生活方式的天蓝、地绿、水清、宁静、可漫步、有温度的健康城市环境。

（2）自然共生

生物多样性是城市生命共同体的血脉和根基。从生物角度，加强城市生态保护修复，维持生态系统的复杂性，将生物多样性保护纳入各项城市政策规划和日常管理当中，促进人与自然和谐相处并共享城市家园。

（3）低碳协同

坚持将碳中和纳入城市生态文明建设总体布局。通过能源清洁化、产业低碳化转型实现降碳减排；统筹城市国土空间规划、自然资源管理和山水林

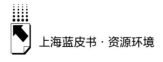

田湖草系统治理促进增汇固碳，引领人与自然和谐共生的整体协同，建设绿色、低碳、循环的碳中和城市。

（二）生态设施公平韧性（I，Infrastructure）

坚持人民城市理念，让市民在公平韧性的生态中共享品质生活，提高市民的幸福度和满意度，并发挥生态基础设施建设对城市发展的持久支持能力。

（1）社会公平

人人公平共享城市生态福祉。以"公园城市"建设为抓手，完善城市公园体系，建立全覆盖、均衡布局的城市公园绿地服务体系，让所有市民都能在有助于健康活力生活的绿地空间游憩、社交和锻炼，让城市生态福祉更加公平开放、服务效率更高、服务机制更加完善。

（2）生态安全

构建覆盖全市域的多层级、网络化、功能复合的生态安全格局。通过国土空间规划"三区三线"的严格管控、"通江达海"的蓝网绿道建设，实施生态系统保护修复重大工程，形成点、线、面、网全要素资源的优化配置，维持城市生态系统健康、稳定、可持续状态。

（3）弹性适应

建设更加适应未来城市发展的生态基础设施。聚焦城市韧性、技术创新、民众参与三个影响城市未来的关键要素，提供更好的空气质量、更多的绿色空间和更强的抗灾能力，发挥生态基础设施建设对城市发展的持久支持能力。

（三）生态文化包容和谐（C，Culture）

坚持文化是城市的灵魂，通过制度文化、物质文化和精神文化构建，让城市生态文化成为新时代构建人类命运共同体的重要支撑。

（1）开放包容

秉持兼容并蓄的态度，坚持推动构建人类命运共同体。通过城市与世界在生态环境治理方面的广泛链接与交流互动，积极贡献中国智慧，提升城市参与全球生态环境治理的国际话语权、影响力和美誉度。

（2）传承创新

重视传统文化的传承与创新。尊重历史源脉以巩固江南水乡文化群体认同，强调城市美学以刻画海派文化特色印记，注重场景营造以呈现亲善民俗风情。以生态文化培育城市可持续发展动能。创造性开展历史遗产生态化改造、创新性打造生态文化地标，提升城市生态软实力，推动城市生态文化繁荣发展。

（3）绿色消费

培养崇尚绿色发展的新风尚。着力培育绿色消费理念，积极引导居民践行绿色生活方式和消费模式，全面推进公共机构带头绿色消费，大力推动企业增加绿色产品和服务供给，深入开展全社会反对浪费行动，建立健全绿色消费长效机制，形成全社会勤俭节约、绿色低碳、文明健康的生活方式和消费模式。

（四）生态经济协调高效（E，Economy）

坚持生态优先绿色发展，突出生态价值导向，探索绿色引领、创新驱动的高质量、可持续发展新模式。

（1）协调共赢

坚持在保护中发展、在发展中保护。把城市生态环境保护与社会经济发展紧密结合起来，实现二者良性互动、持续共生、互利双赢，走生态与经济相得益彰、协调发展的新路子。

（2）增值赋能

坚持"绿水青山就是金山银山"。推动生态资源资产价值核算，建立生态产品的品牌培育、产品认证和质量追溯机制，促进生态资产持续增值。向特色生态优势要竞争力，使优良生态品质成为创新要素集聚、产业转型、吸引高端产业投资的源泉，赋能城市发展。

（3）绿色低碳

坚持绿色、循环、低碳发展。推进绿色清洁能源发展，提升绿色制造业发展水平，从生态产品生产、消费、交易、分配全流程制定和完善政策，大力培育发展生态产品"第四产业"。

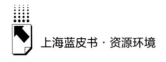

（五）人居环境美丽幸福（S，Settlement）

塑造可以实现人与街道社区场景互动、人与城市无缝衔接、与未来美好融合的沉浸式城市人居环境。

（1）城园相融

城中有园，园中有城，城园相融。依托城乡公园体系、生态空间结构体系建设，不断完善"公园城市""森林城市"生态空间基础，以多层次、蓝绿渗透、成网络、功能复合的方式，将城市打造成人人向往的大公园。

（2）人气活力

塑造焕发精彩活力的街道社区生态空间。聚焦人的交流方式和生活方式转变，以城乡社区为基础打造15分钟生活圈，加强人口密集街道社区的屋顶、平台、附属空间的立体混合利用与生态化改造，营造时尚、魅力、开放、亲和的街区场景，促进邻里交往，提升城市活力。

（3）绿色生活

依托公园城市建设，营造以公园为中心的绿色生活方式。以功能完善的绿道系统、滨水生态空间实现开放互联，承载居民休闲游憩、绿色通勤和公共服务，让市民出门见绿，园中畅享幸福美丽生活。

（六）交通出行绿色低碳（T，Transportation）

坚持将双碳目标纳入生态文明建设的整体布局，多措并举，坚定不移推动城市交通的零碳转型，迈向城市交通碳中和之路。

（1）电气化转型

坚持以零碳电气化为核心推动城市交通系统转型。通过生产销售、购买置换和运营使用三大环节的政策创新，分阶段分领域推进城市交通电气化转型，并加强绿色能源供应，全面打造城市零碳交通能源体系。

（2）结构性调整

交通结构优化引领低碳生活模式。围绕高效便捷的城市轨道交通网络建设，优化土地开发和城市功能布局，形成更加紧凑的城市空间形态，从源头降低交通出行碳排放。在新城规划建设当中将绿色出行与健康街道理念紧密结合，提升绿色出行服务的体验感，引导市民日常生活更多采用绿色交通。

（3）碳中和创新

引领城市交通碳中和相关法规、标准、科技创新。创新制定与碳中和交通变革相适应的法规及相关标准体系，并强化相关技术创新研发与数字化转型，确保城市交通零碳转型过程中有法可依、有规可循，确保关键性政策措施的实施落地，坚定不移走城市交通碳中和之路。

B.3
上海城市生态环境品质促进城市生态
软实力提升的思路与路径

尚勇敏*

摘　要： 优良的生态环境品质是全球城市的发展基础和战略资源，也是城市软实力的重要体现之一。从作用机理上看，提升城市生态环境品质，有助于增强城市生态亲和力、塑造宜居宜业创造力、彰显生态文化感召力、提升全球生态影响力，而城市生态软实力对生态环境品质将形成目标导向作用、建设激励机制和建设示范作用。上海城市生态环境品质促进城市软实力提升，应坚持生态打底、以人为本、文化铸魂、面向全球、引领未来。上海城市生态环境品质促进城市生态软实力提升应着力打造动人城市生态底色，构建引领未来生活空间，打造和谐宜居生态之城，彰显塑造城市生态魅力。

关键词： 生态环境品质　生态软实力　上海

　　当今世界，软实力越来越成为一座城市综合实力的重要标识。软实力不仅体现在经济领域，还体现为优良的生态环境品质，越来越多的城市管理者和学者们认识到生态软实力的重要性以及城市生态环境品质在提升城市生态软实力中的作用。上海提出把生态绿色打造成为上海城市软实力的

＊　尚勇敏，区域经济学博士、产业经济学博士后，上海社会科学院生态与可持续发展研究所副研究员，主要研究方向为区域创新与区域可持续发展。

重要标识，全力建好人与自然和谐共生的美丽家园，面向构建引领全国、辐射亚太、影响全球的城市软实力，加快建设具有世界影响力的社会主义现代化国际大都市的目标愿景，上海生态环境品质仍然是重要短板。对此，有必要从理论上阐释城市生态环境品质在城市生态软实力中的作用以及其作用机制，并分析上海城市生态品质促进生态软实力提升的思路及推进路径。

一 上海城市生态环境品质促进城市生态软实力提升的战略要求

保障城市居民生态环境资源供给、提高生态环境品质是人类可持续发展的重要内容。提升上海城市生态软实力要求具备良好的城市生态环境品质，这不仅是城市生态软实力理论内涵的要求，是上海城市自身发展、弥补短板的现实需要，也是顺应全球城市发展趋势、遵循全球城市提升生态软实力经验与规律特征的选择。

（一）城市生态环境品质是全面提升城市生态软实力的重要要求

城市生态软实力作为一个相对新生的概念，其内涵仍然在不断完善中，但其强调优良的生态环境品质是其不可或缺的要素之一，这既是其基本要素与依托载体，也是其区别于文化软实力、制度软实力、国际形象软实力等最重要的特征。从城市生态环境品质内涵来看，其是包含生态环境与社会经济等多个维度的概念，是生态系统良性循环、社会经济与自然协调发展、生态空间开放共享，并为居民生存与发展提供支撑的城市生态系统，包括丰富优质的生态要素、合理布局的生态空间、公平共享的生态福祉、彰显地位的生态魅力，这些都是城市生态软实力的重要内涵，也是提升城市生态软实力的关键途径。从上海城市生态软实力提升要求来看，打造"软"的影响力必须要有"硬"的生态环境要素与生态环境质量作支撑，上海全面提升城市生态软实力也必须打造良好的生态基底，营造优良的生态空间，为城市居民提供优质的生态感受，让城市生态环境品质成为上海城市的一张重要名片，为全面提升城市生态环境品质提供支撑。

（二）上海提升城市生态软实力仍面临诸多城市生态环境品质瓶颈

中国长期致力于推进生态文明建设，中国生态文明实践得到国际社会越来越多的认可。上海致力于增强城市核心竞争能力和世界影响力，展示中国理念、中国精神、中国道路，也需要展示中国生态文明建设成果，通过提升城市生态环境品质、提升城市生态软实力，彰显中国生态文明形象。然而，对照中央要求、上海自身发展需求和广大市民期待期盼，全市生态环境质量与城市目标定位相比还有较大差距。同时，生态软实力仍然是上海全面提升城市软实力的重要短板，资源环境约束趋紧、生态系统退化等问题越来越突出，各类环境、生态破坏现象呈高发态势，生态环境与城市建设、经济发展的矛盾仍未得到根本性解决。一方面，上海在污染防治和生态修复及建设等方面已取得明显成效，但在生态品质彰显城市软实力方面还可以进一步挖掘；另一方面，尽管上海在经济实力、物质资本和金融成熟度方面与其他全球城市较为接近，但上海生态环境品质依然是当前面临的短板。上海在科尔尼2021年全球城市指数中排名全球第十，在GaWC2020中排名第五，但在EIU全球宜居城市（2018）排名中仅列第81位。

城市绿地空间是城市生态系统的重要组成部分，在维系城市生态系统服务、改善人居环境方面发挥着重要作用。2020年，上海人均公园绿地面积为8.5平方米，而《2020年中国国土绿化状况公报》显示2020年中国城市人均公园绿地面积达14.8平方米；科技部发布的《全球生态环境遥感监测2020年度报告》显示全球城市人均公园绿地面积为18.32平方米，全球城市人均绿地空间面积更是高达40.47平方米（见表1），中国人均绿地空间面积为33.74平方米，上海人均绿地面积远低于全国及世界城市平均水平。同时，2020年，上海$PM_{2.5}$年均值为31.5微克/米^3（见图1），Ⅱ～Ⅲ类水质断面占74.1%，39个海洋环境质量监测点位中，符合海水水质标准第一类和第二类的监测点位占15.2%，这些与全球领先城市水平以及生态软实力要求都有较大差距。可见，不管是从国际对标还是从国内比较看，上海主要生态环境指标均有一定差距，这成为制约上海提升城市生态品质和提升生态城市软实力的重要短板。面向未来，上海需要践行绿色生态发展理念，着力补齐生态短板，让低碳绿色和生态友好成为城市形象、品质和责任感的重要标志。

表1　2020年不同收入国家城市人均绿地空间面积

单位：平方米

国家类型	城市人均绿地空间面积	典型国家城市人均绿地空间面积
高收入国家城市	79.97	美国(157.36)、日本(41.04)、英国(55.48)
中收入国家城市	29.30	南非(71.27)、中国(33.74)、印度(17.87)
低收入国家城市	19.69	乌干达(19.68)、埃塞俄比亚(11.43)、马达加斯加(4.80)
全球平均	40.47	

资料来源：《全球生态环境遥感监测2020年度报告》。

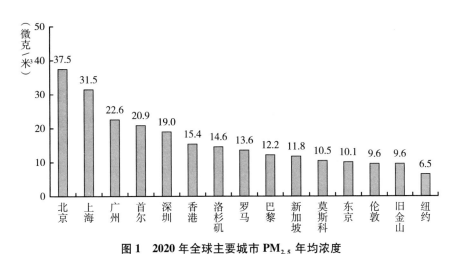

图1　2020年全球主要城市$PM_{2.5}$年均浓度

资料来源：*2020 World Air Quality Report: Region & City PM*$_{2.5}$ *Ranking*。

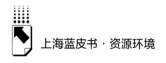
（三）以城市生态环境品质助推城市生态软实力提升是全球城市的重要趋势

优良的生态环境品质是全球城市的发展基础和战略资源，是一个城市最好的名片，也是城市软实力的重要体现之一，对于影响企业区位、城市吐故纳新、提升城市竞争力具有重要意义。营造人与自然和谐共生的城市生态环境，是全球化时代各国城市发展的新潮流。从城市发展规律来看，建设优良的生态环境在城市发展中的地位越来越突出。早在 20 世纪 70 年代，环境保护运动的先驱组织、著名的罗马俱乐部的报告《增长的极限》就开始唤醒人类的生态意识和生态良知。而生态城市倡导的经济高速发展、社会文明安定、生态环境和谐，成为人们渴望的目标境界。同时，生态环境品质充分体现了人与自然和谐相处这一最基本最深刻的思想，生态环境品质成为当今世界城市发展的最新趋势和最优模式，标志着人类生活方式和生活理念里程碑式的转变。2000~2020 年，全球城市绿化水平不断提升，全球城市人均绿地空间面积从 23.14 平方米增加至 40.47 平方米，增加了 17.33 平方米；同时，绿地空间占比从 27.36% 上升到 33.01%，水域面积占比从 1.21% 上升到 1.96%，不透水面面积则从 64.02% 下降到 60.00%（见图 2）。

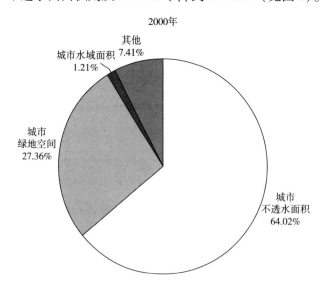

2000年

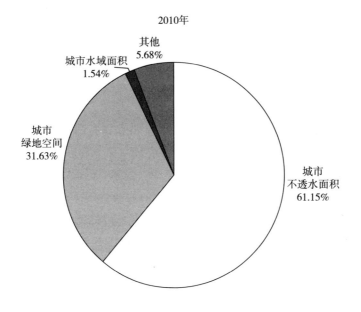

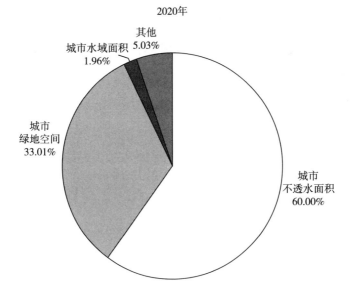

图2 2000~2020年全球城市土地覆盖组分比例变化

资料来源:《全球生态环境遥感监测2020年度报告》。

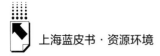

从全球城市特征看，纽约、伦敦、东京等公认的全球城市，不仅在全球资本等要素网络中处于核心节点地位，同时也具有较好的生态系统、较舒适的宜居体验，成为城市具备可持续竞争力、生态软实力的典范。全球主要城市也积极提升城市生态环境品质，如《纽约2050，只有一个纽约》提出2050年实现碳中和目标，《大伦敦规划2021》提出"全维度应对气候变化"和零碳城市目标，《东京2040》提出"创建四季都有绿水青山的城市"。对此，上海需要顺应城市发展规律，全面提升城市生态环境品质，使绿色成为城市发展最动人的底色。

二　城市生态环境品质影响城市生态软实力提升的作用机理

（一）城市生态环境品质与城市生态软实力的理论关联

随着生态优先、绿色发展的理念不断深化，如何科学处理好城市生态环境建设与经济社会发展的矛盾，提升城市生态竞争力、影响力，成为国内学术界和政界思考的问题。大量学者关注到良好的生态环境品质是影响城市竞争力的重要因素，进而提出提升城市生态竞争力，并将城市生态竞争力定义为"为了实现城市自身发展能力提升以达到城市永续发展的目的，基于自身经济社会、生态环境基础，实现吸引各项发展要素，优化城市资源配置的能力"。也有学者将其定义为合理开发资源、提高资源利用效率、保护生态环境、协调经济发展与生态保护、提升人民福祉的能力。秦成逊、王荣荣认为，生态环境竞争力包括了生态环境的天然优势、生态环境的后天建设成就以及生态环境优势向其他优势的转化能力。从上述概念来看，生态竞争力是城市经济、城市社会、城市生态环境达到可持续发展的稳定状态。城市良好的生态环境质量，是城市最富有竞争力的资源，生态环境对城市的支撑作用不再只是从自然角度维系市资源消耗与可持续发展，还包括城市环境调节、经济发展、社会和谐等综合性作用；城市生态环境状况与城市经济、社会、环境相互协调、反馈和优化，这种协调自然、经济、社会的能力，并为城市居民提供生态福利，便是城市生态竞争力。在生态竞争力内涵探讨基础上，学者们还探讨了生态竞争力评价体系。傅晓华和曹俭、刘文祥、杨文林等提出生态环境竞争力包括生态资源、环境状况、经济社会、管理响应、环保潜力等，并对湖南省各市州进行定量评价。王雪姣、李豪分析了公园城市生态环境竞争力，并构建了包含生态网络现状竞争力、生态环境正反馈竞争力、生态环境负反馈竞争力、系统开放性竞争力4个领域、43个指标的公园城市生态环境竞争力评价体系，通过评价为公园城市生态环境竞争力提升提供借鉴。

可见，大多数学者都认同了生态环境品质与城市生态竞争力的关联，而城市生态竞争力与生态软实力内涵相近，生态竞争力是生态软实力的重要内涵和体现，提升城市生态环境品质是生态软实力的重要内容。对于生态环境品质与生态软实力的理论关联，我们也要认识到：生态环境既是硬实力，又是软实力，更是城市核心竞争力，关乎一个城市的永续发展。但生态环境不等同于城市软实力，理论上讲，我们可以通过经济手段、工程手段打造良好的生态环境，但如果生态环境缺乏对人的福祉的考虑以及生态环境文化、生态环境影响力、生态环境制度等的同步提升，即便是生态环境有所好转，也不等同于生态环境品质的提升以及城市生态软实力的提升。如果说生态环境本底反映城市的生态硬实力，那么生态环境品质既反映了城市的硬实力，还强调了城市的生态软实力。从城市生态软实力内涵上看，城市生态软实力的形成与发展离不开生态环境品质及其构成要素，生态环境品质需要以生态软实力为彰显和引领，而且体现着生态软实力的发展需求，更表达了生态软实力的建设诉求。可以说，城市生态环境品质是城市生态软实力的基础条件与核心构成要素，城市生态软实力是城市生态环境品质的建设目标与发展引领（见图3）。

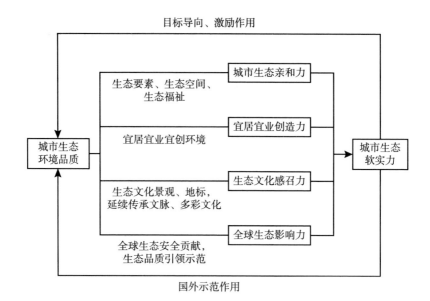

图3 城市生态环境品质与城市生态软实力的理论关联

（二）上海城市生态环境品质对提升城市生态软实力的作用机制

上海提升城市生态软实力，离不开优良的城市生态环境品质作支撑，城市生态环境品质既为上海城市生态软实力提供要素基础与空间载体，还有助于提升城市生态亲和力、宜居宜业创造力、生态文化感召力、全球生态影响力。

1.增强城市生态亲和力

上海提升城市软实力要求全力建好人与自然和谐共生的美丽家园，因此，改善城市生态环境便是城市生态软实力的题中应有之义。一方面，上海通过提升城市生态环境品质，更加注重尊重自然、顺应自然、保护自然，强调最大限度回归自然，城市绿道、蓝道自然延续，城市恢复清水环绕、绿意盎然；同时，要求城市水体、空气、土壤、植被等生态要素的数量和品质均不断提升，生态空间不断优化，生态系统更加健康和良性循环，城市生态系统更加稳定、可持续，这为城市生态软实力提升提供重要的要素基础、空间载体。另一方面，上海作为现代化国际大都市，具有较强的包容性，既可以容纳高端人才，普通人群也能获取自己的需求，上海提升城市生态环境品质也需要考虑绝大多数人的需求。为了满足居民生存和发展需要，上海通过提升城市生态环境品质，建设具有活力且亲和的城市，实现城市发展公平，满足不同人群亲近自然、体验自然的生态环境需求，并强调从生态要素和生态空间向居民的生态感知转变，使得城市更加友好，更具亲和力和包容性，建设人与自然和谐共生的人民城市。

2. 塑造宜居宜业创造力

上海提升城市软实力强调把宜居、宜业、宜学、宜游的城市环境建设摆在突出位置，以及打造更加和谐宜居的生态之城，让越来越多的人向往上海、来到上海、留在上海。然而，创新型人才、企业更加青睐宜人的生态环境品质，上海提升城市生态环境品质，将有助于提升宜居宜业品质，为城市生态软实力提供支撑。上海作为现代化国际大都市，其生态系统有别于一般城市，除了强调良好的自然生态基底和满足市民亲近自然、体验自然的游憩需求以外，还需要着眼于现代化国际大都市这一语境，即需要有利于吸引全球资源要素的汇聚，有利于吸引跨国公司、国际机构的进入，有利于吸引创新人才、激发创新活力。例如，笔者以 2019 年全国 288 个地级以上城市建成区绿化覆盖率、高等学校在校人数、当年低碳专利数量数据为基础进行拟合发现，建成区绿化覆盖率越高的城市，其高等学校人数、当年低碳技术专利数量也越多，良好的城市生态环境成为吸引人才、激发创新产出的重要基础（见图 4）。同时，上海需要将生态环境品质建设融入具有全球影响力的科技创新中心、社会主义现代化国际大都市、卓越的全球城市等战略目标之中，提升上海城市的吸引力、创造力和竞争力。

3. 彰显生态文化感召力

上海提升城市生态软实力强调让文化魅力竞相绽放，而生态文化是上海城市文化的重要内涵之一，上海提升城市生态环境品质也强调对生态文化的打造。上海通过坚持人与自然和谐共生的理念、塑造生态环境景观、打造生态文化地标、延续传承城市文脉，让上海生态文化更加多彩、生态文化竞争

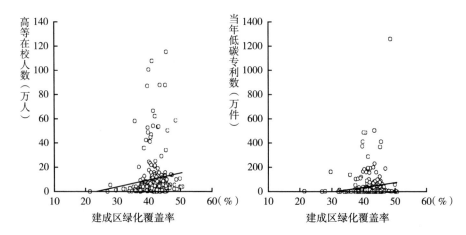

图4 建成区绿化覆盖率与高校在校人数、低碳技术产出的关系

资料来源：《中国城市统计年鉴2020》，低碳专利数量为笔者在incoPat专利数据库检索所得。

力更具影响力，形成生态景观处处可见、生态文化蔚然成风、生态文化魅力竞相绽放的发展格局。同时，开放、创新、包容是上海最鲜明的品格，上海城市生态品质建设也强调多元文化的融合。一方面，通过营造优越的生态环境，打造具有人文吸引力和人居魅力的生态环境空间，为本地或外来居民交流融合提供载体，有利于上海本地海派文化、中国传统文化与全球文化的融会交流。另一方面，上海城市生态环境品质建设中，突出融入海派文化、江南文化等多元文化，也将为上海展示生态文化魅力、彰显生态文明建设成果提供支撑。

4. 提升全球生态影响力

上海提升城市软实力以成为全面展现建设社会主义现代化国家新气象的重要窗口为重要目标取向，这使得城市生态环境品质也呈现与一般意义上生态城市不同的功能和特征，在强调良好的生态要素、生态空间、生态福祉的同时，还强调生态魅力与生态引领。首先，上海提升城市生态环境强调积极融入全球环境与生态保护体系，共谋全球生态文明建设，为全球生态安全做出积极贡献，如建设崇明世界级生态岛对全球生态环境和生态安全具有重要贡献。其次，上海通过生态环境品质建设先行先试，形成世界追求更高生态品质的解决方案，生态空间、环境质量、人居环境等主要指标达到世界平均甚至领先水平，成为全球城市生态环境品质的标杆，在城市生态品质建设方面形成世界级吸引力和魅力，成为上海城市的重要名片。最后，上海提升城市生态环境品质强调新理念、新技术、新模式的应用，实现生态环境品质的显著改善，成为改善生态环境品质世界领先的城市，为全球其他城市提供示范，同时，还将引领全球城市生态环境建设方向。

（三）上海提升城市生态软实力对城市生态环境品质的反馈机制

1.上海城市生态软实力目标对生态环境品质形成导向作用

上海提升城市生态品质的目标是什么，上海应该朝着什么方向推进城市生态品质建设，这是一个需要从人民城市、全球城市、生态之城等多维度、多视角去审视的话题。而提升城市软实力，为上海城市生态环境品质提升提出了一个新的努力方向，即提升上海城市生态软实力，把生态绿色打造成为上海城市软实力的重要标识。从内涵上看，上海城市生态软实力强调生态环境品质、生态文化影响、全球生态话语权等目标，与一般城市相比，城市生态品质建设有更高的追求，除了提供良好的生态环境质量、生态环境空间、生态环境福祉以外，还需要塑造具有影响力的生态文化，向全球展示中国生态文明建设成果，并积极参与全球生态环境规则制定，提升中国全球生态环境治理话语权。从另一个层面看，上海生态环境品质建设需要服务于上海建设"五个中心""四大功能"，服务于建设具有世界影响力的社会主义现代化国际大都市战略目标，服务于全面提升城市软实力的目标取向。由此看来，上海全面提升城市生态软实力既是上海提升城市生态环境品质的目标，也是一个重要的标尺，发挥着目标导向作用。

2.上海提升城市生态软实力对生态环境品质建设形成激励机制

《中共上海市委关于厚植城市精神彰显城市品格全面提升上海市软实力的意见》明确提出"着力打造最佳人居环境，彰显城市软实力的生活体

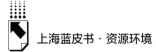

验""打造更加和谐宜居的生态之城"等，以及加强组织领导、支撑保障与公众参与，首次将全面提升城市软实力以政策条文的形式确定下来。同时，上海市委常委会扩大会议暨市生态文明建设领导小组会议也提出把生态绿色打造成为上海城市软实力的重要标识。相关研究机构与社会媒体广泛关注上海城市生态软实力，并对生态软实力建设思路、路径、策略等进行了大量探讨，为上海提升城市生态环境品质营造了良好的社会氛围。未来，上海将围绕生态软实力提升进一步强化相关制度保障，建立健全长效机制，围绕生态软实力提升的重点、难点研究制定针对性政策，形成系统完备、有效管用的政策制度体系，这将为上海生态环境品质建设提供有效的制度支撑。同时，生态软实力是上海城市软实力的重要内容，上海将建立多元化、多渠道、多层次的生态软实力建设投入机制，确保上海提升生态环境品质有力有序有效推进。

3. 国外城市提升生态软实力对上海生态环境品质建设形成示范作用

对于上海如何提升城市生态环境品质，我们既需要考虑生态环境安全、人民生活、城市功能等的需要，还需要顺应城市发展规律，尤其是借鉴发达国家城市提升生态软实力的重要经验。从国外城市经验看，伦敦建设成为全球第一座国家公园城市，并提出零碳城市、韧性城市等绿色城市打造计划；纽约构建形成了较为完善、理念先锋的城市公园系统；新加坡提出从"花园城市"迈向"花园中的城市"。"生态"成为伦敦、纽约、新加坡等城市软实力的一张重要名片，这有助于回答上海打造什么样的生态环境品质这一问题。同时，伦敦、纽约、新加坡等城市在生态建设上形成了一系列经验举措，如伦敦注重空间规划和建设绿地系统，纽约开展绿道规划，新加坡建设"A Fine City"和"零废国家"，澳大利亚墨尔本建设城市雨水花园，巴西库里蒂巴的可持续发展规划和绿色公共交通等，丹麦哥本哈根设立绿色账户。这些城市不管是生态软实力形象还是提升生态软实力的举措，对于上海如何开展城市生态环境品质建设具有重要借鉴意义。

三 上海城市生态环境品质促进城市生态软实力的思路

（一）生态打底

上海城市生态环境品质建设需要坚持以自然为基底，立足农田林网、河网水系、公园绿地等生态肌理，严格生态空间管控，锚固生态空间格局，打造各类自然要素肌理自然延续的生态体系。加强生态环境保护修复，加强绿化营造、滨水空间建设，改善城市河湖水质、大气环境、土壤质量、农村生态环境等。以"+生态"和"生态+"融合共生为牵引，坚持高标准推进自然生态系统保护、高要求打造山水林田湖共同体，全方位构筑生态环境治理体系，构建城市生态软实力的生态基底和"硬"基础。

（二）以人为本

上海提升城市生态环境品质需要坚持把人的感受作为最根本的衡量标尺，把宜居、宜业、宜学、宜游的城市环境建设摆在突出位置，把最好的资源留给人民，全方位营造舒适生活、极致服务和品质体验，打造更加和谐宜居的生态之城。城市空间设计要充分体现包容、公平、共享，注重打造小尺度、人性化、可达性高的城市空间肌理和高品质街区环境，营造富有人文色彩的公共活动空间，打造安全、生态、宜人的人居环境，构建绿色触手可及的城市图景，不断满足城市居民生态环境需求。进而使以低碳、健康、休闲、文化为特征的绿色生活方式蔚然成风，人文吸引力与人居魅力不断彰显。

（三）文化铸魂

上海提升城市生态环境品质需要坚持文化自信，紧紧围绕具有世界影响力的社会主义国际化大都市目标，以"生态+文化"为牵引，将红色文化、海派文化、江南文化充分融入城市生态环境品质提升过程中，积

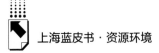
极推进生态产品与文化产品的融合。保护传承城市文脉、绿脉，实现建筑可阅读、街区可漫步、滨水可游憩，让人们拥有可诗意栖居、浪漫生活的美好家园。

（四）面向全球

上海提升城市生态环境品质需要坚持面向全球，既要将生态作为核心要素，汇聚当前人类最新文明成果，集中展示世界最先进的生态理念和技术，达到并引领世界标准，从而以"世界眼光"打造高品质的生态环境，打造绿色治理的全球影响力；又要以开放态度参与全球生态环境治理、规则制定与交流合作，推动国内外理念对接、制度对接、标准对接，提升上海以及中国在全球可持续发展中的地位与话语权。

（五）引领未来

上海提升城市生态环境品质需要面向未来、拥抱未来，顺应全球城市生态环境建设发展趋势，运用先进技术提升生态环境建设水平，以优越的生态环境品质支撑打造引领未来的创新策源地，打造一片干事创业热土、幸福生活乐园；以优化城市空间格局引领未来城市生活，广泛应用新设计、新技术、新模式，创造未来感的都市生活，进而把上海打造成为引领未来超大城市生态环境品质的典范标杆。

四　上海城市生态环境品质促进城市生态 软实力的推进路径

城市生态环境品质是提升城市生态软实力的重要内容，上海需要把握好生态环境品质这一关键要素，为城市生态软实力提升打造动人的生态底色，并积极构建引领未来的生活空间，打造和谐宜居生态之城，彰显塑造城市生态魅力。

（一）打造城市动人生态底色

提升城市生态软实力需要有硬的生态环境质量做支撑。

首先，上海需要加强自然生态系统保护与修复，尤其是加强长江口九段沙、崇明东滩等具有全球生态保护意义的沿江沿海滩涂湿地生态系统的保护与修复，提升上海生态建设的全球责任感；加强崇明岛、大小金山岛等重要海岛保护与管理，加强森林绿地、农田等自然生态系统保护，厚植上海城市生态优势，提升生态系统服务功能。

其次，加强长江口水源地保护，推进滨海及骨干河道岸线整治、修复，加强生态廊道建设，修复生态岸线，构建基于河网水系的蓝绿网络，塑造清水环绕、绿意盎然的城市图景；加强水环境保护与治理，持续推进河道综合整治，尤其是加强镇级中小河道整治；推进弹性城市、海绵城市建设，因地制宜建设一批下凹绿地、雨水花园等，发挥建筑、道路、绿地、水系的生态功能。

再次，积极推进大气环境质量改善，加强工业污染综合治理，全面推进绿色制造，深入推进重点行业技术升级；加快发展绿色交通，积极推广新能源汽车、绿色出行；深化扬尘污染防治与管理。

最后，加强土壤环境保护，持续推进工业用地污染防控和综合整治，减少农业生产活动的环境影响，持续推进废水、废物、工业废弃物等资源的循环利用。

（二）构建引领未来生活空间

上海提升城市生态环境品质需要均衡、公平布局生态空间，实现高品质生态环境人人享有。

首先，严格城市生态管控，强化自然保护区、湿地公园、重要海岛以及农田森林等其他生态红线区域的保护与管理，用生态红线严守生态环境底线，确保生态用地只增不减，逐步提升城市生态容量，维系生态环境安全。

其次，优化生态空间布局，积极构建以城市森林、河流蓝绿网络为基本架构、"多层次、成网络、功能复合"的生态网络体系；加强绿地林地与城市公园建设，最大限度利用并延续绿色空间，发挥增进居民健康福祉及促进发展的潜能，努力提升市民生态品质建设的获得感；打造环城生态公园带，提升人城相融、园城一体的城市公园与游憩绿地系统。合理配置公园绿地、公共服务设施，合理布局生产生活空间，促进产城融合发展和职住空间平衡，构建生产、生活、生态三位一体的城市生态综合体。

再次，鼓励老旧建筑在保留历史印记的基础上进行维修更新，实现再利用，实现商业、人文、自然的融合。加快老旧棚户区改造，对具有历史价值和尚在生命周期内的老旧住房进行修缮，实现城市有机更新和社区文脉有序传承；对危旧房屋进行拆除，用于建设公园绿地、公共空间，为市民提供交流休闲场所。

最后，加强郊区生态环境品质建设，积极推进美丽乡村建设，形成村落风貌各异的格局；保留建筑风格和自然山水，构建以水为载体的村落水系；发展以绿为特征的乡村格局，把上海全市乡村当作一个大景区来谋划建设；加快推进郊野公园建设，把郊野公园建成市区的后花园、市民的好去处、农村的新典范，打造"大景区""大花园"蓝图。

（三）打造和谐宜居生态之城

上海提升城市生态环境品质必须把人的感受作为最根本的衡量标尺，打造更加开放的生态公共空间，营造更加富有人文情怀的城市景观，运用智能化、信息化技术，让市民享受更加绿色、智能的生活，塑造更加绿色的生活方式，不断增进城市居民生态福祉。

首先，打造更加开放的生态公共空间，建设高品质、多样化、共享可及的公园绿地，加强公园绿化薄弱区域绿化建设，均衡市民生态感受，到2035年，人均公共绿地面积达到15平方米，城乡公共开放空间（400平方米以上的公园和广场）的5分钟可达率达到90%以上，实现公园绿地公平共享可及；提升城市滨水公共空间品质，形成功能复合的滨水活动空间，聚焦功能品质提升，完善"一江一河"沿岸公共设施配套。着力打造最佳人居环境，彰显城市软实力的生活体验。

其次，注重城市景观设计的文化内涵，建设中国传统文化、江南水乡文化、海派文化，以及西方有益文化多文化汇聚的城市生态景观。强化城市空间设计与景观设计的人文关怀，充分考虑不同人群的生态环境品质需求，使城市生态品质更具包容性、共享性。加强城市中绿色斑块与其他绿色空间的连通性，建设绿道、湿地、雨水花园、森林植被等相互联系的绿色基础设施网络。鼓励发展屋顶绿化、屋顶花园、屋顶农场等，构建绿色触手可及的垂直绿化系统。

最后，以科技创新引领绿色生活，以数字化转型创造高品质生活，加快大数据、云计算、移动互联网等信息技术和智能技术在提升生态环境品质中的运用，实现居民对生态环境品质服务需求的实时、便捷获取与及时回馈响应。积极发展智能、绿色的交通系统，实行公交优先战略，发展"互联网+交通"共享出行模式，倡导更加绿色、低碳、集约的出行方式。加快推进建筑用能电气化，推进存量建筑节能改造，大力推广超低能耗建筑，支持建筑节能关键技术创新与推广应用。

（四）彰显塑造城市生态魅力

上海增强城市核心竞争力和世界影响力，需要打造具有世界影响力的城市生态环境品质。既要在城市生态环境质量上达到世界水平，又要在城市生态空间设计上具有一定的世界影响力，打造一批具有世界影响力的生态地标。

首先，建设与具有世界影响力的社会主义现代化国际大都市相匹配的生态地标，使其成为城市生态品质建设、城市经济社会可持续发展、彰显中华文明魅力的最佳典范。持续推进崇明世界级生态岛建设，坚持生态立岛兴业惠民，努力发展成为贯彻习近平生态文明思想、践行人民城市重要理念、全面推进乡村振兴的桥头堡、先行区、示范地，把崇明打造成为具有国际影响力的世界级生态岛。持续推进"一江一河"建设，努力将黄浦江沿岸打造成为彰显上海城市核心竞争力的黄金水岸和具有国际影响力的世界级城市会客厅，将苏州河沿岸打造成为宜居、宜业、宜游、宜乐的现代生活示范水岸，将"一江一河"滨水地区打造成为人民共建、共享、共治的世界级滨水区。

其次，持续提升城市生态环境品质的世界影响力，继续办好上海崇明生态岛国际论坛、上海城市生态环境国际论坛、东滩论坛等，在现有的世界城市论坛中突出生态环境板块的重要性，提升上海城市生态环境品质的国内外影响力；支持上海生态环保青年科学家高峰论坛等学术交流会议，吸引国内外学者关注上海城市生态环境品质；积极申请承办世界和平与可持续发展国际论坛、联合国可持续发展高峰论坛、世界可持续发展论坛、全球可持续发展领袖论坛等全球性可持续发展论坛，吸引国内外各界关注上海，并积极向全球展示上海城市生态环境魅力。

参考文献

陆路、王宁、李炎琪：《城市人居环境品质评定方法研究》，《资源开发与市场》2016 年第 12 期。

尚勇敏：《建设卓越的城市生态品质：理论基础与上海行动》，上海社会科学院出版社，2018。

李金贵：《国外建设生态城市的"秘籍"》，《地球》2014 年第 6 期。

陈信康、王春艳、庄德林：《上海世博会主题展示的城市发展趋势》，《城市发展研究》2012 年第 9 期。

张余、康磊、高文旭：《国内外生态城市建设中公众参与比较研究》，《环境科学》2014 年第 S1 期。

刘举科、孙伟平、胡文臻等：《中国生态城市建设发展报告（2015）》，社会科学文献出版社，2015。

李帅：《长三角一体化下的城市生态竞争力研究》，上海应用技术大学硕士学位论文，2020。

史方圆：《中国省域生态环境竞争力比较研究》，福建师范大学硕士学位论文，2019。

秦成逊、王荣荣：《"两山论"视域下西部生态环境竞争力提升研究》，《昆明理工大学学报》（社会科学版）2019 年第 3 期。

Cao Jian, Liu Wenxiang, Yang Wenlin, "Evaluation of Ecological Environment

Competitiveness of Hunan Province Based on Prefecture Level Cities", *Agricultural Science & Technology*, 2020, Vol. 21 (03).

傅晓华、曹俭、傅泽鼎等:《湖南省生态环境竞争力测评研究》,《中南林业科技大学学报》(社会科学版) 2020 年第 3 期。

王雪姣、李豪:《公园城市生态环境竞争力评价研究》,《中外建筑》2021 年第 6 期。

B.4
城市居民亲环境行为与生态福祉提升

陈 宁 罗理恒*

摘 要： 越来越多研究证明居民行为对生态系统产生直接影响，因而通过
干预和改善人类行为来实现生态福祉提升是现实途径。现有研究
往往关注人类行为的直接和静态影响，但实际上，生态福祉的变
化也将影响到居民的行为决策。本文阐释及量化分析上海城市居
民亲环境行为与生态福祉的互动关系，发现上海城市居民对生态
环境的满意度越高，其自我报告的亲环境行为频率也越高，同
时，与大自然的接触越多越频繁，其自我报告的亲环境行为频率
也越高。且无论收入、学历高低，抑或从事不同的工作，亲环境
行为与生态福祉满意度和生态环境接触程度都正相关。在当前上
海进入全面推进生产生活方式绿色转型阶段，上海各级政府和部
门要从整体上规范居民亲环境行为，将居民亲环境行为纳入生态
环境治理体系，并注重提高生态福祉满意度和生态福祉公平性。

关键词： 亲环境行为 生态福祉 城市居民

  确保居民享有公平的、良好的生态福祉是城市生态软实力的重要标
志。居民亲环境行为的实施，有利于形成保护生态环境的消费习惯和生活
方式，是城市先进生态文化的重要表现。当前上海已经进入全面推进生产

---

* 陈宁，上海社会科学院生态与可持续发展研究所博士，主要研究方向为循环经济、产业绿色
发展、环境政策与管理；罗理恒，上海社会科学院生态与可持续发展研究所博士，主要研究
方向为环境政策与经济增长。

生活方式绿色转型阶段，比以往更加注重推动居民亲环境行为的践行。本文通过居民亲环境行为与生态福祉互动的视角，提供促进居民亲环境行为的新思路。

一　城市居民亲环境行为与生态福祉的互动

本研究所指的生态福祉（Ecological Well-being）是居民能够享有的自然生态系统提供的与人类福祉相关的资源和服务[①]。确保居民享有公平的、良好的生态福祉是城市生态软实力的重要标志。城市居民在日常生活中的绿色消费、废物回收利用、垃圾分类、参与环保投票等亲环境行为（Pro-environmental Behavior）会作用于生态环境进而对生态福祉产生影响，生态福祉的变化又会反过来影响城市居民的亲环境行为，二者之间存在互动关系。

（一）以生态环境为载体实现互动

城市居民亲环境行为与生态福祉之间以生态环境为载体进行互动。一方面，城市居民日常行为会直接影响生态环境。一是城市居民在日常生活中的大部分行为活动会对环境产生负面影响，居民不合理的消费方式和行为习惯是环境恶化的重要原因。例如，城市居民家庭能源消耗会产生污染排放，城市居民生活垃圾处理会对土壤、水和空气造成不同程度的污染。二是城市居民亲环境行为会对生态环境质量产生直接正影响，生态环境质量又决定了生态系统的服务价值，进而有利于生态福祉的增加。例如，购买使用绿色产品、绿色低碳出行、资源循环利用、节能减排等亲环境行为在降低污染排放、减轻温室效应、改善环境质量方面都具有积极贡献。另一方面，生态福祉以生态环境服务价值为依托，通过影响居民的环境情

---

① Grouzet, F. M., Lee, E. S., "Ecological Well-being", *Encyclopedia of Quality of Life and Well-being Research*, 2014: 1784-1787.

感、环境态度、环境价值观等心理因素反过来影响居民亲环境行为。居民生态福祉涵盖了城市绿化设施、绿化功能、绿化环境、自然景观、共享区域、街景和私人花园等生态环境服务价值，生活环境的改善优化会影响居民环境感知、环境价值理念、环境行为意愿，提高居民心理健康感知、增加居民身心愉悦情绪体验及舒缓居民压力，从而更有利于促进居民亲环境行为[①]。

（二）城市居民亲环境行为促进生态福祉增加

生态环境质量是居民亲环境行为影响生态福祉的核心中介要素。居民亲环境行为按行为特征通常可划分为私人领域亲环境行为和公共领域亲环境行为，都会对绿化基础设施、水环境、空气质量、自然景观、社区居住环境等城市生态环境质量指标产生正影响，从而提升城市生态环境服务价值，促进生态福祉增加。

一是私人领域亲环境行为，其反映个体与环境互动时的行为意愿，涵盖居民在日常生活中各个方面的行为活动。具体包括：绿色消费行为，居民对新能源汽车、节能家电、绿色住宅、绿色家具等绿色产品的购买使用，以及选择网上租车、二手物品交易、资源共享等使用环节的消费方式；绿色低碳出行，居民选用绿色交通工具（如新能源汽车、电动车、自行车）或步行方式出行；居家节能减排行为，垃圾分类、废物回收利用、节约水电等。以绿色消费为例，据估计，在2017年的技术条件下，中国使用氢燃料电池汽车要比传统汽油燃料汽车减少化石燃料消耗11%～92%，可减少大量温室气体和空气污染物排放；[②] 据国外学者研究，采用资源共享模式延长衣服和电器的使用寿命可以使欧洲碳足迹减少约3%，绿色低碳出行可使欧洲碳足迹

---

① Wang, Y., Hao, F., "Public Perception Matters: Individual Waste Sorting in Chinese Communities", *Resources, Conservation and Recycling*, 2020, 159: 1-12.

② Wang, Q., Xue, M., Lin, B. L., Lei, Z., Zhang, Z., "Well-to-wheel Analysis of Energy Consumption, Greenhouse Gas and Air Pollutants Emissions of Hydrogen Fuel Cell Vehicle in China", *Journal of Cleaner Production*, 2020, 275（1）: 1-11.

减少 9%~26%①。私人领域亲环境行为有利于实现城市减排降污、环境质量改善、美化居住环境等环境目标,提高城市生态环境系统服务质量,从而提升居民生态福祉。

二是公共领域亲环境行为,其聚焦环境保护的宏观层面,涵盖推动环保制度改革、提高全社会公众环境意识等更具有公共属性和强外部性的环境行为活动,可按行为属性进一步分为政治行为和社会行为。政治行为,以环境公民身份参加环保有关的政治活动,支持环境政策,包括签署环保请愿书、写环保建议信、参与环保投票等。社会行为,将环保行动投入社会活动中,如加入环保组织、参与环境问题相关的社会活动、向社会群众宣传环保意识等。公共领域亲环境行为对城市生态环境质量和居民生态福祉的促进作用体现为影响决策层制定环境政策和参与非政府环保组织的环境友好行动。例如,政府将公众对环境治理的满意度、环境治理意见、绿化建设建议纳入下一阶段的环保制度顶层设计,从制度层面推动城市生态环境优化;居民加入环保公益组织,借助非政府环保组织机构平台,参与更具广泛社会影响力的环境友好行动。

(三)生态福祉对城市居民亲环境行为的激励效应

生态福祉对城市居民亲环境行为的激励作用以某些中介要素为传导,二者之间的中介要素来源于影响城市居民亲环境行为的各个因素。具体来说,城市居民亲环境行为受到人口特征、社会因素和生态环境质量的影响。一是不同年龄阶段、性别、受教育程度、职业岗位类别都会导致城市居民在与环境互动时的行为差异,且人口特征具有客观性。二是城市居民亲环境行为还会受到环境保护宣传、政府环境政策、公众环境诉求等社会因素的影响。三是社区绿化、空气质量、自然景观等生态环境质量指标对城市居民亲环境行

---

① Vita, G., Lundstrom, J. R., Hertwich, E. G., Quist, J., Ivanova, D., Stadler, K., Wood, R., "The Environmental Impact of Green Consumption and Sufficiency Lifestyles Scenarios in Europe: Connecting Local Sustainability Visions to Global Consequences", *Ecological Economics*, 2019, 164: 1-16.

为具有反作用。以上三种因素决定了城市居民亲环境行为意愿，且都是通过影响环境保护意识、环境情感、环境价值观、环境态度、环境责任感、个人规范等心理机制触发亲环境行为，如具有较强环境保护意识、环境责任感的居民会在日常生活中更愿意采取环保行动。综上分析，由于人口特征的客观性不会受到生态福祉变化的影响，因此，生态福祉以生态环境质量和社会环境两个因素作为传导机制激励城市居民亲环境行为，具体可分为直接激励效应和间接激励效应。前者体现为生态环境质量对居民亲环境行为意愿的直接影响，后者体现为生态环境质量对社会环境因素的反作用进而间接影响居民亲环境行为。

一是直接激励效应。生态福祉的增加或减少会通过不同要素直接影响居民亲环境的行为意愿，从而促使城市居民采取环境友好行动。若城市居民生态福祉增加，表明城市生态环境质量提升，良好的城市生态环境及绿色空间布局会直接提升居民对绿色消费、垃圾分类、废物回收利用等亲环境行为的感知程度，居民环境保护的主观规范意识、自然共情能力及环境主要幸福感，促进居民环境保护价值认同，从而形成对居民亲环境行为的激励。[1] 若城市居民生态福祉减少，表明城市生态环境质量下降，面临严重的环境污染问题，居民的环境风险感知度和环境担忧水平显著上升，会产生内疚、后悔、负罪等环境情感，从而驱动居民采取补偿性亲环境行为来改变被破坏的生态环境状况，且环境情感的驱动力量会随着居民环境风险感知度的增加而增加，如相对于环境污染边缘地区，生活于环境污染中心位置的居民对良好环境的情感诉求更强烈，因而更有动力采取亲环境行为。[2]

二是间接激励效应。生态福祉下降倒逼社会环境因素发生改革，从而间接对居民亲环境行为产生激励作用。生态福祉下降意味着环境污染加剧，为改善环境质量、提升居民生态福祉，政府会出台更多的环境保护相关法规和

① 丁志华、姜艳玲、王亚维：《社区环境对居民绿色消费行为意愿的影响研究》，《中国矿业大学学报》（社会科学版）2021年第6期。

② 盛光华、戴佳彤、龚思羽：《空气质量对中国居民亲环境行为的影响机制研究》，《西安交通大学学报》（社会科学版）2020年第2期。

采取更严格的环境保护措施形成环境保护硬约束，社会公众会通过接受媒体环保宣传、环保教育等方式增强环保意识。政府颁布的环境保护法规对居民亲环境行为的作用更为直接，约束性更强。例如，国家宏观层面，《城市市容和环境卫生管理条例》（1992年颁布，2017年修正）规定公民具有承担爱护公共卫生环境的义务；《循环经济促进法》（2008年颁布，2018年修订）为促进经济可持续发展、优化资源利用、改善生态环境质量，鼓励居民资源节约行为。地方区域层面，《上海市生活垃圾管理条例》（2019年颁布）详细规定垃圾分类标准，强制推进全市居民参与垃圾分类行动。而非政府环保组织及环保公益机构更多利用媒体宣传、教育等手段加强居民环保意识和增进社会公众的环境保护情感共鸣，从而激励居民采取环境友好行动。

二 上海居民亲环境行为推进现状

上海以居民生活垃圾分类为抓手，全面推动一次性制品限制、绿色产品消费与资源循环利用。

（一）居民亲环境行为推进架构基本形成

上海市生态环境法律法规和规划，基本勾勒出上海市对居民亲环境行为的基本思路和整体架构。总的来说，鼓励、倡导居民在生活中践行节约资源、减少污染的行为，形成有利于环境保护的生活方式。

《上海市环境保护条例》（2019年修订）要求居民在生活中节约资源、减少污染，形成有利于环境保护的生活方式。全市各级政府采取措施鼓励居民购买和使用清洁能源机动车，倡导和鼓励居民选择公共交通、自行车等低碳方式出行。鼓励基层群众性自治组织、社会组织通过组织居民开展捐赠、义卖、置换等活动，推动居民闲置物品的再利用，推动循环经济发展。服务型企业应采取环保提示、费用优惠、物品奖励等措施，引导消费者减少使用一次性用品。

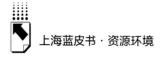
《上海市大气污染防治条例》（2018 年修订）要求本市倡导文明、节约、绿色的消费方式和生活方式。各级政府应优先发展公共交通，倡导和鼓励公众使用公共交通、自行车等方式出行。

《上海市水资源管理若干规定》（2017）要求对居民生活用水实行阶梯水价，引导居民选用节水型生活器具，养成节约用水的良好习惯。

《上海市生态环境保护"十四五"规划》规定到 2025 年，节约资源和保护环境的生活方式初步形成，生态环境治理体系和治理能力现代化初步实现。"十四五"末期上海市生态环境保护主要指标中，人均公园绿地面积＞9.5 平方米，为约束性指标；中心城区绿色交通出行比例≥75%，为预期性指标。"十四五"规划中制定了践行绿色低碳简约生活的主要任务。

《上海市 2021~2023 年生态环境保护和建设三年行动计划》要求积极培育全社会绿色生活方式。这是在历次三年行动计划中首次提出对绿色生活方式培育和塑造的要求。针对居民消费行为方面的具体要求主要包括：倡导绿色消费理念，推动一次性塑料制品等源头减量；发展二手交易市场，推进物资资源循环利用；完善慢行设施，不断提高绿色出行比重；开展绿色生态城区和重点领域绿色创建活动等。

（二）生活垃圾分类行为成为法定义务

2019 年 7 月 1 日，《上海市生活垃圾管理条例》正式实施，生活垃圾分类成为上海市民的法定义务。自 2019 年 7 月 1 日以来，上海居民生活垃圾分类取得了显著成效。第一，生活垃圾结构发生了根本转变。根据上海市绿化市容局的数据，2021 年 1~7 月，全市干垃圾产量 14847 吨/日，湿垃圾产量 10311 吨/日，可回收物回收量 7104 吨/日，有害垃圾分类量 2.02 吨/日。相比生活垃圾分类实施前的 2019 年 7 月 1 日，干垃圾产量同比下降 28%，湿垃圾产量同比增长约 89%，可回收物回收量同比增长约 165%，有害垃圾分类量同比增长 14 倍，生活垃圾组分和产量的巨大变化说明上海生活垃圾分类达到了明显效果。第二，生活垃圾分类行为的渗透率遍及全市。2019 年之前，上海只有十几个或几十个小区在推行垃圾分类试点，且分类成效不一。而到了 2021 年 7 月，全市 16 个区和 220 个街镇垃圾分类考核都达到"优秀"水平。第三，生活垃圾分类融入家庭日常行为。按上海 2400 万常住人口计算，2021 年 1~7 月，上海平均每人每天产生约 0.42 公斤的湿垃圾，其中约 0.3 公斤是在家庭中产生的，表明在上海居民中，生活垃圾分类行为已经真正融入个人生活习惯之中。

（三）一次性塑料制品消费行为得到限制

2020 年 9 月，上海市发改委等十部门联合发布《上海市关于进一步加强塑料污染治理的实施方案》，尽管没有直接针对管制塑料制品的消费行为做出规定，但从产业链的不同环节提出了不同的要求，实际上对部分管制塑料制品的使用行为形成了干预。第一，在尽可能广泛的使用场景中限制、禁止部分管制塑料制品的提供，从而限制管制塑料制品的使用行为。包括在商场、超市、药店、书店、集贸市场限制和禁止使用一次性塑料购物袋；在餐厅堂食和外卖中限制、禁止使用不可降解的一次性塑料餐具（筷子、调羹等）；在宾馆、酒店、民宿等商旅服务场所限制、禁止使用一次性塑料用品；在邮政快递网点限制、禁止使用不可降解塑料包装袋、一次性塑料编织袋等。第二，发展替代产品和新兴商业模式改变使用行为。在商超等购物场所推广可循环使用购物袋，在餐饮领域推广符合循环使用和食品安全要求的替代餐饮具，电商快递企业推广使用可循环中转袋、可降解包装等绿色包装等，在上述行业中培育跨平台循环包装及配送器具运营体系。第三，规范塑料废弃物回收和运输。结合生活垃圾分类，禁止个人随意倾倒塑料废弃物，加强可回收废弃物的回收和清运。

（四）绿色产品消费行为加速推进

2021 年 10 月，《上海市关于加快建立健全绿色低碳循环发展经济体系的实施方案》印发，通过健全绿色低碳循环发展的生产体系、流通体系和消费体系，推动生产生活方式绿色转型。在绿色低碳循环发展的消费体系中，要求促进绿色产品消费，引导居民采购绿色产品；倡导绿色低碳生活方

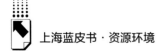

式，并通过绿色物流、再生资源回收利用等流通体系的健全促进资源和产品循环利用。

三 上海居民亲环境行为与生态福祉调查

本部分针对上海市居民的亲环境行为、生态福祉感知度展开经验数据分析，采用访谈和问卷调查法获取翔实的调查数据，着重分析上海居民亲环境行为与生态福祉的现状与不足，探讨上海居民亲环境行为与生态福祉形成互动的内在关联机制。

（一）问卷设计

问卷设计的关键是如何对居民亲环境行为、生态福祉两个核心变量进行测量。参照已有研究的做法①，我们针对本研究一共设计了19个问题（不包括问卷中控制变量及开放性问题）。

一是居民亲环境行为。居民亲环境行为由私人领域的亲环境行为和公共领域的亲环境行为组成，具体分为垃圾分类、废物回收、绿色购买、节能减排、绿色出行、环保意识提升、鼓励环境友好行为、参与环境志愿活动等8种，我们用10个问题进行刻画，问题设计如表1所示。问题回答采用五点李克特量表，进行如下赋值："总是"=5、"经常"=4、"有时"=3、"很少"=2、"几乎不"=1。分值越高，意味着居民亲环境行为越多。

表1 居民亲环境行为问题设计

核心变量	具体行为	具体问题
私人领域的亲环境行为	垃圾分类	您分类投放生活垃圾吗？
	废物回收	您改造利用、交流捐赠或买卖闲置物品吗？

---

① Ian Alcock, Mathew P. White, Sabine Pahl, Raquel Duarte-Davidson, Lora E. Fleming, "Associations between Pro-environmental Behaviour and Neighbourhood Nature, Nature Visit Frequency and Nature Appreciation: Evidence from a Nationally Representative Survey in England", *Environment International*, 2020, (136): 1-10.

核心变量	具体行为	具体问题
私人领域的亲环境行为	绿色购买	A. 您购物时自带可重复使用购物袋吗？ B. 您购买一次性塑料制品吗？（注：该题项反向赋值） C. 您选购使用生态环保型洗涤剂(洗衣液、洗手液、洗洁精等)吗？
	节能减排	您夏季设定空调温度不低于26℃吗？
	绿色出行	您出行时选择步行、骑自行车或乘坐公共交通工具吗？
	环保意识提升	您主动关注生态环境问题和信息吗？
公共领域的亲环境行为	鼓励环境友好行为	您劝阻、制止或投诉破坏生态环境的行为吗？
	参加环境志愿活动	您参加环保志愿活动吗？

二是生态福祉。我们参考已有研究的做法，用居民的自然可及（Nature visits）、自然接触（Neighbourhood exposure）、自然欣赏（Nature appreciation）三个指标来间接反映居民的生态福祉，具体包括9个问题，问题设计如表2所示。问题回答采用五点李克特量表进行赋值，分值越高，代表居民对生态福祉的感知程度越高。具体如下。

对于自然可及（"10分钟以内"=5，"11~20分钟"=4，"21~30分钟"=3，"31~60分钟"=2，"1小时以上"=1）。

对于自然接触（"每天"=5，"每周3~5次"=4，"每周1~2次"=3，"每月1~3次"=2，"每季度1~3次或更少"=1；"2小时以上"=5，"1~2小时"=4，"31~60分钟"=3，"16~30分钟"=2，"15分钟以内"=1）。

对于自然欣赏（"非常满意"=5，"满意"=4，"一般"=3，"不满意"=2，"非常不满意"=1）。

表2 生态福祉问题设计

核心变量	具体问题
自然可及	您从当前居住地步行到最近的公园绿地需要的时间？
自然接触	A. 您去公园绿地的频率？
	B. 您每次在公园绿地逗留的时间？

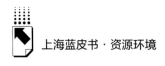
续表

核心变量	具体问题
自然欣赏	A. 您对当前居住社区的环境卫生满意吗？
	B. 您对当前居住社区周边的公园绿地满意吗？
	C. 您对当前居住社区的空气质量满意吗？
	D. 您对当前居住社区周边的河道水质满意吗？
	E. 您对当前居住社区的噪声环境满意吗？
	F. 您对当前所在区域的生活垃圾投放及清运状况满意吗？

三是控制变量。问题设计还包括性别、年龄、学历、职业类别、婚姻状况、个人年收入、是否为环保组织成员、居住地等8个控制变量，便于针对不同群体的亲环境行为与生态福祉感知进行异质性分析。为进一步了解上海市居民对生态福祉的诉求，我们在问卷最后设计了一个开放性问题，即"您对上海提升居民生态福祉有何建议？"

（二）样本总体分析

问卷调查数据主要采用问卷星平台进行线上收集，最终获取有效问卷958份。样本数据基本特征及总体调查结果如下。

1. 样本特征

（1）样本区域分布特征（见图1）。样本全面覆盖上海市16个行政区划。其中浦东新区、徐汇区、嘉定区的受访者人数排在前三，占总受访者人数比重分别18.48%、10.96%、9.81%，其他各区占比均在6.5%以下。为验证本问卷调查分布的合理性，我们将各区受访者人数占总受访者人数比重与各区年末常住人口数占上海市年末总常住人口数比重进行了对比。可以发现，除黄浦区、徐汇区、闵行区、松江区的受访者人数占比与年末常住人口数占比存在较大差异外，其余12个区两者比重均保持了较好的一致性，说明样本选择是合理的。

（2）样本性别、年龄及婚姻分布特征（见图2）。样本数据中男性受访者人数占比47.6%，女性受访者人数占比52.4%，男女比例差距较小。从

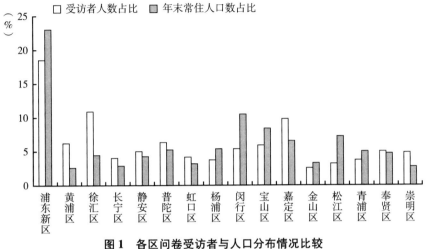

图1　各区问卷受访者与人口分布情况比较

资料来源：人口分布数据来自2020年《上海统计年鉴》。

年龄层次分布来看，样本覆盖了各个年龄阶段，其中19~45岁受访人数最多，占总受访者人数的81.42%，共780份问卷，说明受访者以中青年群体为主。从婚姻状况分布来看，已婚群体占总受访者人数的65.56%，共628份问卷，其中已婚已育者的问卷样本达515份。

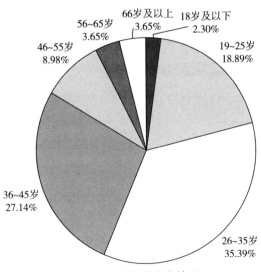

图2　受访者年龄分布情况

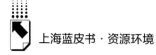

（3）样本职业、学历及年收入分布特征（见图3）。样本数据中企业群体最多，占比为40.50%，共388份问卷；其次是机关及事业单位，占比为15.87%，共152份问卷。样本数据中学历分为高中及以下、大专、本科、硕士、博士五个层级，其中本科占比最高，达到40.19%，共385份问卷；其次是大专，占比为27.45%，共263份问卷。从年收入高低程度来看，年收入为5万元以下、6万~10万元、11万~30万元的受访者人数占比分别为27.35%、28.5%、34.55%，共866份问卷，达到总问卷数的90%以上。

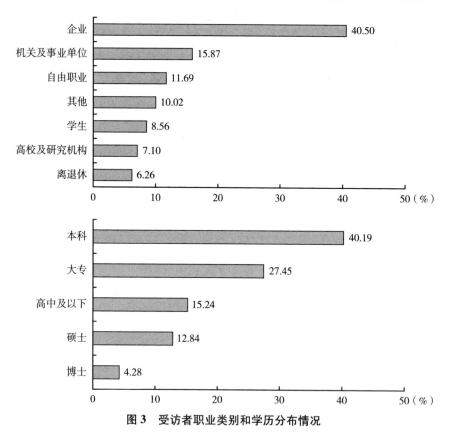

图3 受访者职业类别和学历分布情况

（4）样本属性分布特征。在问卷设计中，我们特意设定了"是否为环境保护组织成员"这一题项，以此对比分析环境保护组织成员这一特殊群体与非环境保护组织成员的亲环境行为和生态福祉感知的区别与特点。样本数据中，环境保护组织成员占总样本的18.58%，共178份问卷。

2. 总体调查结果分析

依据样本数据，我们可以得出上海市居民对垃圾分类、废物回收、绿色购买、节能减排、绿色出行、环保意识提升、鼓励环境友好行为、参加环保志愿活动等亲环境行为的总体践行情况，以及居民对绿色空间可及性、频率、时间、生态环境质量等生态福祉感知程度的评价情况。

（1）私人领域的亲环境行为的践行情况，如图4所示。总体来看，私人领域的亲环境行为践行程度良好。垃圾分类的平均分值高达4.44分，高达62.00%的居民选择"总是"垃圾分类，24.53%的居民选择"经常"垃圾分类，意味着垃圾分类践行已经取得良好成效。其次，居民选择步行、骑自行车或乘坐公共交通工具等方式绿色出行的平均分值达到4.07分，39.14%的居民选择"总是"绿色出行，38.41%的居民选择"经常"绿色出行，二者合计占比达到77.55%。再次是购物自带可重复使用购物袋、购买使用生态环保型洗涤剂等绿色购买行为，平均分值分别达到3.98分、3.92分，居民选择"总是"的占比分别达到40.29%、35.70%。居民环保意识提升（主动关注生态环境问题和信息）、节能减排（夏季设定空调温度不低于26℃）行为践行程度相似，平均分值均为3.89分。而废物回收利用（改造利用、交流捐赠或买卖闲置物品）、购买一性塑料制品（绿色购买）的平均分值相对较低。可以看出，在私人领域的亲环境行为中，目前居民对垃圾分类、绿色出行行为的践行程度最高，绿色购买行为践行总体良好，但居民在购买塑料制品时没有较强的区分意识，而废物回收、节能减排行为的践行还有一定提升空间。

（2）公共领域的亲环境行为的践行情况，如图5所示。与私人领域的亲环境行为相比，居民公共领域的亲环境行为践行程度要低一些。劝阻、制止或投诉破坏生态环境行为的平均分值为3.54分，居民选择"总是"或"经常"的合计占比为49.27%，说明接近一半的样本经常鼓励环境友好行为。参加环保志愿活动的平均分值为2.98分，居民选择"总是"或"经常"的合计占比仅为32.47%，有29.85%的居民"有时"参加环保志愿活

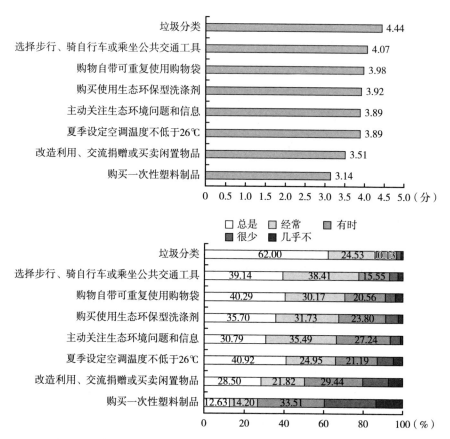

图4　私人领域的亲环境行为的量化平均分值及答题选项分布情况

动，有47.68%的居民"很少"或"几乎不"参加环保志愿活动，这说明目前居民参加环保志愿活动的意愿不足。

（3）绿色空间的可及性。自然可及代表了绿色空间的可及性，根据题项设置，我们用"居住地到最近公园绿地需要的时间"进行度量，这一变量量化打分的平均分值为3.95分。图6显示，有37.37%的居民到公园绿地的时间在10分钟以内，有33.19%的居民到公园绿地的时间在11~20分钟这个区间，这意味着超过70%的居民在20分钟以内就可以达到公园绿地，反映出上海市居民绿色空间的可及性良好，容易享受到城市绿色空间的相关服务。

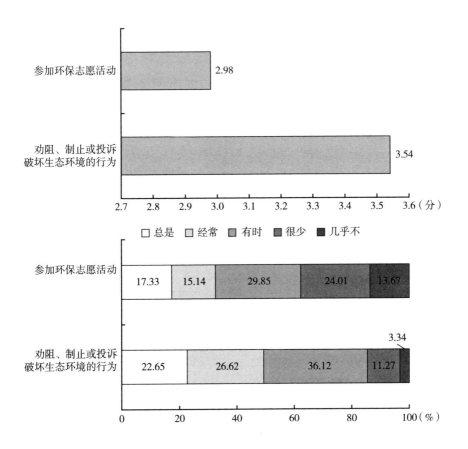

图 5　公共领域的亲环境行为的量化平均分值及答题选项分布情况

（4）居民享受绿色空间服务的频率和时间，如图 7 所示。居民的自然接触可以从享受绿色空间服务频率和时间两个维度进行刻画，具体用"去公园绿地的频率和每次的逗留时间"来度量。居民去公园绿地的频率平均分值为 2.84 分，每周去 1~2 次频率的占比最高，为 25.37%，在此频率以上的合计占比为 57.52%，超过一半的居民至少每周去 1~2 次公园绿地。从逗留时间来看，居民每次在公园绿地逗留时间的平均分值为 2.58 分，累计逗留时间在 1 小时以内的合计占比达到 82.77%，说明绝大部分居民每次享受绿色空间服务的时间在 1 小时以内。

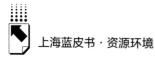
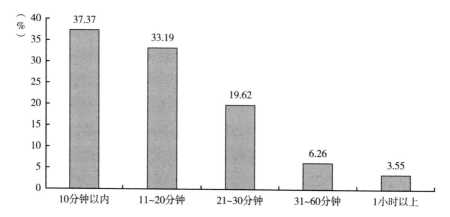

图6 居民从居住地到最近公园绿地需要的时间答题选项分布情况

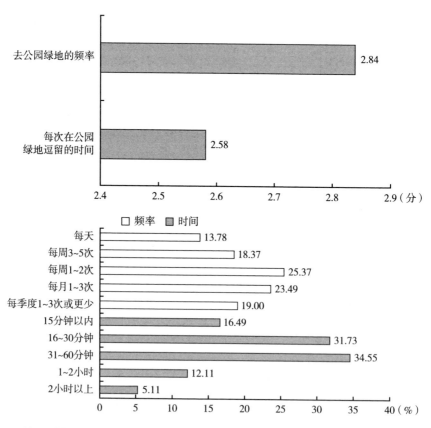

图7 居民享受绿色空间服务的频率和时间平均分值及答题选项分布情况

（5）绿色空间服务质量的满意度，如图 8 所示。自然欣赏代表了绿色空间服务质量的满意度。根据题项设置，我们用居民对社区环境卫生、公园绿地、空气质量、河道水质、噪声环境、生活垃圾处理投放及清运状况的满意度进行度量。居民对社区绿色空间服务质量的满意度总体较高，平均分值都在 3.5 分以上。其中，居民对生活垃圾处理效率的满意度评价最高（均值为 3.90 分），选择"非常满意"或"满意"的合计占比达到 71.39%。其次，居民对社区周围公园绿地建设、社区环境卫生质量的满意度比较接近，平均分值分别为 3.89 分、3.87 分，选择"非常满意"或"满意"的合计占比分别达到 69.31%、68.58%。居民对社区周围的空气质量、河道水质、噪声环境的满意度依次递减。不难看出，在绿色空间服务质量的满意度中，居民对生活垃圾处理效率的评价最高；而在私人领域的亲环境行为中，居民对垃圾分类行为的践行程度最高，这在一定程度上反映出居民对生态福祉的感知程度与亲环境行为之间存在密切关联。

（三）相关性分析

为检验问卷题项得分间的一致性，即问卷受访者提供答案的真实可靠性，我们采用因子分析法，结合 SPSS 软件工具，对问卷题项进行信度检验。由表 3 可知，核心变量对应的 Cronbach Alpha 值均在 0.7 以上，整个问卷对应的 Cronbach Alpha 值在 0.8 以上，这说明测量结果具有较好的一致性，问卷收集的数据信息是真实可信的。

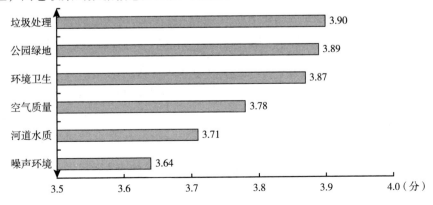

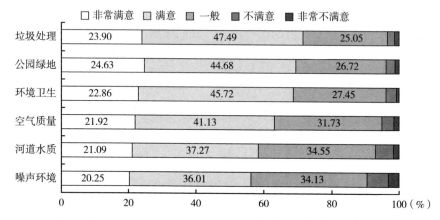

图8 绿色空间服务质量的满意度平均分值及答题选项分布情况

表3 核心变量的信度检验

变量名称	题项个数	Cronbach Alpha 值
私人领域的亲环境行为	8	0.7
公共领域的亲环境行为	2	0.76
自然可及 自然接触 自然欣赏	9	0.81
整个问卷	19	0.86

在信度分析的基础上，我们对测量结果进一步进行效度分析，以此检验本问卷设计的题项是否能够有效反映研究目标。我们采用 KMO 检验和 Bartlett 球形检验进行效度分析，结果显示，样本的 KMO 值为 0.92，Bartlett 球形检验近似卡方值为 8237.6，且 P 值为 0，这说明测量结果的收敛效度良好。

测量结果通过了信效度检验，说明问卷设计能较好反映我们的研究目标，样本数据具有真实可靠性及内部一致性。据此，我们对样本数据的核心变量之间进行相关性分析，探索居民亲环境行为与生态福祉之间的互动机制。为使结果更清晰地反映不同核心变量之间的相关关系，我们利用 SPSS 软件将同一变量下的题项进行合并降维处理，结果如表4所示。

表 4 居民亲环境行为与生态福祉间相关系数

变量名称	垃圾分类	废物回收	绿色购买	节能减排	绿色出行	环保意识提升	鼓励环境友好行为	参加环保志愿活动	自然可及	自然接触	自然欣赏
垃圾分类	1										
废物回收	0.28**	1									
绿色购买	0.40**	0.36**	1								
节能减排	0.21**	0.25**	0.23**	1							
绿色出行	0.24**	0.25**	0.31**	0.31**	1						
环保意识提升	0.34**	0.40**	0.41**	0.35**	0.46**	1					
鼓励环境友好行为	0.23**	0.48**	0.29**	0.25**	0.35**	0.62**	1				
参加环保志愿活动	0.16**	0.51**	0.24**	0.22**	0.29**	0.51**	0.63**	1			
自然可及	0.19**	0.14**	0.19**	0.17**	0.15**	0.22**	0.22**	0.14**	1		
自然接触	0.05	0.23**	0.20**	0.05	0.07*	0.24**	0.27**	0.33**	0.07*	1	
自然欣赏	0.20**	0.38**	0.27**	0.24**	0.25**	0.45**	0.45**	0.49**	0.25**	0.26**	1

注：** 表示相关性在 0.01 级别上显著、* 表示相关性在 0.05 级别上显著。各变量对应的具体含义详见表 1 和表 2。

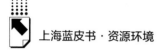

从表4的结果来看，各核心变量之间都呈现显著的相关性。首先，我们分析影响居民生态福祉感知程度的基础变量——自然可及、自然接触、自然欣赏之间的相关性，三者分别代表了绿色空间的可及性、居民享受绿色空间服务的频率和时间、绿色空间服务质量的满意度，对应了9个题项。自然可及和自然接触的相关系数非常小，为0.07，即居民到离居住地最近公园绿地的时间与居民去公园绿地的频率、逗留时间不存在密切的相关关系，这说明绿色空间的可及性与居民享受绿色空间服务的频率和时间关联度不大。而自然欣赏与自然可及、自然接触显著相关，且相关系数非常接近，分别为0.25、0.26，即居民对社区周围生态环境质量的感知与居民到最近公园绿地的时间、去公园绿地的频率和逗留时间存在一定的相关性，更具体地说，居民对绿色空间服务质量的满意度在一定程度上受到绿色空间的可及性与享受绿色空间服务的频率和时间长短的影响。

其次，我们分析生态福祉与居民亲环境行为之间的相关性。生态福祉的感知程度可从自然可及、自然接触、自然欣赏三个维度进行刻画。表4结果显示，生态福祉与居民亲环境行为之间存在密切关联，居民对生态福祉的感知程度越高，更倾向于做出亲环境行为。自然可及与居民亲环境行为各变量的相关系数显著为正，其中与环保意识提升、鼓励环境友好行为的相关系数最高，均为0.22，即居民到最近公园绿地的时间长短与居民关注环保信息、居民环保投诉行为相关程度较高，说明绿色空间的可及性越高，越利于增强居民对环保信息的关注度和增进居民阻止不良环境行为的内在激励。自然接触与大部分居民亲环境行为显著相关。居民去公园绿地的频率和逗留时间对鼓励环境友好行为、参加环保志愿活动等公共领域的亲环境行为的影响最为明显，相关系数分别达到0.27、0.33，这说明居民享受绿色空间服务的频率和时间对居民在公共领域的亲环境行为的影响比较突出。同时注意到，居民去公园绿地的频率和逗留时间对垃圾分类、节能减排、绿色出行等私人领域的亲环境行为的影响较小，相关系数很小或不显著。与自然可及、自然接触相比，自然欣赏与居民亲环境行为的相关程度更高，所有相关系数都显著为正，尤其与环保意识提升、鼓励环境友好行为、参加环保志愿活动的相关系数分别达到0.45、0.45、0.49，说明居民对绿色空间服务质量的满意度越高，越倾向于关注环保信息、鼓励周围人践行环保行动及积极参加环保活动。以上分析表明，生态福祉与居民亲环境行为高度相关，居民对生态福祉的感知程度越高，越能够做出亲环境行为，而绿色空间的可及性、绿色空间服务的频率和时间、绿色空间服务的满意度是生态福祉影响居民亲环境行为的重要传导机制。

（四）异质性分析

本问卷设计全面覆盖了各类样本特征的测量结果。因此，我们在相关性分析基础上还可以进一步发现不同受调查群体对亲环境行为和生态福祉感知程度的异质性特征。

1. 居民亲环境行为异质性分析

不同受调查群体的心理偏好、环境认知、生活环境等诸多不易观测的因素均存在差异，最终体现在亲环境行为差异上。我们按性别、年龄、学历、职业类别、婚姻状况、年收入水平、是否为环保组织成员七个控制变量分类分析不同特征群体在亲环境行为方面的表现，具体见表5。

表5　居民亲环境行为的异质特征

控制变量	异质特征
性别	女性更愿意进行垃圾分类、绿色购买行为；男性更倾向于废物回收利用、绿色出行、节能减排行为
年龄	各年龄段的居民都积极践行垃圾分类行为，废物回收利用、绿色购买行为更多集中在45岁以下年龄段，而绿色出行、节能减排行为更多发生在55岁以上中老年群体中
学历	学历越高的居民亲环境行为越多。以垃圾分类为例，博士群体选择总是进行垃圾分类的比例高达80.5%
职业	离退休群体对垃圾分类、节能减排和绿色出行践行力度最大，绿色购买及公共领域的亲环境行为集中在机关及事业单位、高校及研究机构群体中
婚姻	已婚已育群体在垃圾分类、绿色购买、节能减排、环保意识提升等领域均有良好表现，未婚群体在废物回收利用、鼓励环境友好行为、参加环保志愿活动方面的表现更加突出

续表

控制变量	异质特征
年收入	各收入阶层的居民在践行私人领域的亲环境行为方面都表现良好,且高收入群体在公共领域的亲环境行为方面表现更加积极
环保成员	环境保护组织成员的亲环境行为表现更加突出

2. 生态福祉感知程度异质性分析

不同群体对生态福祉感知程度也会存在差异。对此,我们根据问卷调查结果按性别、年龄、学历、职业类别、婚姻状况、年收入水平、是否为环保组织成员七个控制变量对居民自然可及、自然接触、自然欣赏进行特征分析,具体见表6。

表6 生态福祉感知程度的异质特征

控制变量	异质特征
性别	与女性相比,男性对社区生态环境质量的平均满意程度更高
年龄	中老年群体去公园绿地的频率更多、逗留时间更长,而年轻群体在自然环境质量的满意程度方面评价更高
学历	本科、硕士学历群体在公园绿地逗留时间较长,而本科以下、博士学历群体去公园绿地的频率相对较高,不同学历群体对社区环境质量的满意程度趋于一致
职业	机关及事业单位、高校及研究机构以及离退休群体去公园绿地的频率较高,而机关及事业单位、学生群体对环境质量的满意度评价更高
婚姻	已婚已育群体在公园绿地的逗留时间较长,且对环境质量的满意度评价更高
年收入	高收入群体更倾向在公园绿地停留较长时间,不同群体在环境质量评价方面趋于一致
环保成员	环境保护组织成员对生态福祉感知程度更高

四 促进上海居民亲环境行为提升生态福祉的对策建议

本部分针对问卷调查中发现的问题,对促进亲环境行为和提升生态福祉提出若干对策建议。各级政府和部门要从整体上规范居民亲环境行为,将居民亲环境行为纳入生态环境治理体系，并注重提高生态福祉满意度和提升生态福祉公平性。

（一）规范亲环境行为

本次调查样本中居民亲环境行为践行最好的是生活垃圾分类行为，86.5%的受访者能够做到分类投放生活垃圾，这也再次印证了《上海市生活垃圾管理条例》正式实施后，上海居民生活垃圾分类的推进取得了显著成效。其次是低碳交通行为，近80%的受访者能够做到经常通过低碳交通方式出行。本研究也与生态环境部环境与经济政策研究中心2021年12月发布的《公民生态环境行为调查报告（2021年）》进行了比较，上海居民这两项行为的表现是优于全国平均水平的。其他亲环境行为表现一般，尤其是在循环利用闲置物品和一次性塑料制品使用方面，与全国平均水平相比有一定差距。此外，居民在公共领域的亲环境行为践行情况相比私人领域差距较大，应重视将居民公共领域亲环境行为纳入生态环境治理体系。

1. 将城市居民亲环境行为作为一个整体进行策划

在调查中发现，大部分居民并不全面了解城市居民亲环境行为应该包括哪些内容，有部分居民表示"做完问卷之后才发现自己并不环保"。生态环境部2018年发布的《公民生态环境行为规范（试行）》①，包括关注生态环境、节约能源资源、践行绿色消费、选择低碳出行、分类投放垃圾、减少污染产生、呵护自然生态、参加环保实践、参与监督举报、共建美丽中国等10条生态环境行为规范。建议由上海市生态环境局、上海市绿化市容局、上海市精神文明建设委员会等部门和机构单独或联合发布"上海居民亲环境行为规范"或"上海居民生态环境行为规范"，系统整理上海这样一个超大城市中，居民应该践行的亲环境行为种类和细则。

2. 发挥信息和公共教育等软工具的作用

调查中发现参与环保组织的居民，其自我报告的亲环境行为频率更高，

---

① 生态环境部网站：https://www.mee.gov.cn/home/ztbd/2020/gmst/wenjian/202006/t20200602_782164.shtml，2021年12月20日查阅。

在调查的全部 10 项亲环境行为中，均高于未参加环保组织的居民。与此相印证地，在"主动关注生态环境问题和信息"行为中报告"总是"和"经常"的居民，其自我报告的亲环境行为的频率也高于调查的总体样本数据。表明参与环保组织的居民和平时能够主动关注生态环境问题和生态环境信息的居民其环保意识更强，拥有更多的环境知识和环境信息，更有可能实施减少环境影响的行为。这一结果提示上海各级政府应加强亲环境行为信息宣传和普及，以增强人们的环境意识并促使环境行为改变。

调查中也发现，尽管参与环保组织的居民亲环境行为全面领先总体居民，但其短板与总体居民类似。参与环保组织的居民，其在"购买一次性塑料制品""夏季设定空调温度不低于 26℃"等方面的行为的领先程度并不显著。表明各级政府在进一步强化生态环境信息宣传和亲环境行为教育的同时，还应拓展更多的视角和方法。参考国内外众多研究，提高居民对其自身消费选择的环境影响的认识也可以提高亲环境行为的可接受性，促进亲环境行为的实施。一旦居民对环境影响的认识到位，就会认为生态环境管理的相关政策是合理的，相应环境管理或执法成本也会降低。

在与调查样本访谈时发现，即使居民担心他们的购买决策对环境的影响并且有强烈的环保规范，他们也可能无法获得所需的相应信息，尤其是在生态环保型产品购买方面。表明向消费者提供有关产品特性信息的有用性，有利于他们做出亲环境行为的决策。故而能源标签等生态标签类信息工具还存在较大改进空间。首先，生态标签只有清晰易懂才能发挥作用，鼓励易于识别和理解的生态标签的措施可能更有效。其次，对生态标签所能提供信息（以及此类信息的来源）的信任也是其有效性的核心。

（二）提高生态福祉满意度

如前文所述，上海城市居民对生态环境的满意度越高，其自我报告的亲环境行为频率也越高；同时，与大自然的接触越多越频繁，其自我报告的亲环境行为频率也越多。重要的是，无论收入、学历高低，抑或是从事不同的工作，亲环境行为与生态福祉满意度和生态环境接触程度都正相关。表明居民的生态福祉及其自我感知程度与亲环境行为存在显著的相关性。因而，增加居民与自然的接触，提高居民对所处自然生态环境的满意程度，能够带来亲环境行为的增加。

本次调查中，居民对社区生活垃圾分类收集及清运状况的满意度最高，侧面说明随着上海市生活垃圾分类推进工作不断深入，生活垃圾分类设施体系建设取得长足进步。其次是公园绿地建设和社区卫生环境。满意度最低的依次是噪声环境、河道水质和大气环境质量。在调查问卷设置的开放性答题中，居民也反复提及对噪声环境的不满。随着上海大气环境和河道水质逐渐改善，噪声环境将是下一阶段城市生态环境治理的难点问题。

在调查中发现，"从当前居住地步行到最近的公园绿地需要的时间"与"去公园绿地的频率"、"每次在公园绿地逗留的时间"的相关性非常弱。表明城市公园绿地的覆盖半径的扩大，并没有显著地提升居民与大自然的接触。也就是说尽管近年来，上海市加大了公园绿地建设步伐，人均公园绿地占有量有所提升，但可能并没有大幅促进广大居民与自然的接触，也没能充分发挥公园绿地等生态系统建设对居民健康等福祉的促进作用。当然这其中有居民个人生活习惯、工作要求等多方面的原因，但公园绿地设计未能满足居民多样的需求是重要因素。在本研究设计的开放性答题部分，有部分调查居民写下了自己的看法和诉求，包括但不限于"社区绿地建设不能重数量轻质量，需要与居民需求相匹配"、"改善城市绿化设计，增加亲自然、近自然景观建设"、"增加亲子运动活动空间"、"增加适合日常健步走的绿道和小型绿地或公园"、"公园绿地等设计理念更加人性化"，等等。

鉴于与自然的接触和对生态环境满意度与亲环境行为有显著的正相关关系，应更加深入地了解居民对自然生态环境的需求，有针对性地优化城市生态环境治理和城市公园绿地亲自然设施的建设。可参考英国环境、食品和农村事务部（Defra）自 2009 年开始就委托智库研究机构 Natural England 开展的英格兰居民自然环境参与监测调查（MENE），了解居民如何使用、享受和保护自然环境，监测不同时间、不同空间尺度和不同人口

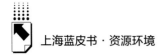
特征的关键群体接触自然环境的变化，评估相关政策举措的影响和有效性①。

（三）提升生态福祉公平性

公平是居民生态福祉的核心要义，也是践行"发展成果由人民共享"思想的必然要求。本研究发现上海居民生态福祉的公平性问题集中体现在两个方面。一是区域间不公平。上海中心城区中，选择10分钟以内能够从居住地步行到最近的公园绿地的居民比重最低的区，也恰恰是人均公园绿地面积最小的区。在郊区中，尽管各区的人均公园绿地面积在10平方米左右，但在本研究调查样本中，郊区居民10分钟以内能够到达最近的公园绿地的比重均不高于中心城区。一方面表明各区人均公园绿地面积占有量与公园绿地服务半径之间关系非常复杂；另一方面也凸显了上海不同区域之间，居民能够享受到的生态系统服务差异是极大的。二是人群间不公平。其中，收入水平是最关键的变量。研究发现，年收入在100万元以上的居民，对社区卫生环境、公园绿地、大气环境选择"非常满意"的比重远高于100万元以下的居民。一定程度上说明住宅的高物业价值往往与卫生环境、绿地环境甚至小尺度范围内的大气环境质量相绑定，而这种高质量的物业价值往往仅由少数高收入人群所拥有。此外，在调查问卷中设置的开放性答题中，有不少居民表达了对"老旧小区生活环境设施"的关切。

世界资源研究所（WRI）认为，城市绿地空间是一种宝贵的工具，通过公平的配置在各种问题上为弱势社区提供公平的生活环境，包括健康效益、经济效益、安全性和抗灾能力，因而旨在改善城市绿地的项目必须公平并得到社区的支持②。为实现这一目标，本部分提出如下建议。第一，建立公平优先的建设原则。在城市绿地建设项目中优先考虑人均绿地面积较小的

---

① Natural England, *Monitor of Engagement with the Natural Environment - The National Survey on People and the Natural Environment*, London: Natural England, 2019.

② 世界资源研究所网站：https://www.wri.org/insights/green-space-underestimated-tool-create-more-equal-cities，2021年12月23日查阅。

社区，具体方法可参考美国加利福尼亚州"城市森林计划"（*Urban Forest Plan*）的方法，利用基于数据的地图信息工具来确定优先社区，其中通过地理信息系统（GIS）制图确定高需求地区优先开发项目是城市公园绿地公平开发的最佳实践①。第二，促进弱势社区的积极参与。积极和有意义的社区参与对于确保当地公园绿地开发和保护至关重要。例如，美国华盛顿特区第十一街桥公园（11 St Bridge Garden）的"公平发展计划"是通过弱势社区的多轮参与，包括与关键利益相关者的头脑风暴会议、大型公共会议和在线咨询而制定的。社区参与并不意味着仅依靠居民和私人业主来开发和维护新的绿地空间，与当地第三方组织合作是建立信任，并确保多方沟通和参与能够高效顺利进行的关键策略。第三，开发创新融资模式。公平的城市绿色规划需要扩大资金来源，以确保各级政府能够在绿色空间不足的社区建设绿地项目，同时保护社区所有权以防止弱势居民权益受损。参考美国的经验，影响力债券（Impact Pond）是一种有效的融资模式，通过该模式，各级政府与投资者分担风险，减少未来项目的融资成本。传统的金融工具也可以用来引导投资到绿地空间不足的社区。例如，美国加利福尼亚州为一般债券筹集的资金制定了公平标准，以资助绿地空间不足社区的绿地建设②。

参考文献

Grouzet，F. M.，Lee，E. S.，"Ecological Well-being"，*Encyclopedia of Quality of Life and Well-being Research*，2014.

Ian Alcock，Mathew P. White，Sabine Pahl，Raquel Duarte–Davidson，Lora E. Fleming，"Associations between Pro-environmental Behaviour and Neighbourhood Nature，Nature Visit Frequency and Nature Appreciation：Evidence from a Nationally Representative Survey in England"，

---

① Prevention Institute：Park Equity，Life Expectancy，and Power Building，Oakland：Prevention Institute，2020.

② Urban Institute，Investing in Equitable Urban Park Systems Emerging Funding Strategies and Tools，Washington，DC：Urban Institute，2019.

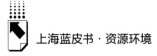
Environment International, 2020, Vol. 136.

Vita, G., Lundstrom, J. R., Hertwich, E. G., Quist, J., Ivanova, D., Stadler, K., Wood, R., "The Environmental Impact of Green Consumption and Sufficiency Lifestyles Scenarios in Europe: Connecting Local Sustainability Visions to Global Consequences", *Ecological Economics*, 2019. Vol. 164.

Wang, Q., Xue, M., Lin, B. L., Lei, Z., Zhang, Z., "Well-to-wheel Analysis of Energy Consumption, Greenhouse Gas and Air Pollutants Emissions of Hydrogen Fuel Cell Vehicle in China", *Journal of Cleaner Production*, 2020, Vol. 275 (1).

Wang, Y., Hao, F., "Public Perception Matters: Individual Waste Sorting in Chinese Communities", *Resources, Conservation and Recycling*, 2020, Vol. 159.

丁志华、姜艳玲、王亚维:《社区环境对居民绿色消费行为意愿的影响研究》,《中国矿业大学学报》(社会科学版) 2021 年第 6 期。

盛光华、戴佳彤、龚思羽:《空气质量对中国居民亲环境行为的影响机制研究》,《西安交通大学学报》(社会科学版) 2020 年第 2 期。

生态环境部环境与经济政策研究中心:《公民生态环境行为调查报告 (2021 年)》,生态环境部环境与经济政策研究中心, 2021。

Natural England, *Monitor of Engagement with the Natural Environment-The National Survey on People and the Natural Environment*, London: Natural England, 2019.

B.5
上海五个新城生态福祉提升策略研究

张文博　董　迪*

摘　要： 五个新城建设是上海市优化城市空间布局和功能、提升要素集聚力和城市竞争力的重要举措。新城建设影响城市空间结构和生态环境系统，进而影响居民的生态福祉。在人民城市理念和生态之城目标指引下，如何增进居民生态福祉成为五个新城建设需要破解的重要问题。根据环境统计数据分析和问卷调查结果，上海市五个新城建设推动了环境质量改善和生态空间布局优化，居民对新城生态环境质量满意度较高，在生态空间的多样性、可达性和服务功能，生态环境治理的公众参与度以及新城居民生态福祉的主观感知等方面仍存在短板和不足。针对上述问题，本研究认为应通过强化非传统污染治理、优化生态空间的类型结构和设施配套、提升滨水空间的密度和服务功能、推进经济社会福祉与生态福祉相匹配、完善公众参与生态环境治理的机制等措施提升居民的客观生态福祉和主观感知。

关键词： 生态福祉　新城建设　环境质量　居民感知　上海

在城市化进程中，人为干扰和政策变化都影响着城市的生态系统变化。五个新城是上海承担国家战略、服务国内循环、参与国际竞争的重要载体。

---

* 张文博，经济学博士，上海社会科学院生态与可持续发展研究所助理研究员，主要研究方向为资源环境经济、生态文明政策；董迪，博士，上海社会科学院生态与可持续发展研究所助理研究员，主要研究方向为循环经济、资源环境经济。

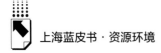

五个新城跳出了传统的"中心城+郊区"的二元空间布局模式，定位"最生态""最便利""最具活力""最具特色"的综合性节点城市，旨在成为上海强劲活跃的增长极和未来经济增长的主动力主引擎。在过去的几年里，上海市五个新城经历了快速的区域扩张和产业发展，新城人口不断增加。2020年，上海市五个新城常住人口约240万人，是21世纪建设初期的2.5倍多。其中松江新城人口约80万人，嘉定新城人口约50万人，青浦新城、奉贤新城和南汇新城人口均为30万~40万人。五个新城的重点产业发展迅速，嘉定新城的汽车研发和制造、青浦新城的商务贸易和旅游、松江新城的战略性新兴产业、奉贤新城的综合性服务产业和南汇新城的航运及先进制造业快速发展，为上海市及长三角的联动发展注入新动力。而在这一过程中，快速集中的建设活动将推动土地利用发生剧烈而复杂的动态变化，加速新城的城市化，也对新城的生态环境、民生福祉产生影响。

一 城市生态福祉内涵及特征

习近平总书记提出"要把良好生态环境视为最公平的公共产品，作为最普惠的民生福祉"，生态环境的民生福祉功能日益受到重视。城市生态环境建设是提升城市生态福祉的重要路径，也是彰显城市软实力的重要方面。近年来，对城市生态福祉的研究主要体现在生态福祉的内涵界定、人类福祉与不同时空尺度生态系统服务的关系、居民需求的生态感知等领域。

生态福祉不仅指自然环境带来的人类福祉，还包括人类与环境的关系。人类（个人或社会）在自然环境中的行为可能会影响生态系统的状态，进而影响当代人和后代的生活质量。目前，学术界尚没有就生态福祉的内涵达成统一的认识，但普遍认为良好的生态环境对提升居民福祉和增强城市可持续性具有重要意义。

人与环境的紧密互动是复杂社会生态系统的本质，其中相互作用的一个例子就是生态系统服务。从这个角度对生态福祉内涵的研究大多从人类福祉入手，由人类福祉扩展到与生态系统服务有关的人类福祉，进而分析生态福祉，其从属关系表现为生态福祉<与人类福祉有关的生态系统服务<人类福祉。

本文根据已有研究，在前文对生态福祉定义的基础上，重点关注城市空间结构重构、生态环境系统重塑、居民生态福祉重配、城市功能与生态功能的再平衡对居民生态福祉的影响。

二　新城建设对生态福祉的影响

新城建设源自 19 世纪末英国霍华德先生倡导的"田园城市"理论。二战结束后，英国为"疏散特大城市过密人口、控制城市无序蔓延"，于 1946 年出台了新城法，在伦敦郊外的斯蒂文里奇建设第一座新城。英国的新城建设很快被法国、荷兰、日本等国家效仿，形成了持续近半个世纪的"新城运动"热潮（见表 1）。与功能单一的"卧城"、规模较小的卫星城等规划概念相比，新城运动中的新城城市功能更为健全、规模更大、产业基础更好，一般具有三个特点：一是相对独立，与中心城区保持一定距离，并由绿带或者农业空间与中心城区分隔；二是城市功能更为健全，能为居民提供稳定多样的就业机会、充足适宜的住房和全面的社会服务；三是新城的产业基础、社会构成、土地利用类型更加平衡科学。在各国政府支持和政策引导下，很多新城都已经从大城市人口和产业外溢的接纳地，转变为城市新兴产业的集聚地和经济发展的增长极。

表 1　二战后"新城运动"中各国新建的新城情况

单位：个

类别	1946~1980 年	1965~1994 年	1950~1976 年	1955~1976 年	1952~1995 年	1962~1990 年
国家	英国	法国	瑞典	荷兰	日本	韩国
新城数	32	9	11	15	39	24
城市	伦敦	巴黎	斯德哥尔摩	兰斯塔德地区	东京	首尔
新城数	11	5	6	13	7	13

资料来源：肖亦卓《规划与现实：国外新城运动经验研究》，《北京规划建设》2005 年第 2 期，第 135~138 页。

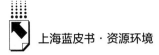

我国在 20 世纪 80 年代开启了经济特区和开发区建设，从 90 年代各类开发区蓬勃发展，到 21 世纪演变为大规模的综合型新区、新城建设。从我国新城建设的历程来看，主要呈现以下特点：一是开发规模一般较大，在地域空间上位于城乡接合地区；二是建设用地扩张速度较快；三是产业培育先于公共服务和生态环境配套。我国以建设用地快速扩张、产业功能优先为特征的新城建设模式，更加突出产业对人口的带动作用，而生态环境建设和公共服务配套存在滞后问题，容易造成新城建设中居民生态福祉的损失。新城建设对生态福祉的影响主要有四个方面。

（一）城市空间结构的重构

新城建设必然造成原有土地利用结构的变化。新城大多位于城市郊区或外围，原有土地利用结构中农用地、未利用地、生态用地等占有较大比重。新城建设带来的建设用地快速扩张，将导致大量农用地、宅基地和居住用地被征用转用，改变了原有的生产、生活和生态空间结构。短期内，新城建设伴随着项目施工，会形成大量临时建设用地，造成生活空间碎片化、生态空间被侵占、农用地耕作生产中断等多种问题。长期来看，新城建设对原有空间结构的改变具有两面性：一方面，新城建设将挤占原有的生态空间和农业生产空间，造成生态空间绝对量的下降；另一方面，新城建设将提升原有生活、生产空间的利用效率，提升承载能力，在科学的规划下，原有生态空间的连通，以及生态空间的形状、分布的优化，将会带来生态系统服务功能的提升，通过生态空间"质"的提升来弥补"量"的下降。

（二）生态环境系统的重塑

新城建设是将原有自然生态系统转变为城市生态系统的过程，对原有生态系统的破坏和重塑是难以避免的。一是会改变原有的水文条件和水分运移状况，新城建设通常伴随着原有河流水系的调整。出于建设开发和交通等方面的考虑，新城建设一般仅会保留较大的河道，而水网较为密集的地区，大部分溪流将会被填埋，整片区域的水源蓄积能力将随之下降。地表硬化后，还将阻断原有的雨水淋溶、蒸发等水循环过程，导致暴雨等极端天气带来的内涝风险成倍增加。二是生态系统服务功能的退化。新城建设会侵占原有湿地和林草地，破坏原有的农业生态系统，导致原有生态系统的气候调节、水源涵养、空气净化、生物多样性保护等功能退化。三是改变局部的气候条件，新城建设伴随的地面硬化、建筑高度增加，会改变城市的空气流通和热量交换，建筑内温度调节和车辆等因素也会加剧城市的热岛效应。四是破坏原有植被和景观，新城建设将会导致原有植被的破坏，城市绿化树种与原有植被类型往往也存在较大差异，造成原有景观的根本性改变。

（三）居民的生态福祉重配

新城建设在改变原有生态系统的同时，还带来居民拆迁安置和生活方式改变，会导致居民生态福祉的损失和重新配置。一是生态福祉损失，新城建设和土地利用方式变化带来生态系统服务功能退化，并进一步造成人类福祉损失。学者普遍认为，农用地向建设用地转变将导致源自农地生态系统的气候调节服务、生态美学价值、健康服务价值下降或者灭失，进而导致居民福祉的损失。二是生态福祉重新分配，拆迁安置改变了原有生态空间的构成和分布，进而造成生态福祉的重配。居民原来享有的农田、院落等生态空间转变为城市公园绿地，私有的生态空间转变为公共生态空间，形成生态福祉在居民之间的重新分配。三是生态福祉构成的变化，新城建设带来的生产生活方式转变导致居民生态福祉的构成发生变化，物质条件，以及休憩消遣和文化服务方面的福祉会有显著增加，生态系统服务方面的福祉会有显著下降，但居住环境、社区环境的改善，也会弥补部分生态福祉的损失。

（四）城市功能与生态功能的再平衡

从国外的新城建设运动历程来看，新城建设吸收并实践了"公园城市"的理论，在布局和规划之初都考虑了生态系统承载力和生态本底，并将城市功能和生态功能的再平衡作为建设的原则和目标。新城建设虽然会导致原有的生态系统服务功能退化，但是在科学的规划下，新城建设也会通过一系列举措减少环境影响，形成城市与生态系统的再平衡。一是促进原有建设用地集约利用，由于产业培育、人口导入和交通配套等城市功能的需求，新城的土地利用强度、容积率等都将大幅提高，从而提升原有建设用地的利用效率和集约程度。二是新城规划明确生态红线，能够改变原有城镇建设用地无序扩张，以及农用地侵占生态用地等问题。三是生态环境的系统整治能够改善环境质量，新城建设通常会依托原有生态本底，对具有重要生态系统服务功能的林地、河流水系进行系统整治，对无组织排放和农业面源污染进行治理和监管，从而带来生态环境的改善。作为特大型城市，上海生态产品供需不平衡的问题较为突出，探索生态产品价值实现的路径，将良好的生态环境转化为经济效益，能够调和经济发展和环境保护之间的矛盾，进而增加生态产品的供给，缓解供需失衡的问题。

三　五个新城居民生态福祉客观供给变化

基于上海市五个新城的官方统计数据，本研究从环境质量和空间生态变化两个方面分析新城建设带来的生态福祉客观供给变化。整体来看，五个新城建设后空气质量都有较大改善；五个新城所在区的地表水质都有改善，其中南汇新城、奉贤新城和松江新城所在区的地表水质优良率明显提高；区域环境噪声平均等效声级处于"较好"等级，声环境质量整体上保持稳定。

（一）环境质量变化

1. 空气质量有较大改善，五个新城差异较小

良好的空气质量是城市的一张亮丽名片，已经成为人们选择居住地的重要考虑因素。新城建设"十四五"规划提出到2025年新城空气质量优良率达到85%以上，PM$_{2.5}$日均浓度控制在35微克/米^{3}左右。本文选取了2021年11月28日新城内空气质量监测站点的数据，和2019年以及2020年同期监测站点所在区的平均数据进行了对比。

五个新城经过初期建设和空气治理三年行动计划的整治，空气质量整体上有所改善，空气质量优良率提高，$PM_{2.5}$浓度均有较大下降，2021年11月各类污染物（$PM_{2.5}$，PM_{10}，SO_2，NO_2）日均浓度均达到国家环境空气二级标准（见图1）。2021年第三季度监测总天数为92天，青浦、嘉定、奉贤、浦东和松江的AQI优良率普遍在86%~91.3%范围内，达到《打赢蓝天保卫战三年行动计划》中提出的到2020年地级及以上城市空气质量优良率达到80%的目标，也接近或超过上海市新城"十四五"规划中的要求，空气质量得到显著改善。与2019年同期相比，嘉定区的优良率基本持平，浦东的优良率增长约3.9个百分点，青浦、奉贤和松江的优良率增长约12个百分点。2021年11月28日，五个新城的$PM_{2.5}$日均浓度均达到新城建设"十四五"规划中的要求，其中南汇新城、嘉定新城和奉贤新城的$PM_{2.5}$浓度约为17微克/米^3，青浦新城和松江新城的$PM_{2.5}$浓度约为20微克/米^3。对于其他污染物，2021年11月，五个新城的PM_{10}浓度和NO_2浓度整体上较2019年同期所在区的日均浓度高15%~50%，其中奉贤新城的PM_{10}浓度显著上升。五个新城的可吸入颗粒物日均浓度尚存在未达到国家环境空气二级标准的情况，未来新城建设仍需重点关注。

为了对比新城建设前后的空气环境质量变化，本文选取了2015年至2021年新城所在区的$PM_{2.5}$月平均浓度数据。总体来说，上海五个新城所在区自新城建设以来空气环境质量有所提升，但松江区、嘉定区和青浦区仍需重点降低$PM_{2.5}$浓度和可吸入颗粒物浓度。上海五个新城所在区的$PM_{2.5}$的10月月平均浓度变化趋势比较一致，整体上呈下降趋势，仅在2019年时有小幅度上升（见图2）。浦东新区总体上低于上海市平均水平，而奉贤区、嘉定区、青浦区和松江区普遍高于上海市平均水平。2021年10月浦东新区、嘉定区、青浦区、松江区和奉贤区的$PM_{2.5}$的月平均浓度为16~20微克/米^3，较2015年同期下降了65%左右。

2.浦东新区、奉贤区和松江区地表水质明显改善，青浦区、嘉定区仍须加强水质治理

河流水质提升以及河流沿岸融入城市生态网络成为营造水系生态的重

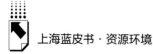

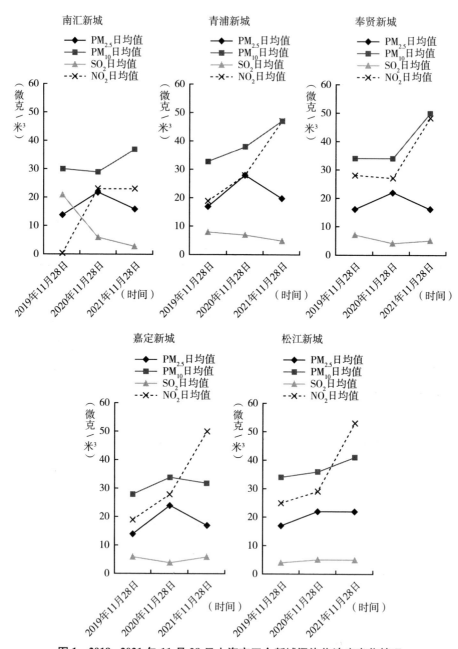

图1 2019～2021年11月28日上海市五个新城污染物浓度变化情况

资料来源：上海市生态环境局。

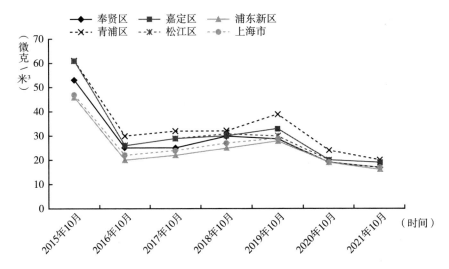

图2　2015~2021年10月上海市五个新城所在区PM$_{2.5}$浓度变化情况

资料来源：上海市生态环境局。

中之重。以《水污染防治行动计划》、第八轮环保三年行动计划和《上海市水污染防治行动计划实施方案》为重点，上海在新城范围内已经建立了国控、市考、区级、镇级等各类断面监测。

　　本文针对新城所在区范围内的主要河流断面水质分析了地表水环境质量变化，浦东新区、奉贤和松江区地表水质明显改善，青浦区、嘉定区地表水质改善幅度较小（见表2）。2021年第三季度，青浦区主要河流断面（9个）Ⅰ~Ⅲ类优良水质率平均为33.3%，较2016年同期上升16.6个百分点，无劣Ⅴ类断面。嘉定区主要河流断面（18个）Ⅰ~Ⅲ类优良水质率平均为35.2%，较2016年显著改善，但仍存在1个劣Ⅴ类断面。松江区主要河流断面（55个）Ⅰ~Ⅲ类优良水质率平均为66.6%，较新城建设前显著改善。浦东新区主要河流断面Ⅰ~Ⅲ类优良水质率平均为73.2%，无劣Ⅴ类断面，而2016年浦东新区的主要河流断面均为Ⅳ类及以下水质。奉贤主要河流市控断面水质定性评价优良率为75%，而2016年奉贤区的主要河流断面均为Ⅳ类及以下水质。与2016年相比，五个新城地表水主要污染指标中氨氮浓度、五日生化需氧量浓度和总磷浓度均有所下降。

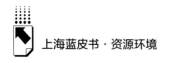

表2　2016年、2020年和2021年第三季度上海市五个新城地表水优良率变化情况

单位：%

地区	2016年	2020年	2021年
青浦	16.7	29.6	33.3
嘉定	5.6	10.4	35.2
松江	0.0	7.1	66.6
浦东	0	64.1	73.2
奉贤	0	66.7	75.0

资料来源：上海市青浦区、嘉定区、松江区、奉贤区和浦东新区生态环境局。

3.声环境质量保持稳定，新城平均等效声级差异不明显

城市开发建设难免产生噪声污染增加问题，包括生活中常见的建筑噪声污染和道路交通噪声污染，严重影响居民的日常生活。本文仅选取2017年至2020年青浦区、奉贤区和浦东新区的区域环境噪声数据进行分析。

研究显示，奉贤区新城建设前后区域声环境质量保持稳定，青浦区声环境质量有较大改善（见图3）。2017～2020年，奉贤区区域环境噪声昼间时段和夜间时段均呈倒U形变化。昼间时段平均等效声级在50.2dB（A）～56.1dB（A）区间，夜间时段的平均等效声级在43.6dB（A）～51.3dB（A）区间，2017年和2020年处于"较好"等级，2018年和2019年处于"一般"等级，2019年后昼夜间的平均等效声级有显著降低。新城建设以来，青浦区区域环境噪声平均等效声级持续下降。昼间时段的平均等效声级在52.4dB（A）～57.9dB（A）区间，夜间时段的平均等效声级在46.2dB（A）～51.2dB（A）区间，由"一般"等级向"较好"等级发展。总体来看，奉贤区和青浦区的声环境质量较好，对人们的日常生活影响不大。

（二）生态空间变化

开敞疏朗、和谐优美的生态空间是新城建设的目标。当前阶段，五个新城生态空间已初步构建，并稳步推进迈向2025年规划目标。其中，青浦新城在水系空间建设方面成效显著，新城建设彰显水城融合特色。2020年，

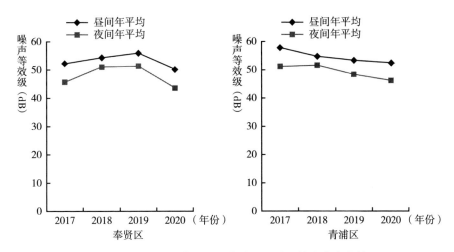

图 3　2017～2020 年奉贤区和青浦区区域环境噪声变化情况

资料来源：上海市青浦区和奉贤区生态环境局。

青浦新城建成 21 公里骨干河道沿线的环城水系公园，串联起淀浦河、上达河、西大盈港、油墩港等多样的滨水开放休闲空间，河岸沿线四季有景，成为居民共享城市生态空间的活力水环。从青浦区整体来看，生态空间占比稳步增加，2020 年青浦区生态用地 459.7 平方公里，占 68.7%，同比增长 0.3 个百分点（见表 3）。

表 3　2019 年和 2020 年青浦区各类型土地利用状况

单位：平方公里

年份	耕地	有林地	其他林地	草地	河流	湖泊	坑塘	滩涂	城镇建设用地	农村居民用地	其他建设用地
2019	243.9	38.1	3.3	8.0	49.8	64.3	50.3	0.0	62.9	38.0	110.3
2020	245.9	38.5	3.3	8.9	48.8	64.3	50.0	0.0	65.7	37.0	106.4

资料来源：上海市青浦区生态环境局。

奉贤新城在"十三五"期间，以"上海之鱼"为核心，基本形成"十字水街、田字绿廊、九宫格"等城市生态格局，生态效益初步显现。2020

年人均公园绿地面积 14 平方米，已接近 2025 年规划目标。3000 平方米以上公园绿地 500 米覆盖率为 95%，已经达到 2025 年规划目标。

嘉定新城核心区绿化覆盖率达到 40%，曾荣获"中国最佳生态宜居城市"称号，其建设实现了城市和公园有机融合，是典型的"城市里的公园，公园里的城市"。绿地公园和滨水空间的建设相连接，已建成的 6.5 公里城内环城河步道，串起了沿岸紫藤公园等公园以及南水关、南城墙等名胜古迹，被评为"魔都最美健身步道"。在景观建设方面，新城核心区建成远香湖、紫气东来、环城林带、石冈门塘四大景观，"千米一湖、百米一林"的景象初步呈现。

松江新城在市容环境改造中坚持精准施策，做到"一路一策、一河一策、一园一策、一楼一策"，以高标准高水平的城市精细化管理"绣"出高品质生活锦图；坚持精致管理，大到统筹规划成片地块整治改善，小到巧妙地利用街区转角打造精品"口袋公园"，将精细化管理的网格无限缩小。每年新增 1~2 处"口袋公园"，在小型公园建设方面取得明显成效，已建成的光星路口袋公园集儿童游乐场、主题花园、停车场等功能于一体。在大型滨水空间建设方面，松江新城国际生态商务区中央景观湖、中央大草坪以及大型雕塑群"十鹿九回头""十二生肖"引人驻足，洞泾港河道两侧也打造了十里桃花、十里樱花花园岸线。

南汇新城生态空间建设以滴水湖为核心，沿海岸带发展形成开放创新的发展格局。为提升新片区公园绿地覆盖率，实现绿地体系的结构重塑和点绿成网，南汇新城生态绿林项目集中建设，涵盖绿地公园、市政配套绿化、生态林地等生态绿林项目。"十四五"期间，将重点打造总面积约 5.3 平方公里南汇生态园及黄日港、青祥港、蓝云港等楔形绿地。为形成点、线、面相结合的森林体系，构建区域安全、健康、生态的森林网络，将建设生态林地项目。2025 年实现人均公园绿地面积不低于 17 平方米，建设绿道总长度不低于 200 公里，生态空间比例达到 55%，生态生活岸线占比 80% 以上，打造环境最优的生态新城（见表 4）。

表4　五个新城 2025 年生态建设目标

地区	人均公园绿地面积（平方米）	森林覆盖率（%）	公园绿地 500 米服务半径覆盖率
嘉定新城	11.5	≥21	90%以上
青浦新城	12	—	3000 平方米以上覆盖率达 98%以上
南汇新城	17	—	3000 平方米及以上基本覆盖
奉贤新城	15~16	19	3000 平方米以上覆盖率达 95%
松江新城	13.2	19.5	90%以上

资料来源：上海市五个新城"十四五"规划建设行动方案。

四　五个新城居民生态福祉的主观感知和诉求

本次调研共回收问卷 99 份，其中五个新城有效问卷 70 份，青浦新城、嘉定新城、松江新城、奉贤新城和南汇新城占比分别为 29.69%、12.50%、15.63%、23.44%和 18.75%，调查对象在各个新城的分布比较平均，确保调查结果能反映和对比不同新城居民对生态福祉的感知情况。调查对象中，从性别来看，女性占 67.74%，男性占 32.26%。从年龄来看，主要集中在36~50 岁（44.09%）和 19~35 岁（37.63%）两个区间。从学历来看，高中或中专及以上占比近 90%。

（一）五个新城居民对生态福祉的主观感知

新城居民对生态福祉主观感知的提升是在生态环境质量、生态空间以及相关公共服务同步改善中实现的。《关于本市"十四五"加快推进新城规划建设工作的实施意见》中提出新城建设更要关注生态宜居、交通便利和治理高效等方面，营造具有新城特色的生态空间，满足新城居民对良好生活环境的需求，提升生态福祉和绿色软实力，将新城建设成为"最生态"、"最便利"也"最具特色"的现代化城市。因此，基于环境质量、生态空间和公共服务的度量，本节首先对比了五个新城居民对所居住地生态福祉的主观

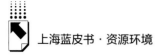
感知，然后详细分析了居民对新城环境质量和生态空间建设的满意度。

调查结果显示，青浦新城、嘉定新城、松江新城、奉贤新城、南汇新城居民对新城建设生态福祉的整体满意度较高，平均得分表现为4.23、4.18、4.08、4.41和2.81（满分5分），前四者介于比较满意和非常满意之间，新城居民对生态福祉的满意度整体上处于上中等水平。南汇新城的受访居民主要集中在南汇新城镇，由于新城建设起步晚、制造业发展水平较低等，新城居民对生态福祉的感知存在滞后性，受访居民满意度介于一般和比较不满意之间。五个新城居民对城市生态空间的建设成果给予了肯定，说明新城建设采取的"大生态"格局的空间治理新模式起到了良好的作用。在环境质量方面，新城居民满意度较高，普遍认为新城建设以来环境质量有了较大改善。现阶段，五个新城居民均对新城配套设施和公共服务方面的满意度较低，认为当前的公共教育和医疗资源仅能基本满足需求。公共服务虽然不属于生态福祉的范畴，但是居民生活的保障，在整体上会影响居民对新城建设的感知。五个新城应致力于全方位建设，在整体规划上公共服务和生态空间的建设相互影响，未来新城建设更加完备的15分钟生活圈需要均衡布局（见图4）。

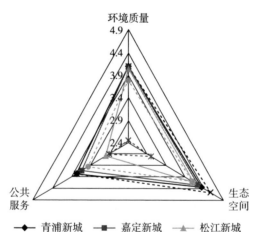

图4　新城居民对新城建设生态福祉的满意度

1. 环境质量的满意度分析

对环境质量的评价主要从空气质量、河道水质、垃圾清运、噪声、扬尘和气味六个方面展开，分析了新城居民对当前环境质量的满意度以及新城建设前后的环境质量变化感知。整体上来看，居民对新城建设以来的空气质量改善、河道治理成果比较满意，认为在垃圾清运、噪声、扬尘和气味治理方面还有待提升（见图5）。

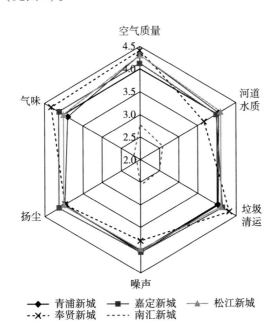

图5 新城居民对新城建设环境质量的满意度

分区域看，青浦新城超三成调查居民对当前空气质量、河道水质、垃圾清运、噪声、扬尘评价"很好"或"比较好"，受访居民对其满意度均超过4.3。满意度相对较低的是声环境质量，受访居民认为居住地附近的区域环境噪声和道路噪声治理仍需加强。随着空气治理行动计划的实施，在2019年之前入住青浦新城的受访居民中约50%的居民认为新城建设以来空气质量、河道水质、垃圾清运都有了显著改善，约30%的居民认为噪声、扬尘和气味方面也有了显著改善。青浦新城是长三角生态绿色一体化发展示范区的重要区域，肩负着新的使命，其环境质量改善对推动长三角绿色一体化发展具有关键作用。

嘉定新城约75%的受访居民对空气质量、河道水质、垃圾清运、噪声、扬尘、气味评价"很好"或"比较好"，受访居民对各项环境建设满意度比较平均，在4.1左右。超三成的受访居民认为新城建设以来环境质量各方面都有改善，其中居民认为新城在空气质量、河道水质治理方面有显著改善，但仍有较多居民认为垃圾清运、噪声、扬尘、气味治理没有变化或略有下降。

松江新城受访居民对空气质量和河道水质评价很好，满意度得分比较平均，在4.3左右，新城建设"园城相嵌、水城相融"的生态格局效果显现。相对来说，松江新城仍需改善垃圾清运、噪声、扬尘治理。超过80%的受访居民认为新城建设以来空气质量、河道水质、垃圾清运、噪声和扬尘都有改善，其中约40%的居民认为空气质量和河道水质都有显著改善。

奉贤新城受访居民对空气质量、气味治理和垃圾处理满意度较高，超过55%的受访居民认为新城建设以来这些环境质量都有了显著改善。虽然新城建设基本形成了"十字水街、田字绿廊"的生态格局，然而居民对扬尘和河道水质满意度很低，作者在实地调研的过程中也观察到奉贤新城中心区域的河道仍遍布淤泥和堆积很多杂物。在未来打造城市生态绿核和建设公园之城的进程中，奉贤新城亟须重点关注河道治理。

南汇新城超三成受访居民对环境质量评价"没有变化"、"略有下降"和"显著下降"，尤其是对新城建设过程中的气味治理满意度较低。受访居民主要集中在南汇新城镇，超过60%的居民认为新城建设以来环境质量的各方面改善较小，其中超过25%的居民认为河道水质下降。从居民满意度的角度来看，南汇新城距离"十四五"规划中提出的水环境达标率100%目标仍有较大差距。未来建设南汇新城需要大力改善居民集中地的环境质量，尤其需要重点关注发展先进制造业可能产生的空气质量、水质、气味等问题（见图6）。

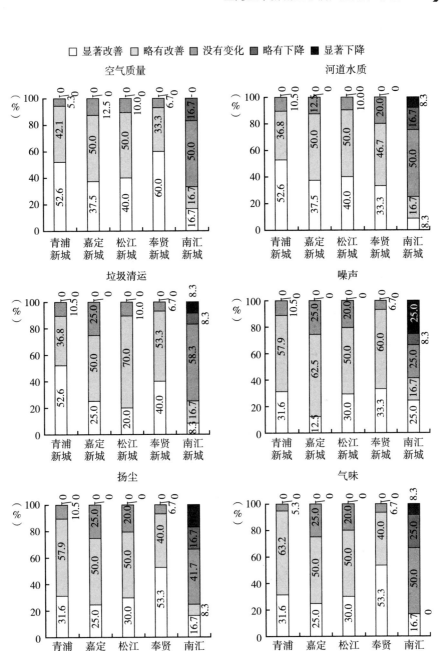

图 6　新城居民对新城建设前后环境质量变化的评价

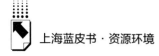

2. 生态空间的满意度分析

为便于聚焦，调查中将生态空间聚焦于绿地公园、滨水空间和休闲广场（部分存在景观设计）。对生态空间建设的评价主要关注生态空间可达性和居民对生态空间建设的主观感受两个方面（见图7、图8）。

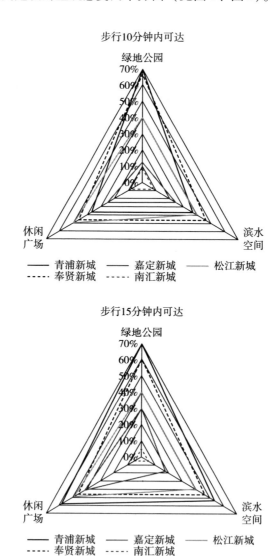

图7　新城建设生态空间可达性

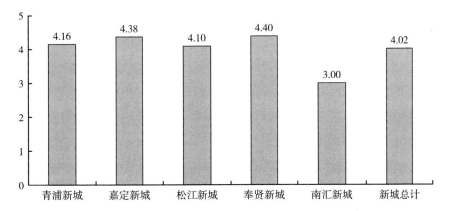

图8 新城居民对新城建设公园绿地和滨水空间的植物景观形态与色彩设计满意度

以步行 10 分钟内可到达的生态空间分析为基础，青浦新城和奉贤新城的空间可达性较高，其他新城的空间可达性较低。青浦新城和奉贤新城居民点离绿地公园和滨水空间目标点较近，青浦新城居民集中居住地有北菁园、夏阳湖等，奉贤新城居民集中居住地有奉浦四季生态园、"上海之鱼"等，居民获得绿地公园和滨水空间服务的概率较大，绿地公园和滨水空间可达性较高，居民使用绿地公园和滨水空间的频率也较高（超 75% 的居民每周至少去一次，有的甚至超过 4 次）。嘉定新城、松江新城和南汇新城的绿地公园和滨水空间可达性较低，虽然两个新城范围内的绿地公园和滨水空间面积较大，但距离居民居住集中地较远，缺少社区或街道附近的小型绿地公园或口袋公园。对于休闲广场，除了南汇新城，其他新城中超过一半的居民可以实现步行 10 分钟到达休闲广场。

五个新城"十四五"规划中提出，到 2025 年基本实现步行 5~10 分钟有绿地、骑行 15 分钟有景观、车行 30 分钟有公园。对比步行 15 分钟内可到达的生态空间，可以发现青浦新城、奉贤新城和松江新城超过一半的居民可以实现步行 15 分钟有绿地公园、滨水空间和休闲广场，该比例在青浦新城甚至可以达到 90%。在新城未来建设中，松江新城和嘉定新城仍需提高绿地公园和滨水空间的建设，而南汇新城更需要增加居民居住地附近的小型

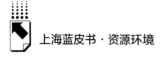

绿地公园或口袋公园。

生态空间设计会直接或间接影响人们的生理健康、心理健康和整体幸福感。新城建设也着重强调了要根据新城特色，突出季相丰富的景观空间特色，力求形成人与自然和谐共生的生态格局。五个新城受访居民均认为新城绿地公园和滨水空间的植物景观形态与色彩设计较好，漫步在公园中使人身心愉悦、缓解疲劳，并且可以促进人们之间的交流，提升生活幸福感。

（二）新城居民的生态福祉诉求分析

1. 生态空间诉求

居民对生态空间的诉求仍然集中于绿地公园（见表5）。在五个新城居民"希望新城建设增加哪些生活和生态空间"的问题中，大型公园绿地、休闲广场和小型绿地或口袋公园的选择最多，说明目前新城建设中公园绿地的面积和分布尚不能满足居民的需求。受访居民对滨水空间的选择最少，结合实地走访的情况发现，目前新城的滨水空间以堤岸保护和防汛等生态功能为主，供居民活动的空间相对较少，也缺乏配套的健身和娱乐设施，较难满足居民游憩、健身和社交的需求，休憩和服务功能的不完善是导致居民对新城滨水空间的增加意愿较低的重要因素。

表5　新城居民对生态空间的诉求调查结果

单位：%

选项	青浦	嘉定	松江	奉贤	南汇	新城*
A. 大型公园绿地	52.63	75.00	50.00	33.33	66.67	53.13
B. 休闲广场	52.63	50.00	30.00	33.33	50.00	43.75
C. 滨水空间	21.05	25.00	30.00	20.00	0.00	18.75
D. 街区道路绿化	21.05	50.00	30.00	26.67	58.33	34.38
E. 小型绿地或口袋公园	57.89	25.00	40.00	33.33	33.33	40.63

注：该问题为多选题，计算结果=该选项选择人数/有效问卷数，各选项相加结果可能大于1。表6~表8同，不再赘述。

2.经济社会福祉诉求

新城经济社会福祉与生态福祉匹配度不高，生态福祉的供给能力高于经济社会福祉的供给能力。根据调查结果，有43%的受访者认为良好的生态环境是选择迁入新城的主要原因，新城居民对环境质量和生态空间的满意度分别为4.3、4.02，说明新城生态福祉的供给能力较高。但新城的经济社会福祉供给能力相对不足，公共服务配套能力和就业吸引力不足已经成为限制居民迁入新城的重要因素，有31%的受访者是因为居住成本较低才迁入新城的（见表6）。

表6　新城居民选择迁入的原因调查结果

单位：%

选项	青浦	嘉定	松江	奉贤	南汇	新城
A. 更好的生态环境	53	63	40	47	17	44
B. 公共服务实施更加完善	26	25	20	20	0	19
C. 孩子教育问题	26	50	20	27	0	23
D. 居住成本较低	5	50	40	13	75	31
E. 工作原因	16	38	50	0	8	19
F. 其他	0	0	20	7	33	12

在新城公共服务配套方面，新城居民对教育资源和医疗资源的满意度分别为3.53、3.19。有53.13%的受访者认为新城应当增加中小学教育资源，结合实际访谈情况，受访者子女均为就近入学，但普遍对新城的教育质量和升学压力存在担忧。有68.75%的受访者认为新城应当增加大型医院，结合实际访谈情况，受访者在就医时仍然首选大型医院，对社区医院的认可度较低，对社区医院的主要功能认识也比较模糊（见表7）。

在新城的就业吸引力方面，有50%的受访者不在新城工作，职住分离问题较为严重，有56.25%的受访者希望新城能够在未来增加就业机会，排在所有诉求的第二位（见表8）。

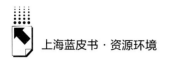

表7 新城居民对公共服务资源的诉求调查

单位：%

选项	青浦	嘉定	松江	奉贤	南汇	新城
1. 您最希望新城未来能够增加哪类教育资源？						
A. 幼儿园	21.05	62.50	80.00	40.00	8.33	37.50
B. 中小学	36.84	100.00	100.00	46.67	16.67	53.13
C. 大学	63.16	62.50	10.00	6.67	25.00	34.38
D. 职业教育	0.00	0.00	0.00	20.00	25.00	9.38
E. 老年大学	26.32	0.00	30.00	6.67	50.00	23.44
F. 图书馆	31.58	0.00	50.00	60.00	83.33	46.88
2. 您最希望新城未来能够增加哪类医疗资源？						
A. 大型医院	63.16	87.50	80.00	53.33	75.00	68.75
B. 社区医院	31.58	37.50	40.00	40.00	66.67	42.19
C. 养老院	31.58	12.50	10.00	20.00	25.00	21.88

表8 新城居民对未来发展的诉求调查结果

单位：%

选项	青浦	嘉定	松江	奉贤	南汇	新城
A. 增加就业机会	47.37	100.00	50.00	53.33	50.00	56.25
B. 增加商业配套	42.11	75.00	40.00	33.33	91.67	53.13
C. 改善交通条件	47.37	75.00	60.00	13.33	83.33	51.56
D. 增加教育、医疗资源	57.89	87.50	90.00	80.00	33.33	67.19
E. 改善空气质量	15.79	0.00	0.00	26.67	50.00	20.31
F. 加强河道治理	5.26	0.00	10.00	6.67	16.67	7.81
G. 增加公园绿地	36.84	0.00	20.00	33.33	58.33	32.81

3. 公众参与的诉求

居民、政府、社会组织多元主体共同参与生态福祉治理，能够充分反映居民的诉求，规避新城建设中的阻力和风险，保障生态福祉供给的质量和公平性，提升居民对新城建设的满意度。本次调查中，仅有不足1/3的受访者参与过环境治理，还有超过15%的受访者甚至没有听说过相关活动。新城生态环境建设中，公众参与度较低，参与的渠道也相对较为单一，有

62.32%的受访者在遇到环境问题时直接向街道投诉，而通过新媒体或公益组织反映自身诉求的比例仅为10%左右（见图9）。

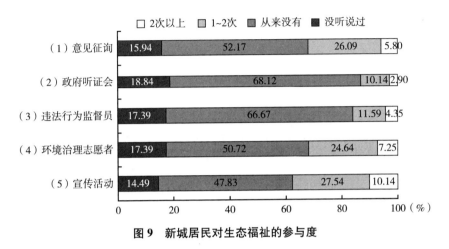

图9　新城居民对生态福祉的参与度

五　五个新城居民生态福祉提升的路径

生态福祉不仅包括客观福祉和主观感知，还涉及经济社会福祉的匹配度。结合调查结果，本文认为，提升新城居民的生态福祉，应当通过补齐环境治理的短板、优化生态空间的结构和功能、增加滨水空间的数量等举措提升居民的客观生态福祉；通过完善公众参与生态环境治理的机制，增强居民的主观感知；通过提升经济社会福祉，提升生态福祉与经济社会福祉的匹配度，释放生态福祉的人口集聚力和吸引力。

（一）强化非传统污染治理全面提升环境质量

生态环境是新城发展的优势之一，由于新城开发较晚、开发强度较低，具有较好的生态本底和环境基础，在新的开发模式和规划理念指导下，新城的生态环境和人居环境都较市区有较大优势，能够为居民提供更好的客观生态福祉。从调查结果也可以发现，有43%的受访者认为良好的

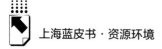

生态环境是选择迁入新城的主要原因。新城居民对本地区的环境质量的满意度评价也较高，并且有超过一半的居民认为新城建设会进一步提升环境质量。但居民对噪声、扬尘、气味等非传统环境污染物治理的满意度并不高，新城建设在持续提升空气质量和河流水质的同时，还应当强化对非传统环境污染的治理。

针对新城建设、开发施工等过程中的施工污染，应严格执行洒水压尘、密闭运输等施工标准化管理制度，综合运用现场检查与远程监控手段，加大施工项目的监管力度。针对土地用途变更过程中的土壤污染、农村面源污染等问题开展专项调研和分析，预防新城建设和城乡融合发展中的潜在环境风险。针对道路、施工产生的噪声污染，应当完善降噪设施的配套，严格施工时间的管理。针对气味污染，要根据居民的投诉，加强溯源和监管，及时解决居民关切的问题。通过强化扬尘、噪声、气味等非传统污染物的防治工作，全面提升新城的环境质量，进一步增强新城的生态环境吸引力。

（二）优化生态空间的类型结构和设施配套

新城生态空间的规模、景观等都体现了新城建设的后发优势。调查结果显示，新城居民普遍对新城生态空间的可达性、景观设计等较为满意。但从居民的诉求来看，现有生态空间与居民的生态需求仍有差距，表现为大型公园绿地较多，口袋公园和小型绿地较少，居民对公园绿地的景观设计满意度较高，但健身和娱乐设施配套相对不足。因此，新城建设应当进一步丰富生态空间的类型结构，完善相关设施的配套。

新城建设中，应当按照见缝插绿的原则，在地块开发中预留开放空间和公共空间，用于建设小型绿地或口袋公园。在城市开发改造中要根据原有的生态本底，保留具有特殊生态功能或景观特色的地块，丰富城市景观，打破生态、生活、生产空间泾渭分明的传统布局模式。要完善健身步道、康健设施、亲子乐园、宠物乐园等相关设施的配套，结合居民年龄、家庭构成，以及需求调查，合理布设相关设施，满足居民多样化的需求，丰富绿地公园的功能和场景。

（三）提升滨水空间的密度和服务功能

五个新城内河流水系密布，但滨水空间的开发占比仍然较低，只对较大面积的水域进行了综合性的河岸整治。实际调研发现，只有南汇的滴水湖、青浦的夏阳湖等面积较大的水域进行了综合开发，配套建设了运动步道、亲水平台和岸线绿地，具有相对完善的游憩功能。奉贤的浦南运河等河道仍然更加重视防汛功能，河堤岸线均采取封闭管理，缺乏游憩的功能。滨水空间分布较为集中，从调查结果来看，居民到滨水空间的时间远高于公园绿地和休闲广场。

新城建设应当在河道综合整治工程中增加游憩功能，在水域面积较大、近岸空间较为充裕的河段，增加休闲设施、健身步道和亲水平台，让居民有更多的机会亲近河流，传承和发扬江南水乡文化。要加强滨水空间安全和环境保护相关设施建设，通过配套灯光围栏、布设自动监控设施、不定期巡查等举措，减少滨水空间的安全隐患和环境风险。鼓励社会资本、房地产开发企业，通过 EOD 模式对临近河流水道进行综合治理和开发，打造一批集商业服务、休憩娱乐和生态修复于一体的特色滨水带，提升滨水空间的分布密度和服务功能。

（四）推进经济社会福祉与生态福祉相匹配

经济社会福祉与生态福祉相辅相成，两者都是影响居民入住新城的重要因素。如果仅有生态福祉，而经济社会福祉难以相匹配，会造成职住分离、就医难、就学难，以及通勤长等诸多问题。从目前调查结果来看，新城经济社会福祉的供给难以满足居民的需求，有 50% 的受访者不在新城工作，有 56% 的受访者希望新城能够在未来增加就业机会，受访者对新城教育资源和医疗资源的满意度也远低于对生态环境的满意度。需要进一步提升新城的经济社会福祉供给能力，充分释放新城生态福祉对人口的集聚和吸引潜力。

新城建设应当加快产业的导入和新增长动力的培育，立足现有生态本底和环境容量，结合现有产业基础，推进产业链延伸，形成错位发展的先进制

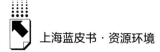

造业集群和特色产业园区。积极引进企业总部、研发中心、运营平台在新城集聚，推动高能级生产性服务业和高品质生活性服务业发展，增强新城的就业吸纳能力。通过合作办学等方式，加快构建成体系、高品质、多样化、有特色的新城教育体系，利用新城空间优势和生态环境优势，积极争取全市优质医疗资源向新城扩容下沉，提升高品质公共服务的供给能力。

（五）完善公众参与生态环境治理的机制

公众参与生态环境治理是提升居民对生态福祉满意度和获得感的重要因素。一方面能够促进居民更加了解生态环境治理的政策，提升居民的配合度，降低政策实施中的阻力和风险；另一方面能够使得政策更加贴近居民的需求，解决生态福祉供需错配的问题。实际调查发现，新城居民参与生态环境治理的频次较少，居民反映生态环境问题的渠道也较为单一，难以实现居民共建、共治、共享的目标。因此，新城建设应当进一步完善公众参与生态环境治理的机制，通过提升居民的参与度来提升居民的生态福祉的主观感知。

新城建设应当进一步提升环境质量信息、重点行业排污信息、环境监管制度等信息的公开水平，提升公众参与环境治理的能力。依托自媒体、智慧政务系统，提升居民参与环境治理的意识和能力，拓展公众和社会组织参与环境治理的渠道和方式，完善意见征集、诉求反馈的程序和机制，引导多方主体参与环境协同共治。通过完善环境信息公开和多主体参与反馈机制，提升环境治理的公众参与度。

参考文献

Frederick M. E. Grouzet and Elliott S. Lee, *Encyclopedia of Quality of Life and Well-Being Research*, Canada: Victoria, 2014.

Reid, W. V., *Millennium Ecosystem Assessment: Ecosystems and Human Well-being*. Washington, D. C., 2005.

Summers, J. K., Smith, L. M. and Case, J. L., "A Review of the Elements of Human Well-being with an Emphasis on the Contribution of Ecosystem Services", *Ambio*, 2012, 41 (4).

李惠梅、张安录:《生态环境保护与福祉》,《生态学报》2013 年第 3 期。

肖亦卓:《规划与现实:国外新城运动经验研究》,《北京规划建设》2005 年第 2 期。

臧正、邹欣庆:《基于生态系统服务理论的生态福祉内涵表征与评价》,《应用生态学报》2016 年第 4 期。

郑德凤、王燕燕、曹永强、王燕慧、郝帅、吕乐婷:《基于生态系统服务的生态福祉分类与时空格局——以中国地级及以上城市为例》,《资源科学》2020 年第 6 期。

生态文化篇
Chapter of Ecological Culture

B.6
城市软实力提升视角下上海生态文化建设进展及对策建议

李海棠*

摘　要： 城市生态文化和城市软实力的构成要素均包括精神、物质、行为和
制度四个方面，生态文化内涵的丰富和完善，对于提升和塑造以吸
引力、辐射力和影响力为主的城市软实力意义重大。生态精神文化
可以丰富城市软实力的精神内核，生态行为文化可以塑造城市软实
力的市民形象，生态制度文化可以提升城市软实力的善治效能，生
态物质文化可以增强城市软实力的生活体验。上海生态文化建设在
生态精神文化、生态行为文化、生态制度文化和生态物质文化方面
取得重大进展，但是对标"卓越的全球生态之城"建设，仍有很多
亟待提升和完善之处。因此，可以通过数字科技、公众参与、法规
政策、宣传教育等措施的加强，助力上海生态文化的建设与发展，
进而为提升上海城市软实力做出应有贡献。

---

* 李海棠，法学博士，上海社会科学院生态与可持续发展研究所助理研究员，主要研究方向为
生态与环境保护法律与政策。

关键词: 城市软实力 生态文化 城市精神 上海

城市软实力,指由物质资源、精神品质、制度规则,以及市民行为产生的有关城市的吸引力、辐射力和影响力。[①] 生态文化是社会发展到一定阶段的产物,特指人类在实践活动中以"尊重自然""人与自然和谐"的价值观引导保护生态环境、追求生态平衡的一切活动。发展生态文化,有利于提升以低碳、绿色和可持续为核心的城市软实力。文化可以提升城市形象,强化城市的影响力和吸引力。城市生态文化,是城市基于人文地理条件,在城市建筑、硬件设施等物质载体中形成与发展起来的,人与自然和谐相处的文化形态,是人与自然和谐的生态文明价值观在城市规划、建设和发展过程中深入贯彻的成果,是新时期美丽城市建设的重要载体和重要使命。城市生态文化涵盖范围广泛,包括精神、物质、行为和制度四个层面,是一种逐层递进、相互融合的关系,是功能上相互依赖、互相补充,各种元素集结而成的功能系统。城市生态文化和城市软实力的构成要素均包括精神、物质、行为和制度四个方面,生态文化内涵的丰富和完善,对于城市软实力的塑造和提升起到重要的促进和推动作用。

一 生态文化促进城市软实力提升的作用机制

文化不仅是国家软实力的重要组成部分,而且越来越成为区域竞争力的重要维度。文化是城市发展的灵魂,是衡量一个城市国际化、现代化程度的重要标志。生态文化是先进文化的主流方向,也是上海建设"卓越的全球城市"的独特优势和必要条件。

(一)生态精神文化,丰富城市软实力的精神内核

生态精神文化,是人类对生态的认识、情感的总和,是生态文化的精神

---

① 胡键:《城市软实力的构成要素、指标体系编制及其意义》,《探索与争鸣》2021年第7期,第46~48页。

内核。中国生态文化源远流长，博大精深。因为生态文化的源头活水，来源于传承数千年的中华优秀传统文化，至今仍是人们认识与处理天人关系的道德规范与行为准则。生态哲学作为生态精神文化的重要表现形式，对生态文化的全面发展具有重要指引作用。中西文化渊源和背景对生态哲学的产生影响重大，从19世纪下半叶《瓦尔登湖》①、《人与自然》②的出版，到20世纪中后期《沙乡年鉴》③、《寂静的春天》④、《增长的极限》⑤的发表，均体现了西方生态哲学对生态环境向度的思考以及对原生态自然生态环境的理解与尊重。中国传统文化中的生态智慧为生态精神文化的发展提供了重要底蕴。例如，道家的"道法自然""自然无为"，体现了人类应当敬畏自然、尊重自然，不能肆意妄为、与自然对立；佛家的"众生平等""中道缘起"，倡导了一种敬畏生命、善待万物的思想和理念。

生态文化的精神内核，也是城市精神和城市品格等城市软实力的核心要素，而这需要深厚的历史积淀和丰富的文化涵养。每个城市的生态精神文化，应当是这个城市本身的精神文化与"人与自然和谐相处"等生态文明理念的高度融合与统一。每个城市的不同文化特色和自然地理环境，造就了不同城市独特的生态文化。这种城市生态文化的独特性，源于城市历史文化所凝练出的城市精神与核心价值。正如上海生态文化，就是源于上海的"海派文化""江南文化""红色文化"精神，并将"开放、创新、包容"的上海城市品格深刻植入上海生态文化建设中，进而增加城市的精神价值，丰富城市软实力的精神内核。

（二）生态行为文化，塑造城市软实力的市民形象

生态文化的行为层次，是人类创造生态物质文化的过程，包括生产或消

---

① 〔美〕亨利·戴维·梭罗：《瓦尔登湖》，李继宏译，天津人民出版社，2013。
② George Perkins Marsh, *Man and Nature, or Physical Geography as Modified by Human Action*, New York : Scribner's, 1864.
③ 〔美〕奥尔多·利奥波德：《沙乡年鉴》，王铁铭译，广西师范大学出版社，2014。
④ 〔美〕蕾切尔·卡森：《寂静的春天》，吕瑞兰、李长生译，上海译文出版社，2011。
⑤ 〔美〕德内拉·梅多斯、乔根·兰德斯、丹尼斯·梅多斯：《增长的极限》，李涛、王智勇译，机械工业出版社，2013。

费的过程。生态精神文化最终要通过人类实际行动，即生态行为，真正促进人与自然和谐。生态行为文化主体包括企业和公民。企业创造物质财富，为消费者提供符合其需求的产品，在进行生产活动的同时做好环境保护、节约能源，形成可持续的发展模式，只有这样才能实现健康持续发展。公民个人可以通过绿色出行、节约能源、积极参与环保公益活动等方式践行生态文化理念。

生态文化有助于提升城市活力和吸引力，可以通过以绿色低碳为代表的文化产业激发城市创新能力和可持续发展能力。同时，市民的行为与素养也是城市软实力的又一重要构成要素。城市形象可以通过建筑风格、硬件设施等静态形象展现，也可以通过市民的言谈举止、文化涵养等呈现。而生态行为文化中的绿色出行、低碳环保、节约资源、垃圾分类和回收利用等市民行动，无疑成为塑造和传播城市生态文化的重要途径，进而提升城市软实力，成为外界口耳宣传的"城市故事"。对于城市市民而言，这些行动有助于促进居民的沟通与融合，强化对城市的归属感、认同感和自豪感，进而塑造构成城市软实力的市民形象。

（三）生态制度文化，提升城市软实力的善治效能

生态文化的制度层次，是指与生态环境保护和生态文化建设相关的所有法律、法规、政策和规划等的总和。城市生态制度文化用绿色低碳理念指导各项法规、政策和制度的发展与健全，将可持续发展理念贯穿于城市发展相关制度制定和完善的全过程。

制度文化可以产生软实力。城市生态制度文化，就是反映当代生态学新理论、新理念，旨在保护和改善城市生态环境，维护城市生态平衡和生态安全，着力通过城市高效的自然资源管理方式，推动城市高质量发展、创造高品质生活的总称。城市生态制度文化坚持"以人为本，以自然为根，人与自然和谐及人与人和谐"的理念，为绿色、低碳、宜居和美丽城市的建设提供法规、政策等方面的制度保障，并在城市生态治理中促进法制健全、信息透明、政府廉洁高效、执法公平，进而使该城市具有良好的对外声誉和影响力。

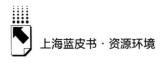

（四）生态物质文化，增强城市软实力的生活体验

生态文化的物质层次是指生态精神文化、生态制度文化通过一定的生态行为文化作用于自然生态系统的物质成果，是各种生态文化的物质载体，包括融入人类情感和生态关怀的古树、森林、自然保护区和公园等生态文化物质产品。生态文化不仅受城市经济与物质文化发展水平和速度的影响，还受自然地理环境的制约。例如，中国东部与西部、南方与北方，由于自然资源禀赋和地理气候条件的差异，不同城市和区域具有不同的物质文化载体，进而产生了不同的生态物质文化。

城市生态物质文化，对于塑造城市景观风貌特色和丰富居民生活体验，进而增强城市软实力至关重要。同时，城市生态物质文化是形成城市独特魅力的重要因素。生态文化源自城市文化，城市自然环境和气候条件塑造了具有地域特色的文化和价值观念。

二 提升城市软实力目标下上海生态文化建设及其存在的问题

生态文化建设是提升城市软实力的重要途径。上海生态文化是以人与自然和谐相处为理念，融合上海文化特点，体现上海城市精神，传承上海城市品格的更高层次的文化形态。

（一）提升城市软实力目标下上海生态文化建设现状

近年来，上海始终致力于从精神、物质、行为、制度等方面着力提升城市软实力，全力建设具有全球影响力的、卓越的"生态之城"。生态文化建设在提升城市软实力的精神内核、市民形象、善治效能和生活体验等方面意义重大，上海在推进城市生态文化建设方面卓有成效。

1.上海生态精神文化底蕴深厚

上海的文化是由特定的历史发展和地域环境所决定的，历经三次文化大融合。第一次起源于京杭大运河的开通，南北文化交流形成"江南文化"；第二次以上海开埠为标志，中西文化融合形成"海派文化"；第三次以1920年共产党早期组织正式成立为标志，是传承红色基因、传播文化自信、反映时代特色的"红色文化"。总体而言，上海在传统"江南文化"的基础上传承红色基因、兼容并蓄、砥砺奋进、引领时尚，崛起为现代化都市，并向"卓越的全球城市"迈进。

上海生态精神文化体现为城市生态化理念与上海精神的结合。首先，杨浦滨江工业遗址改造体现了上海"红色生态文化"精神。百年杨浦滨江见证了上海工业乃至我国近代工业的发展历程，其中很多都是当时的"中国最早""远东最大"。此外，众多工业遗址也是中国红色文化发祥地，是中国工人运动发轫地，传承了上海的红色基因与不懈努力、勇于斗争的城市精神。杨浦滨江工业遗址发掘百年工业发展、红色基因传承的文化特质，完成从工业"锈带"到生活"秀带"的华丽转变。

其次，上海"一江一河"建设，体现了"江南生态文化精神"。水，自古以来与江南文化密不可分，水文化是江南文化的灵魂、血液和细胞。上海也是因水而建、因水而兴。因此，顺应和保护城市自然生态脉络，成为提升生态软实力和文化魅力的必然选择。对此，上海发布《上海市"一江一河"发展"十四五"规划》，根据"一江一河"两岸具体特色，分别打造滨水公共空间、核心功能承载地和滨水示范区等重要生态文化载体。目前，已基本建成多元功能复合、生态效益最大化的绿色城区。

最后，上海海派古典园林，体现了"海派生态文化精神"。海派园林，指在空间生成上与文学诗画紧密关联，体现文化审美情趣，并在建筑布局方式、景观植物选取方面均与当地气候相适应的兼具江南园林本土文化和近现代西方海派文化特色的园林。上海海派古典园林，不仅能带来令人流连忘返的空间体验与文化审美趣味，还能唤起记忆深处的文化归属感与情感认同。上海海派古典园林，以明代的豫园、古猗园、秋霞圃和清代的曲水园、醉白池五大名园为代表（见表1）。目前，上海海派园林已成为上海绿地景观和生态旅游的一大特色，一批大公园和绿地充分显示了海派生态文化精神、中西巧妙结合的精美设计，为建设更加宜居的生态城市，以增强城市吸引力提供重要基础。

表1　上海海派古典园林基本信息

序号	园名	始建年代	现有面积(亩)	园名来源
1	古猗园	1522～1620年	27	《诗经》"绿竹猗猗"
2	秋霞圃	1522～1566年	45.36	王勃《滕王阁序》
3	曲水园	1745年	72	《兰亭集序》"曲水流觞"
4	豫园	1559年	30	"豫悦老亲"
5	醉白池	1650年	76	苏轼《醉白堂记》

资料来源：杜力《传统园林文学物象的视觉认知解析》，上海交通大学博士学位论文，2017。

2.上海生态行为文化全国领先

上海精细的文化契合近现代城市运行方式，渗透于城市生产生活的各个领域，使得上海在居民和企业生态行为文化方面树立典范。首先，上海垃圾分类引领全国生态文化新风尚。垃圾分类投放是居民生态行为文化的重要表现，也是促进经济社会可持续发展的重要途径。自2019年7月上海实施《上海市生活垃圾管理条例》以来，垃圾分类实效显著提升，垃圾处置能力也不断提升，生活垃圾无害化处理和湿垃圾处理能力分别为4.2万吨/日和0.7万吨/日[①]。同时，上海还借助大数据发展优势，开发垃圾分类查询平台，助力垃圾分类生态文化行为的管理和推进。此外，上海还建立了垃圾分类及绿色账户，累计覆盖640余万户居民。

其次，上海绿色出行体系健全。上海是鼓励新能源汽车发展的标杆城市，对新能源汽车的友好态度毋庸置疑。上海新能源汽车保有量和充电桩数量逐年上升（见图1）。2018年2月上海实施新能源汽车牌照免费发放制度以来，上海新能源汽车的发展进入新阶段，无论是新能源汽车的产品创新、绿色金融支持、智能研发与制造还是市场占有量，均位居全国前列。另外，上海也大力支持氢能源汽车的发展，制定多项政策措

---

① 数据来源：《2020年上海市生态环境状况公报》。

施，进一步明确了氢能源发展中的费用减免、资金补贴和人才引进扶持政策。

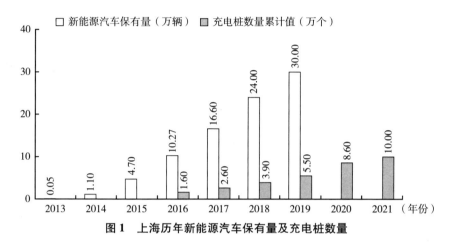

图1　上海历年新能源汽车保有量及充电桩数量

　　最后，绿色消费。绿色消费作为一种与时俱进的消费理念，被赋予了丰富的消费文化内涵、人文价值与自然意识。上海通过开展多项环境保护活动积极倡导绿色消费。例如，支付宝推出的蚂蚁森林，旨在鼓励社会大众选择绿色生活方式，其碳减排量被计算为虚拟的"绿色能量"，进而用来种植一棵真实的树。根据支付宝公布的数据，上海市用户在蚂蚁森林种树参与者中数量位居全国前列。另外，上海"爱回收"秉承"让弃之不用都物尽其用"的理念，对各类可回收物品进行智能分类回收，并且制定积分奖励机制以鼓励更多人参与。此外，上海作为咖啡文化盛行的国际化大都市，在生态行为文化践行方面也走在前列。例如，作为上海本土咖啡潮牌的 Manner Coffee 也积极推行绿色消费理念，明确规定"自带杯减5元（一次性杯除外）"。上海正在筹备"碳普惠"工作，通过制定明确的核算方式，将市民的低碳行为转化为"碳积分"，与各大银行合作，建立个人碳信用机制，并在用户的贷款额度和利息方面有所优惠，还将与上海碳交易所对接，让市民通过绿色低碳行为获得更多实惠。

3. 上海生态制度文化繁荣发达

　　2020年，上海提出建设"人人都能享有品质生活的城市"。在全面提升

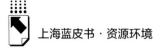

上海城市软实力的文件中，明确提到"让法治名片更加闪亮"。因此，上海生态文化制度以体现"人民性"为根本出发点，谱写生态优先绿色发展新篇章。在城市顶层设计方面，提出建设"生态之城""人文之城""创新之城"，为上海生态文化制度建设和城市软实力提升提供明确指引。同时，上海每三年发布一次"生态环境保护和建设三年行动计划"，根据新情况、针对新问题及时制定和调整生态环境保护与生态文化建设方案。2021年，上海市在生态环境保护和绿色低碳发展方面出台《关于加快建立健全绿色低碳循环发展经济体系的实施方案》《上海市城市管理精细化"十四五"规划》《上海市生态环境保护"十四五"规划》等重要制度规划和顶层设计，也为生态文化建设提供了重要制度保障。

首先，在生态精神文化制度建设方面，上海出台多项政策文件为生态文化建设提供制度保障。例如，通过制定《"一江一河"发展"十四五"规划》体现江南生态精神文化；制定《中共上海市委关于厚植城市精神彰显城市品格全面提升上海城市软实力的意见》，以明确上海文化、上海精神以及上海品格，为上海生态精神文化的建设和发展提供重要依据和参考。

其次，在生态行为文化的倡导中，创新制定相关政策文件，积极引导市民建立绿色、低碳生活新风尚。例如，在生活垃圾分类方面，制定最严《上海市生活垃圾管理条例》，条例实施两年多来，在市民共同努力下，全市垃圾分类取得了明显成效；为倡导宁静生活，制定《上海市固定源噪声污染控制管理办法》、《关于加强社会噪声管理的通知》以及《上海市社会生活噪声污染防治办法》，对商业活动、公园绿地等特定公共场所以及住宅、家庭装修、学校等环境和场所的噪声管控制定明确要求，并对违反噪声污染防治规定的行为，形成处罚措施；在绿色出行方面，对新能源汽车、燃料电池产业、氢燃料汽车的发展等分别制定计划、政策和规划，为居民绿色出行提供政策扶持和制度保障。①

---

① 参见《上海市加快新能源汽车产业发展实施计划（2021~2025年）》《关于支持本市燃料电池汽车产业发展若干政策（2021）》《临港新片区氢燃料电池汽车产业发展规划（2021~2025年）》。

最后，生态物质文化方面，上海也发布了诸多政策法规。例如，在景观廊道建设方面，发布《"一纵两横"景观生态廊道规划（2005）》；在崇明生态岛建设方面，发布《上海市崇明东滩鸟类自然保护区管理办法》《崇明世界级生态岛发展"十三五"规划》，规定生态补偿和生物多样性保护等制度，为崇明世界级生态岛建设提供顶层设计；在自然保护区方面，发布《上海市九段沙湿地自然保护区管理办法》《长三角近岸海域海洋生态环境保护与建设行动计划》，规定湿地和近海海域相关制度；在绿色建筑方面，发布《上海市建筑玻璃幕墙管理办法》《上海市绿色建筑管理办法》，对绿色建筑标准、标识、等级和评估等进行明确规定。

4. 上海生态物质文化日益丰富

生态物质文化作为生态文化建设的重要载体，是城市生态环境建设的重要体现，也是提升城市生态软实力的重要途径。首先，上海城市绿地和公园数量逐年增多（见图2）。在公园绿地建设方面，上海正不断完善公园体系，公园数量由1990年的83个增加至2021年的438个，其中郊野公园8个，还有13个郊野公园正在规划建设中。上海各大公园的免票制度，也对社会公众，尤其是对少年儿童生态文化的培养和熏陶起到重要作用。根据上海市绿化和市容管理局发布的消息，截至2022年1月1日，上海438个城市公园中，仅剩13个收费公园。从自然保护地构成来看，上海市形成了相对完善的自然保护地体系，共有各类自然保护地11处，不断强化上海生态之城的重要载体，筑牢生态安全屏障。

其次，绿色低碳建筑。根据碳排放来源数据统计，建筑是城市碳排放的主要来源。城市绿色低碳建筑不仅体现为对新建建筑绿色建材、绿色标准以及全生命周期的绿色评估，还体现为在城市更新过程中对老旧建筑的绿色改造和修缮。近年来，上海积极探索建筑业绿色低碳化融合发展。截至2020年底，全市累计获得绿色建筑标识的项目达874个，建筑面积为8051万平方米。

最后，湿地保护实践。上海位于长江入海口，拥有丰富的湿地资源。2017年12月上海已正式出台了《上海市湿地保护修复制度实施方案》，该

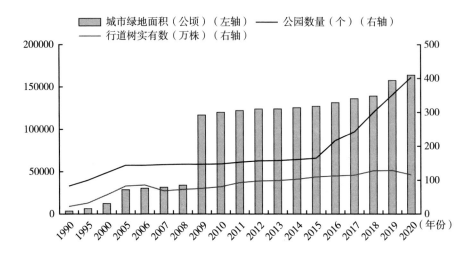

图2 上海城市绿地、公园数量和行道树数量

资料来源：2021年《上海统计年鉴》。

方案在坚持湿地生态系统全面保护及加强生态修复等方面作用显著。根据上海市绿化和市容管理局统计数据，自2019年开始，上海共设立有13个湿地保护区，分别位于宝山、崇明、奉贤、金山、青浦、浦东等区，保护面积共计12.14万公顷。

（二）提升城市软实力目标下上海生态文化建设面临的挑战

1. 上海生态精神文化范围仍需拓展

虽然上海文化和上海精神在生态环境保护和建设中得到一定程度的融合与渗透，但仍有待拓展和深化。一是上海并未明确规定其生态文化的内容，对于生态精神文化方面的强调和关注仍有待加强。例如，作为上海江南文化精神重要载体的水文化，还未受到足够重视，导致出现黑臭水体整治仍有待加强、河湖水生态系统仍比较脆弱、富营养化问题较为严重、饮用水水质不高以及水环境质量亟须改善等问题。二是生态精神文化表现形式亟待丰富。生态精神文化包括生态哲学、生态美学和生态文学等方面，上海作为国际文化大都市，在生态文学和生态艺术等方面仍有探索和提高的空间，尤其是有关生态文学方面有影响力的代表作的创作和推广。

2. 上海生态行为文化氛围还需倡导

发展生态行为文化可以通过各种节能环保、绿色低碳的生态行为促进人与自然和谐，生态行为文化的发展需要社会公众的共同参与。尽管上海生态行为文化发展取得了一定成果，但是对标国际全球城市，仍有一定提升空间。一是企业绿色生产层面，有关企业社会责任的承担仍有待加强。企业在研发、设计、生产和制造等全过程的绿色低碳行为，对循环经济发展和绿色低碳社会构建意义重大。其中 ESG（环境、社会、治理）信息披露是重要的企业社会责任承担方式之一，但是根据 Wind 数据库，上海 ESG 信息披露水平并不靠前①。此外，企业还应当在环境治理等方面承担一定社会责任，但是目前上海乃至我国的诸多企业，在该方面仍有很大提升空间。二是个人绿色消费层面，上海仍然存在居民垃圾分类成效不明显以及不同空间区域垃圾分类执行成效有所不同的现象。② 因此，应当持续加大生态行为文化"线上"＋"线下"的宣传力度，进一步引导全社会树立牢固的生态文化观和生态价值观。

3. 上海生态制度文化供给还需加强

上海生态环境治理虽然在生态环境综合治理、生态环境协同保护及环境保护制度实施等方面取得显著成效，但距离建设成为"卓越的全球城市"还有一定距离。一是在生态行为文化制度建设方面，尤其是在绿色生活领域，围绕绿色生产、绿色消费、低碳生活等方面的法律法规和政策供给存在不足，未能制定最严格的生态环境准入标准和保护举措。二是资源高效利用制度不全面，造成自然资源的过度消耗与严重损失。建立健全覆盖领域广泛、全面的资源高效利用制度，成为推动绿色生活方式实现的迫切需要③。三是以国家公园为主体的自然保护地体系建设的相关法规制度建设尚付阙

---

① 李海棠、周冯琦、尚勇敏：《碳达峰、碳中和视角下上海绿色金融发展存在的问题及对策建议》，《上海经济》2021 年第 6 期，第 61～75 页。

② 邵帅：《空间视阈下城市垃圾分类执行成效研究》，《党政论坛》2021 年第 5 期，第 52～55 页。

③ 戴亚超、夏从亚：《论新时代绿色生活方式的生态法治保障》，《广西社会科学》2020 年第 12 期，第 134～138 页。

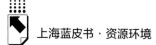

如。虽然 2019 年国家层面出台了《关于建立以国家公园为主体的自然保护地体系的指导意见》，但是目前从中央到地方都缺乏明确的法律规制和实施细则。上海作为生态城市建设的先行者，理应在公园体系法规建设方面引领和创新。

4. 上海生态物质文化质量有待提高

目前，上海生态物质文化建设对标全球城市以及上海提升城市软实力的发展要求，仍有较大差距。一是人均绿地面积有待增加。虽然上海一直着力进行城市绿化、公园扩建和自然保护地恢复等方面的建设，也取得了可喜成效，但是与国内其他一线城市相比，上海超大城市人口规模导致人均绿地面积相对较少（见表 2）。二是在水环境方面仍有待改善。水，对于上海城市的发展意义重大，水生态也是上海生态物质文化的重要载体之一。经过多年水环境治理，上海已基本消除劣五类水体，但是目前河湖水生态系统仍然较为脆弱，水体富营养化问题仍然存在。三是上海缺乏有典型性的生态物质文化地标。城市生态文化地标，不仅是城市生态物质文化的重要载体，也是城市提升自身魅力和吸引力的重要形象展示。世界各大全球城市，大多具有生态文化地标，例如纽约中央公园、巴黎塞纳河、伦敦城市森林等。上海无论在国家公园、绿化廊道、湿地保护、流域建设还是在城市森林等方面，都难以找到可以称为地标的生态文化载体。尽管目前在规划和打造"一江一河"生态廊道，但是基于相对脆弱的生态系统和基础欠佳的水环境，仍有很多方面亟待完善。

表 2　2020 年国内部分城市园林绿色指标对比

单位：%，平方米

城市	建成区绿化覆盖率	建成区绿地率	人均公园绿地面积
北京	48.44	46.98	16.40
上海	36.84	35.31	8.73
广州	45.50	39.91	23.72
深圳	43.38	37.36	15.00

资料来源：深圳市城市管理和综合执法局。

三　提升城市软实力目标下上海生态文化建设的对策建议

生态文化不仅有助于提高上海人民的生态科学知识水平和生态道德意识，弘扬"上海精神"，而且有助于先进文化的创新发展，为全国生态文化发展和建设做出表率和示范。同时，生态文化建设也是一项系统工程，涉及诸多方面内容。为加快生态文化建设，大力推动上海"生态之城""人文之城""创新之城"建设，必须在科技、管理、宣传和制度等方面尽快建立有力的保障体系。

（一）宣传教育丰富生态精神文化建设

上海城市生态精神文化的丰富需要全市居民参与，亟须搭建公众参与平台，健全信息公开制度，鼓励社会积极参与规划编制、实施、监督和后评估工作。充分利用新闻媒体进行宣传，做好典型案例的报道与经验推广。另外，还可以将生态文化纳入生态文明教育规划方案，在组织机构、发展政策、科技支持、资金投入等方面建立和完善配套措施，切实保障生态文化教育健康有序发展，加强对中小学生的生态文化教育，培养生态文化素养，通过形式多样的宣传，引导公众积极参与生态环境保护工作。

（二）公众参与促进生态行为文化建设

上海生态行为文化水平的提升需要全市居民的共同参与，而积极参与需要多方面提供支持和保障。一是信息公开，保障公民环境信息知情权。其中环境信息包括生态环境保护法规政策、政府部门环境执法管理、生态环境状况和环境科学知识等，还包括重大环境决策听证会、报告会等。二是完善政府反馈机制。生态保护公众参与的结果是公众希望得到及时、认真的反馈，可激励和保障更高效的公众参与。如果仅仅是形式主义的征求意见和信息公开，对公众意见置之不理或未及时回复，只会将公众参与制度束之高阁。因

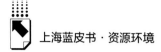

此，应当建立明确的政府职能分工体系、立体化的信息反馈制度，并加强行政问责，进而激发公众参与生态文化建设的热情，提升城市生态文化建设的成效。三是鼓励社会组织参与。鼓励企业积极承担环境社会责任，依法依规提供环保公益活动资金支持和媒体宣传。健全环保公益组织法律制度和资金保障制度，激励环保公益组织在生态环境保护和恢复方面发挥更大作用。

（三）法规政策促进生态制度文化建设

生态法规政策的建立和完善可以为生态制度文化的发展提供重要保障。针对上海目前环境法治建设存在的问题，应当大力加强公园、湿地、水资源、生态公益林、野生动物、古树名木和自然保护区、风景名胜区等所有核心资源的生态保护立法，大幅提高违法成本，严格约束开发行为；推动生态补偿、林权管理、资源管护、绿色投融资等先行政策逐步法定化。同时，完善全市园林绿化资源生态监测网络，加强生态定位站建设，建立覆盖所有园林的调查制度。另外，建立生态风险评估制度，对影响生态系统和生物多样性的建设项目，进行严格的环境影响和风险评估。建立健全生态文化资源保护开发的法规规章，尽快出台"上海市生态文化资源保护和产业开发条例"等相关法规政策，用立法规范生态文化建设中的各种行为和活动，促进上海生态文化向更高水平发展。

（四）数字科技助力生态物质文化建设

建立将数字科技和生态创新相结合的技术创新机制，以引导技术创新朝着有利于生态资源合理开发及与人类活动之间可循环的方向协调发展。数字科技可在以下方面助力生态物质文化建设。一是数字科技可以尽可能减少对生态资源的使用和能源消耗。二是数字科技可以多层次地利用自然资源进行生产，既提高了自然资源的单位产值，也减少了碳排放。从全生命周期的角度考虑对生态环境的影响，以使其符合生态文明和生态文化建设的要求。就具体领域而言，一是加大流域治理、生态恢复等相关领域的核心技术研发力度；二是加大对有历史人文底蕴和背景的古树、森林等保护的技术研发；三是在保护原有生态价值的基础上，对城市公园、森林建设等运用区块链、元宇宙等新兴科技增加更多虚拟与现实结合的科技体验，增强现代智慧城市的生态文化理念，进一步提升城市吸引力和软实力。

参考文献

阮晓莺：《生态文化建设的社会机制研究》，经济管理出版社，2019。

邓乃平：《北京生态文化建设理论与实践》，中国林业出版社，2015。

郇庆治等：《绿色变革视角下的当代生态文化理论研究》，北京大学出版社，2019。

路日亮：《生态文化论》，清华大学出版社、北京交通大学出版社，2019。

董德福、桑延海：《新时代生态文化的内涵、建设路径及意义探析——兼论习近平生态文明思想》，《延边大学学报》（社会科学版）2020年第2期。

吉志鹏：《新时代绿色消费价值诉求及生态文化导向》，《山东社会科学》2019年第6期。

周心欣、方世南：《习近平生态文明思想的环境权益观研究》，《南京工业大学学报》（社会科学版）2021年第1期。

B.7
打造上海城市生态文化地标研究

张希栋*

摘　要： 城市生态软实力对城市发展能级提升具有重要作用。城市生态文化地标作为城市生态软实力的物质载体，对提升城市生态软实力具有重要作用。上海要建成卓越的全球城市，就需要具备极高水准的城市生态软实力，而生态文化地标建设为提升城市生态软实力提供了抓手。本文分析了全球城市生态文化地标的内涵与特征。通过研究上海生态文化特质与空间基础，提出了适于上海建设生态文化地标的大致区域。在此基础上，认为上海要建设生态文化地标，应完善市、区两级联动机制，建立资金投入保障机制，编制城市区域发展规划，导入相关配套产业，打造多元传播渠道等。

关键词： 生态文化　地标　空间

上海历来重视生态文明发展。2017 年 12 月，《上海市城市总体规划（2017～2035 年）》获得国务院批复原则同意，提出了上海的发展目标是卓越的全球城市，令人向往的创新之城、人文之城、生态之城，具有世界影响力的社会主义现代化大都市。2021 年 7 月，在上海市委常委会扩大会议暨市生态文明建设领导小组会议上，市委书记、市生态文明建设领导小组组长李强强调，要坚持以习近平生态文明思想为指引，坚决扛起生态文明建设的

---
* 张希栋，博士，上海社会科学院生态与可持续发展研究所助理研究员，主要研究方向为资源环境经济学。

政治责任，坚定不移走生态优先、绿色发展之路，认真抓好"十四五"时期生态文明建设重大任务的推进落实，把生态绿色打造成为上海城市软实力的重要标识，全力建好人与自然和谐共生的美丽家园。近年来，上海在生态绿色发展方面取得了丰硕的成果，先后建成多座城市郊野公园，开展"一江一河"发展规划，初步建成了一批具有上海生态文化特色的生态文化地标，提升了上海市生态空间质量及生态系统服务效能。然而，与全球城市生态文化地标建设相比，上海市在生态文化地标建设方面还存在不足。因此，上海需要对标全球城市，高标准打造城市生态文化地标，塑造上海生态之城建设的标杆，这不仅能够推动上海生态文化发展，引领生态城市建设，还能展示上海城市形象，弘扬中华生态文明思想，增强上海城市生态软实力，提升上海的国际影响力与吸引力。

一 全球城市生态文化地标内涵与特征

生态文明建设需要生态硬实力，也需要生态软实力。短期看，生态硬实力是生态文明建设水平的重要衡量标准，是生态文明建设成效的外在表现；长期看，生态软实力才是从根本上推动生态文明不断发展的内生动力。生态文化地标正是一个国家或地区生态综合实力的重要表现。分析生态文化地标内涵与全球城市生态文化地标的特征，有利于为上海打造生态文化地标提供思路。

（一）全球城市生态文化地标内涵

在研究生态文化地标之前，首先要明确一个问题，即何为生态文化？狭义理解，生态文化是以生态价值观为指导的社会意识形态、人类精神和制度，如生态哲学、生态经济学、生态美学等；广义理解，生态文化是人类新的生存方式[1]，即人与自然和谐发展的生存方式。过去一段时间文化具有"反自

---

① 余谋昌：《生态文化：21 世纪人类新文化》，《新视野》2003 年第 4 期。

然"的性质，表现为人类向自然界索取过多自然资源以及向自然界排放废弃物，造成环境污染、生态破坏以及资源短缺等问题。生态文化的出现及发展，是人类在面临生存危机后的新的文化选择。

当前，学界尚未明确生态文化地标的定义。本文根据生态文化的内涵同时结合现有研究，认为能够系统、全面、真实反映生态文化的自然地理空间，就可称之为生态文化地标。生态文化地标是指生态文化在地理层面最为典型、集中、具象的物质载体，是生态综合实力的重要外在表现之一，是地区展示城市形象的重要窗口，也是提升地区影响力的重要组成部分。生态文化地标包含精神与物质两个层面。在物质层面，生态文化地标是本土自然生态空间中的一些具有代表性的标志性符号，如特殊地形、水系、岛礁、动植物，也可以是人类长期与自然相处形成的特定生活空间形态，如梯田、人工林、公园等。在精神层面，生态文化地标代表着特定地区长期以来所形成的生态文化，它是城市绿色发展的内在动力，也是城市生态软实力的精神内核。生态文化地标的物质与精神两个层面并不是独立存在的，物质是精神的基础，物质限制精神的发展，精神是物质的上层建筑，精神是物质的指向标。只有当精神与物质相辅相成、密切配合时，才能建成极具地区特色又富有魅力的生态文化地标。

（二）全球城市生态文化地标特征

全球城市在发展过程中，均基于各自社会文化以及自然地理的特点，形成了自身独特的生态文化，建成了诸多城市生态文化地标，如纽约中央公园、伦敦海德公园、巴黎圣克鲁国家公园等。全球城市生态文化地标建设包含物质层面与精神层面：在物质层面，生态文化地标需要依托具体的物质载体进行展示，而物质载体需要具备一定空间规模、体现城市生态符号；在精神层面，应通过生态文化地标展现城市生态文化神韵。因此，全球城市生态文化地标特征有三个方面：具备一定空间规模、体现城市生态符号、展现生态文化神韵。

1.具备一定空间规模

生态文化地标在城市里首先作为一个精致的绿地或公园出现。随着城市生态文化发展的日趋成熟，人们对生态文化的认识越发深刻，城市会重塑生态文化地标，规划建设符合城市生态文化发展定位的生态文化地标或对原有的生态文化标志进行内含挖掘并将之打造成城市生态文化地标。无论基于何种方式，城市生态文化地标都需要具备一定的空间规模。如纽约中央公园、伦敦海德公园、巴黎圣克鲁国家公园分别占地 340 公顷、146 公顷、460 公顷，分别占其市内面积的 0.3%、0.1%、4.4%。城市生态文化地标应具备一定的空间基础，其代表的是本地区的生态文化，应容纳本地区生态文化的代表性符号，为本地区生态文化符号的展现提供物理空间。

2.体现城市生态符号

城市生态文化地标是一系列物质载体的组合，除了空间上的规模因素以外，还应包括特定地区以自然景观为主体的自然符号，如地形、植物、水系等，也包括纪念品、摄影作品以及文学作品等人造符号。因此，城市生态符号包括自然符号和人造符号所构建的符号体系。如纽约中央公园在建设过程中不仅运用了大量的动植物符号（公园内设有动物园、绵羊草原），也运用了水系符号，设置了保护水域、毕士达喷泉，还包含了眺望台城堡类的建筑、纪念品以及影视作品等人造符号。

3.展现生态文化神韵

生态文化是生态文化地标的精神内核，应从生态文化的凝聚力、吸引力、创新力、整合力、影响力等多个角度展现城市生态文化神韵。

第一，体现生态文化凝聚力。生态文化凝聚力包括自然凝聚力（山水田林湖草等自然生态空间的和谐相融）和社会凝聚力（包括规范、法律、制度等社会秩序的有机统一），是生态文明发展的内生动力。生态文化凝聚力，能够唤起人们对生态发展的理想追求，提炼出生态发展思想的精髓，引导全社会追求生态文明建设不断向上的价值取向，激发人们不断探索实践，探索生态文明发展的独特道路。在这种生态文化凝聚力的作用下，旧的生态文明表现形式被淘汰，新的生态文明表现形式得以出现并不断发展壮大。生态文化凝聚力的基础是生态文化认同。生态文化认同是指不同地区人们对各自所属地区长久以来形成的生态文化的认知、赞同和情感依附。对同一生态文化的认同形成了生态文化共同体。生态文化共同体的形成受到自然地理以及社会文化属性的双重作用，如海洋生态文化共同体、草原生态文化共同体、高原生态文化共同体等。生态文化认同本身是非常抽象的，但是由于人们长期受到本地区生态文化的影响，对本地区的生态文化具有归属感。而这种归属感的强弱直接决定了生态文化凝聚力的大小。人们对本地区生态文化的认同度越高，归属感越强烈，就越容易凝聚成一个整体。

第二，体现生态文化吸引力。生态文化吸引力是指地区或民族在历史发展过程中所形成的区别于其他地区或民族的独特魅力。生态文化地标是生态文明建设所形成的最为典型的成果。它由一系列自然生态环境要素的集合与社会人文要素的融洽耦合而成，从而使得地区或民族特色文化的生态意蕴得到恰当的诠释与表达。这种具有鲜明特点的地区或民族生态文化地标通过恰当的宣传手段，如参与申请全球生态文化遗产项目、作为影视作品的取景地以及吸引摄影爱好者或网络主播等自媒体手段，通过广泛的线上线下传播，增加地区或民族生态文化的曝光度，从而被更多人看见和认识，进一步增强生态文化地标的吸引力。

第三，体现生态文化创新力。生态文化创新力是生态文化地标建设追求卓越的内在动力。生态文化创新力是指人们在利用自然、改造自然过程中，为了追求更加适合人类发展的生态文化而不断创造革新、驱动社会生态发展进步的能力。随着人类社会的发展进步，人们对自然资源、生态环境保护与利用的要求不断提升，如当前世界各国均非常重视气候变化问题，给予了高度的关注。生态文化创新力正是在人类社会对自然生态环境利用需求发生变化的背景下，促进了以创新为核心的生态文化理论、生态文化制度、生态文化社会治理等各个层面的发展，全面推动了生态文化的发展。

第四，体现生态文化整合力。生态文化整合力是生态文化地标内部架构的多元统合。生态文化整合力是就文化的包容性而言的，是指把多种生态文化所具有的特点进行打破重组，吸收多种生态文化的精华，最终形成属性一致、多元协调、有机融合的能力。从全球视角来说，各地区、各民族的生态文化存在不同，生态文化表现形式千差万别，但世界各国、各民族的生存发展均离不开美好的生态环境。同时随着各地区、各民族交流的深入，不同生态文化在同一地区发生融合碰撞。因此，在文化交流频繁的地区，需要有非常强的文化整合力。这种整合力通过汇聚多元文化的优点，最大限度地反映社会不同人群对文化的认同。

第五，体现生态文化影响力。生态文化影响力是生态文化地标建设的根本要求。生态文化影响力应从两个方面来解读：一是从时间的角度来看，生态文化能够在多长时间范围内影响后世人类对生态文化的见解；二是从空间的角度来看，特定地区生态文化能够在多远的距离外依然对其他生态文化的发展或表现形式产生影响。生态文化影响力是文化影响力的一个方面，其重点在于人们对其美学效果的认可与否。恰当的表达载体，可放大生态文化的影响力。生态文化地标建设应在设计上精妙构思，最大限度地展现生态文化影响力。而影响力的大小一方面要符合全球人类生态文化发展的大潮流，另一方面要符合全球人类对生态文化的主流价值取向。因此，从这个角度来说，人口流动程度较高、文化交流频繁的地区更容易在生态文化发展方面取得进步，获得多数人的认可，也更容易将生态文化载体打造成为生态文化地标。

二　上海生态文化特质与空间基础

上海作为中国近代快速崛起的沿海城市，生态文化的发展受到多种因素的影响。从空间视角看，上海位于长江入海口，东临东海，西接江苏、浙江，上海生态文化受到江南文化的影响。从时间视角看，上海生态文化又受到红色文化、海派文化的影响。上海建设生态文化地标，不仅具有包容多元的生态文化体系，还拥有众多的自然生态空间资源。

（一）上海生态文化特质

上海生态文化发展过程中，受江南文化的影响较大。近现代以来，随着

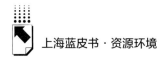

各类文化的交流融合，上海生态文化的发展受到多元文化的影响，形成了具有上海特色的生态文化体系。

1. 上海生态文化中的江南文化特征

上海是江南文化的源头之一，其生态文化的发展处处展现出江南文化的特征。梳理以往研究，总结上海生态文化中的江南文化特征元素主要包括三个：水、园林、植物。

水是江南文化中最有代表性的特征元素，也是上海生态文化中的核心特征元素。提起江南文化，就会联想到小桥流水。古往今来，诸多文人墨客对江南的水情有独钟，如"日出江花红胜火，春来江水绿如蓝"、"春水碧于天，画船听雨眠"、"犹有桃花流水上，无辞竹叶醉尊前"、"春风又绿江南岸，明月何时照我还"、"澄明远水生光，重叠暮山耸翠"，等等。而上海生态文化也受到江南文化中水元素的深远影响。水塑造了上海的城市形象。上海北邻长江口，东临东海，西靠太湖，南临杭州湾，内有黄浦江、苏州河穿城而过，特定的自然地理环境使得水对于上海的城市形象意义非凡。上海依水而建、依水而兴，外滩独特的自然地理禀赋条件以及规模宏大的建筑群塑造了上海的经典地标。水也塑造了上海的城市精神。上海发展成国际化大都市，以极其宽广的胸怀迎来送往、海纳百川，广泛吸收世界各地的先进思想，成为中国对外交流的重要窗口之一。这均得益于上海的水，四通八达，连接中国内陆与世界各地。

园林是江南文化的重要特征元素，也深刻地影响了上海生态文化的发展。园林是江南文化的精华性浓缩，以苏州园林为代表的园林文化深深影响了上海。上海的老城里保留了部分传统的江南园林，如豫园、古猗园、秋霞圃等。此外，在上海的很多公园建设中，均能看出江南园林小桥流水的影子。上海生态文化已经将"江南情结"融入血液。

特色植物是江南文化的特殊符号，也是上海生态文化的重要表现载体。江南园林中大量应用本地特色植物，用以展现园林的"古、奇、趣"，如玉兰、梅、海棠等。上海的公园以及绿地中不仅常采用类似植物，还有专门的玉兰园、梅园、海棠园，甚至白玉兰已经成为上海市市花，象征着一种开路先锋、奋发向上的精神。此外，江南地区水资源丰富，饮食文化中也到处体现本地特色植物，特别是以"水八仙"为代表的水生植物，如茭白、莲藕、水芹、芡实等。

2. 上海生态文化中的海派文化特征

海派文化是传统江南文化与西方文化在上海交流融合后形成的独特的上海文化。其对上海的生态文化影响是直接的、富有冲击性的，上海的生态文化展现出许多海派文化特征元素。海派文化的经典元素有很多，包括海派建筑、海派艺术、海派服装、海派生活、海派商业、海派公园。其中对上海生态文化影响最为直接、深远的当属海派公园。

海派公园是海派文化中重要的物质载体，也深刻地影响了上海的生态文化发展。海派公园对上海生态文化的影响主要分两个方面：一是海派公园的设计思路直接影响了上海的生态文化，如静安公园江南山水与西式园林的完美结合，复兴公园法式风情与娱乐文化的结合，世纪公园的现代城市意象等，海派文化对上海生态文化的影响是深入骨髓的；二是海派公园的植物元素也对上海的生态文化产生了深远影响，如在上海的街道绿化中常常使用的法国梧桐树，正是上海的生态文化受到海派公园影响最好的例证。

3. 上海生态文化中的红色文化特征

上海是党的诞生地，也是党领导人民开展社会主义建设的重要基地。上海红色文化资源丰富，而归根结底，最为重要的当属红色文化的精神内涵。红色文化的精神内涵，是党领导人民不断整合、重组、吸收、优化古今先进文化，形成了优秀的、先进的文化，是对各类优秀文化的集成。上海的生态文化受到红色文化的深刻影响，主要就是其精神内涵。

坚持党对生态文明发展的理论指导。从早期党对于生态文明的探索，到可持续发展观，再到习近平总书记关于生态文明的重要论述，是对红色文化的传承和发展，深刻影响了上海生态文化的发展。坚持党的领导，应充分学习红色文化的精髓——"在党的领导下，放手发动群众进行社会主义建设"。

上海生态文化的发展受到红色文化精神内涵的间接影响。上海始终在党

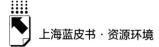

的领导下统筹开展生态文明建设，提出了建设生态之城的发展目标，发动人民群众建设生态文明的积极性，建设"一江一河"滨水空间、城市绿地、郊野公园等。上海生态文化的发展体现出红色文化精神内涵的直接影响，部分生态文化地标设有党史纪念展、廉政文化馆等，如闵行区文化公园内就设有闵行廉政文化馆。

（二）上海生态空间基础

上海生态文化地标建设，关键在于把握上海生态文化体系与自然生态空间单元的精准结合。要对上海现有自然地理资源进行综合分析考察，筛选出适于打造生态文化地标的自然地理空间。

上海生态文化地标建设需要选择最能代表上海生态文化的地区，因而要对上海生态文化主脉进行分析。

从空间视角来看，上海生态文化主脉西接太湖和天目山脉，经由黄浦江向北通向启东，上海生态文化主脉展现了上海"背山湖面江海"的生态格局特征①。从时间视角来看，上海生态文化主脉贯穿了上海历史发展的文明空间，年代由远及近，分别为冈西时代、松江时代、黄浦时代、江海时代，具有深厚的文化内涵。

上海生态文化主脉是上海生态文化空间流动的主干脉络，包含了山、河、江、湖、海等众多生态要素，且可以发现黄浦江作为上海水脉的骨干，不仅串联了上海生态文化主脉的两端也串联起了上海各类生态要素。此外，考虑到上海生态文化中水的重要地位，可以认为上海应在黄浦江某处建设生态文化地标。但具体在黄浦江的上游（青浦-松江段）、中游（城区段）还是在崇明段建设生态文化地标，还需结合各区段的特点进一步深入讨论。

从空间发展来看，黄浦江上游以及崇明段的广大空间尚未得到大规模开

---

① 丁家骏：《上海生态文化主脉辨寻及根源段空间构建研究》，载《规划 60 年：成就与挑战——2016 中国城市规划年会论文集（09 城市总体规划）》，2016。

发，而黄浦江中游贯穿主城区，上海市政府也特别注重"一江一河"的滨水空间开发，已经形成一系列生态文化建设成果，但同时继续开发的空间资源有限。此外，"十四五"时期上海市着力优化重塑国土空间布局，推进"五个新城"（嘉定新城、松江新城、青浦新城、奉贤新城、南汇新城）建设。而上海生态文化主脉恰好穿过松江、青浦，若在黄浦江上游松江-青浦段打造生态文化地标，恰好符合当前上海城市发展空间的要求，能够吸引生态文化相关产业落户青浦、松江，助力上海"五个新城"建设。

从时间发展来看，黄浦江上游青浦-松江段最为靠近传统的以苏杭为代表的江南文化的核心区域，与天目山、太湖毗邻，相对而言历史文化底蕴最为厚重，是上海生态文化主脉的源头；黄浦江中游段贯穿主城区，并且是近代以来海派文化、红色文化的发源地，在传统的江南文化熏陶下，生态文化发展取得了辉煌的成就，成为上海生态文化主脉的重要支撑；崇明段背靠长江面向大海，岛屿的形成主要依靠长江携带的泥沙，相对黄浦江上游及城区段，崇明段较为年轻，生态文明建设起点较高，是上海生态文化主脉中生态文明最为突出的区域，但崇明段生态文化底蕴稍显不足。

因此，综合空间、时间两个维度来看，在黄浦江上游青浦-松江段或是其与城区段交界的地区建设生态文化地标，不仅具有相对充足的发展空间，并且具有相对丰富的文化资源，具有一定可行性。可选取最能代表该区段水域特色的地点作为生态文化地标建设的抓手，如黄浦江的源头——浦江源或浦江第一湾。

三 打造上海生态文化地标的对策建议

可将上海建设生态文化地标，作为上海增强城市软实力的重要抓手。这就要求该生态文化地标的建设能够代表上海卓越的全球城市的生态文化水平，能够反映上海作为生态之城的生态吸引力。因此，上海市政府应在高起点上全力打造生态文化地标，使之成为上海城市发展的又一亮丽名片。

第一，市、区两级联动，全力推进生态文化地标建设。在上海市层面成

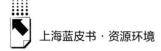

立上海市"生态文化地标工作领导小组"，负责统一领导和组织生态文化地标建设的各项工作和任务，确保各项工作顺利开展。为了确保领导小组决策的顺利执行，畅通领导决策的上传下达，在工作领导小组下设办公室，对生态文化地标建设过程中的相关事务进行处理。区级层面成立相应的组织机构，并落实到生态文化地标所在的镇，形成畅通的自上而下的决策处理机制。针对生态文化地标建设的总体工作，应由市级层面进行总体统筹，如生态文化地标的总体规模、具体位置以及建设方向等，而生态文化地标建设的具体任务则应由区级政府或生态文化地标所在地基层政府共同解决。通过深化横纵联动，市、区双向合作，贯穿生态文化地标建设的事前、事中、事后全过程，有效形成市区统筹、上下联动的工作模式，实现生态文化地标建设的跨层级联动机制、跨部门协同机制，最终形成建设生态文化地标的合力。

第二，加大资金投入，保障生态文化地标建设所需资金。建设生态文化地标需要一定的资金保障，应扎实推进资金筹措相关工作。首先，根据生态文化地标建设的选址情况，对原有土地进行回收，应给与原有居民、企业适当资金补偿。其次，根据生态文化地标建设的总预算，上海市应划拨部分资金作为生态文化地标建设的启动资金，并制定相应的专项资金管理办法。再次，从区级层面来看，生态文化地标的建设将为该区的发展带来新的动力，为了打造上海市生态文化地标，所在区应根据市里的资金配套要求，落实好相应的配套资金。最后，要鼓励多元参与，特别是吸引社会资本，丰富资金来源渠道以及融资方式，引导社会力量积极、有序参与上海市生态文化地标建设。

第三，开展全局规划，对生态文化地标的全局进行宏观把握。上海市生态文化地标建设需要在继承和发扬上海市已有的江南文化、海派文化、红色文化基础上，结合当前全球生态文化的发展趋势，突出上海市生态文化的显著特点及其先进性。对此，应对生态文化地标建设的整体工作进行宏观把握。首先，在上海市层面，组建生态文化地标建设课题组，对生态文化地标的具体位置进行综合研判。其次，在全市、全国甚至全球范围内发布上海市生态文化地标建设的专项研究课题，对所有投标课题进行综合比选，选择最优的生态文化地标建设方案。最后，根据上海市生态文化地标建设方案以及上海市生态文化发展状况，对上海市生态文化地标的建设给予灵活调整。

第四，引入配套产业，增强生态文化地标集聚资源的能力。首先，结合现有上海城市发展规划，如建设"五个新城"的城市空间发展战略，根据上海生态文化地标所在位置，围绕新城特色，布局相应配套产业。其次，根据生态文化地标本身的建设特色，在上海市层面进行统筹规划，将与生态文化地标密切相关的产业配置到生态文化地标附近区域，如影视传播、风景旅游、文化创意等相关产业。最后，上海生态文化地标的重要特点在于其文化先进性及引领性，因而在导入相关产业时，还要考虑未来生态文化产业的发展趋势，培育部分引领未来全球生态文化发展的高端产业，为相应的企业提供资金、场地以及政策支持。

第五，打造传播渠道，提升上海生态文化地标影响力。首先，制定上海生态文化地标宣传方案，在宏观层面确定上海生态文化地标的宣传定位以及宣传导向。其次，采用传统官方媒体与自媒体合作的模式对生态文化地标开展全方位宣传，提高生态文化地标的知名度。再次，积极申请国际生态文化地标相关荣誉，提高生态文化地标的国际影响力。最后，鼓励作家、编剧、摄影家、影视导演等开展关于上海生态文化地标的相关创作，利用文艺作品增加上海生态文化地标的曝光度。

参考文献

陈小军、王静、徐鑫：《城市湾区空间资源公共开放策略——香港维多利亚港湾规划研究及威海四季海湾概念规划实践》，《建筑与文化》2017年第2期。

达良俊、郭雪艳：《生态宜居与城市近自然森林——基于生态哲学思想的城市生命地标建构》，《中国城市林业》2017年第4期。

丁家骏：《上海生态文化主脉辨寻及根源段空间构建研究》，载《规划60年：成就与挑战——2016中国城市规划年会论文集（09城市总体规划）》，2016。

侯迪：《地区生态文化符号体系建设研究——以甘肃省为例》，《西北民族大学学报》（哲学社会科学版）2019 年第 3 期。

胡劲军：《对发展上海生态文化的思考》，《上海文化》2013 年第 3 期。

彭曼丽、谭霞：《生态化文化的属性及其培育：文化软实力建设视域》，《南京林业大学学报》（人文社会科学版）2014 年第 3 期。

杨剑龙：《江南文化传统与上海文化建设》，《上海文化》2020 年第 6 期。

余谋昌：《生态文化：21 世纪人类新文化》，《新视野》2003 年第 4 期。

B.8
全球城市生态文化发展典型案例分析及经验借鉴

王琳琳*

摘　要： 生态文化是城市软实力的重要组成部分。全球城市建设孕育着与之相适应的城市生态文化，并引领着全球生态文化发展潮流。分析全球城市生态文化的发展历程及塑造手段可为上海生态文化建设、城市软实力提升提供诸多借鉴和启示。本文结合纽约、伦敦、巴黎、东京等四个全球城市的典型案例，汲取全球城市生态文化建设的经验，包括坚持规划引领，统筹生态优先的空间布局；加强顶层设计，构建全面系统的政策体系；倡导绿色转型，塑造绿色健康的行为文化；注重文化传承，打造与时俱进的物质文化；强化理念宣传，形成共建共治共享的治理格局。在此基础上，从优化生态空间布局、完善政策制度体系、传承生态文化理念、拓宽公众参与渠道、发展生态教育工程、增强系统思维能力六个方面提出了提升上海生态文化建设的建议。

关键词： 生态文化　全球城市　软实力

　　城市区域的生态文化建设是实现经济、社会、生态、人文等效益融合共赢，提升城市能级，创造高品质生活的有效途径。当前，上海的城市更新已

---

* 王琳琳，上海社会科学院生态与可持续发展研究所助理研究员，主要研究方向为可持续发展与绩效管理。

经步入有机更新阶段，五大新城建设也在如火如荼地展开，为上海生态文化的建设提供了重要机遇。因此，本文基于城市生态文化视角，以纽约、伦敦、巴黎、东京四个全球城市生态文化建设为典型案例，分析全球城市生态文化发展的制度建设经验，剖析全球城市生态文化相应的制度保障措施，从而为上海生态文化建设提供可借鉴的发展思路和对策，以期打造城市特色生态文化，提升城市软实力和核心竞争力，促进城市健康发展。

一　全球城市生态文化建设的实践探索

生态文化是人类在影响和改变自然世界的过程中创造的一切物质和精神价值，是人类活动过程中人与自然关系的体现。它是致力于并体现人与自然、人与人、人与社会、经济与环境相协调的文化，是尊崇自然与以人为本指向一致的文化，是人文生态与自然生态相结合的必然产物①。

1962 年，美国海洋生物学家蕾切尔·卡森在《寂静的春天》中用大量真实案例和精确的数据阐述了 DDT 杀虫剂的危害。该书在世界范围内产生了重大影响，引起了公众和政府的广泛关注，为全球生态文化建设拉开了序幕。1972 年，罗马俱乐部发表《增长的极限》报告，运用世界动力学模型和计算机仿真技术对未来世界的面貌进行模拟，并不乐观的预测结果引起了人们对环境问题的高度关注，启迪人们重新端正对自然的态度，带动了生态文化的研究。1987 年，联合国世界环境和发展委员会发表报告《我们共同的未来》，正式提出了可持续发展理念，这是人类构建生态文化的第一份国际文献。纵观全球城市生态文化建设，其主要历程大致可以分为三个阶段。

（一）萌芽阶段：以自然为中心

20 世纪 30~60 年代，随着现代工业的兴起和发展，能源消耗量大增，污

---

① 刘文仲：《生态文化在生态城市建设中的地位与作用》，《理论与现代化》2007 年第 6 期，第 5~12 页。

染物排放量也不断增加，工业污染带来的环境问题逐渐开始显现。这一时期发生了伦敦烟雾事件、美国洛杉矶光化学烟雾事件等重大环境污染事件。日益严重的环境问题促使人类生态意识的觉醒，并对城市的发展产生了重要影响。一方面，美国大众开始批判和反思技术异化和城市化建设对环境带来的不利影响，通过游行示威、街头抗议等形式发动了多场环保运动，纽约中央公园就是这一时期的产物。另一方面，以环境治理为导向的城市法案也相继出台。例如，1969 年，东京颁布了当时日本最先进、最全面的环境法令《东京都公害控制条例》，制定了严格的环境标准，并要求工厂对可能导致空气污染的活动进行报告，从而加强对污染物排放总量的控制。1971 年，联合国教科文组织在"人与生物圈"计划中提出"生态城市"的概念，呼吁构建一种生态、高效、健康、和谐的人类聚居新环境，增进公民的社会福祉[①]。

（二）形成阶段：以人为中心

20 世纪 80 年代，国际自然保护联盟先后发表了颇具影响力的《世界保护战略》《世界自然宪章》等报告，提倡加强对自然资源的保护和可持续利用。随着可持续发展理念在生产生活领域的深入，城市建设与规划也发生了重大转变，更加注重生态空间布局、功能结构、交通规划、环境质量、城市文脉等，对城市居民的全面关怀成为城市建设的目标。同时，环境标准制度体系也日益完善，环境质量的提升成为环境治理的重点，伦敦《空气质量标准》、东京《环境基本法》、巴黎《防止大气污染法案》等法规陆续出台。同时，绿色消费、清洁生产等绿色理念在全球范围内迅速传播，绿色建筑等一系列标准也得到推广，以绿色为标志的新文化正在兴起。城市生态文化成为城市重要的竞争力。

（三）发展阶段：人与自然和谐共生

进入 21 世纪，全社会忽视生态环境的观念正在发生根本性转变，城市

---

① Yanitsky, O., "Towards an Eco-city: Problems of Integrating Knowledge with Practice", *International Social Science Journal*, 1982, 34 (3), 469-80.

发展越来越重视生态环境保护与经济发展的协调统一。国际主要城市的经济发展正逐步转向以金融、文化、旅游、科技等第三产业为主导。但环境问题并未得到根本解决,环境污染、城市热岛效应、生物多样性丧失等"城市病"仍然存在。这一阶段,城市生态文化开始注重人与自然和谐共生、共同进化。例如,2017 年发布的《都市营造的宏伟设计——东京 2040》再次传达出关于人、城市、自然关系的思辨。东京将在尊重自然、保护自然的基础上,将自然特征加以强化与活用,为居民营造绿色舒适的生活空间,真正做到人与自然和谐共生,城与自然融合发展①。

二 全球城市生态文化建设典型案例分析

生态文化塑造是城市个性塑造的重要手段,是城市独特魅力的体现。由于城市处于不同的地理、气候环境中,又拥有不同的经济社会阶段和历史文化背景,城市生态文化呈现很强的地域和文化特色。总体来看,全球城市在生态文化建设方面的主要举措如下。

(一)坚持规划引领,统筹生态优先的空间布局

生态绿地系统是生态文化建设的空间载体。只有空间布局符合先导区的社会、自然资源条件特征,科学合理布局生态空间、生产空间和生活空间,才能最大限度保护生态环境,保障城市可持续发展。

伦敦以花园城市著称,绿化遍布城市的每个角落。在大伦敦地区,47% 的土地是绿地(见图 1 左)。其中,33% 是公共开放的自然栖息地,14% 是被植被覆盖的私人家庭花园。从雾都到全世界公认的"绿色城市",伦敦城市的成功转型离不开完善的绿色空间建设框架。为了限制城市无序扩张,也为了保护伦敦城市边缘区的生态资源和环境特色,大伦敦区域规划委员会(The Greater London Regional Planning Committee, GLRPC)在 1935 年首次提出

---

① 东京:《都市营造的宏伟设计——东京 2040》,2017。

了环伦敦绿带（Green Belt）的概念。绿带采用环形布局方式（见图 1 右），由内到外划分了四个环形地带，依次为内城环、近郊环、绿带环和农业圈，约占伦敦土地面积的 22%。每个环形地带都有特殊的功能，在改善生活品质、保护生态和农业等方面发挥了重要作用。GLRPC 还设立了都市开敞地（Metropolitan Open Land），主要包括提供休闲、娱乐、体育、艺术和文艺活动等服务的露天设施。这些连续的开放空间、公园和河道走廊由绿链（Green Chains）彼此连接成整体，提升开敞空间的可进入性和环境质量。

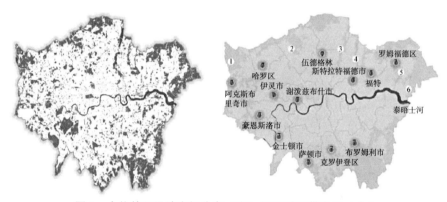

图 1　大伦敦区绿地空间分布（左）及环城绿带布局（右）

资料来源：Mayor of London, *How Green is London?* GLA City Intelligence, 2019；赵凯茜、姚朋，《伦敦环城绿带规划对我国山水城市构建的启示》，《工业建筑》2020 年第 4 期。

伦敦在城市规划建设中，一直秉承绿色、低碳的设计理念，从数量管控和质量提升两方面对生态空间进行合理的布局和设计，进一步改善城市的生态环境，提升市民生活品质。

（二）加强顶层设计，构建全面系统的政策体系

加快决策机制和管理体制的改革，是生态文化建设顺利实施的必要保障。健全城市生态文化建设的法规政策，强化政策和标准在生态环境保护、监管等方面的的引领作用，实现城市决策管理的系统化、科学化和生态化，将人与自然和谐共生的理念与实践相连接，为生态文化实践奠定更坚实的基础。

以东京绿色建筑发展为例，建筑部门是东京最主要的碳排放来源。2017

年，东京的碳排放总量是 64.82 万亿吨，建筑物（商业+住宅）的碳排放占比高达 65.8%（见图 2）。为实现建筑物的节能减排，东京先后出台《东京绿色建筑计划》（*Green Building Program*）、《2007 年东京节能章程》（*Energy Conservation Act*）、《2008 年东京环境总体规划》（*Tokyo Environment Master Plan 2008*）、《建筑节能标准 2013》（*Building Energy-efficiency Standards 2013*）等政策，政府机构带头采用节能措施，在全社会示范推广节能理念与节能技术。

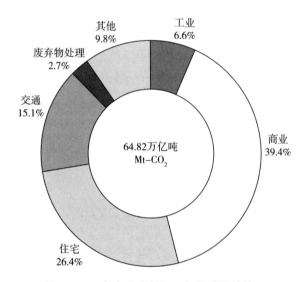

图 2　2017 年东京分部门二氧化碳排放情况

资料来源：Tokyo Metropolitan Government，*Zero Emission Tokyo Strategy*，2019。

其中，《东京绿色建筑计划》于 2002 年正式实施，要求面积超过 1 万平方米的新建建筑必须向政府提交环境报告，建筑物拥有者必须按政府要求进行低碳设计，目的是建设一个评估建筑环境友好性的市场系统，从而鼓励业主将环境因素纳入建筑设计。该计划促进了建筑环境绩效评级和报告系统的创建，并催生了姊妹计划，如《公寓绿色标签计划》（*Green Labeling Program for Condominiums*）（见表 1）和《能源效率地区规划》（*District Plan for Energy Efficiency*）。

表1 东京《公寓绿色标签计划》

条目		内容
范围		新规划总建筑面积超过5000平方米的大型建筑
评估标准	能源	建筑围护结构的热负荷阻力,可再生能源设施,节能建筑系统(设备),建筑能源管理系统
	资源材料	生态材料,禁止使用氟碳化合物,延长建筑物预期寿命,水文循环
	自然环境	绿化(园林景观等),生物多样性,节约用水
	热岛效应	热损失,地面及建筑物表面,风环境
等级划分		每个条目使用三个评级等级(1~3)进行评级
报告和披露		在申请建筑许可证之前,必须研究环境规划和评级结果,评级以图表形式显示在东京都网站上

针对现有建筑,东京先后启动《CO_2排放报告计划》(*CO$_2$ Emission Reporting Program*)、东京都排出量取引制度(Tokyo Cap & Trade Program,TCTP)、《中小型设施碳减排报告》(*Reporting Program for SEMs*)等政策来促进节能减排。TCTP第一阶段(2010~2014年)要求都内1400处办公楼、商业类设施在5年内将二氧化碳排放量削减8%以上,工业类设施削减6%以上。这些设施的能耗超过1500千升原油当量,碳排放量占东京二氧化碳总排放量的20%,占商业和工业部门排放量的40%。具体手段包括在耗电量较大的照明、空调等方面采取节能措施。第二阶段(2015~2019年)的减排要求分别提升至商业设施17%,工业设施15%。为了政策的有效实施,东京都政府给予一定的财政补贴。在第一个阶段,政府为新进入者留出了一笔津贴,津贴数额根据当时排放量进行计算。项目启动时正在运行的设施在每个周期开始时会收到五年合规期的津贴分配。2020年,东京都政府进一步发布"零排放东京策略"(Zero Emission Tokyo Strategy),将推广零碳建筑作为主要政策之一。

从战略指引、行动计划到实施落地,东京从可持续发展角度出发,通过不同层级政策文件的弹性指引和刚性管控,将绿色低碳的理念贯穿于建筑规

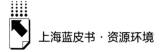

划、建设、运营和维护的各个环节，保障建筑业向绿色低碳转型，促进低碳城市发展。

（三）倡导绿色转型，塑造绿色健康的行为文化

以生产生活方式的绿色转型为突破口，加快全社会绿色发展理念的形成，是塑造城市生态文化的有效途径。其中，公平、绿色、健康的交通文化是一个城市生态文化建设的重要指标。

伦敦市中心是全球最拥堵地区之一，由此产生的空气污染给公众的健康带来了严重影响。为减少市中心交通拥堵问题并防止空气污染，伦敦自2003年起在市中心地区对行驶车辆实施交通拥堵收费制度。2007年，拥堵费的实施范围在2003年的基础上扩大了一倍，扩大到伦敦西部的肯辛顿、切尔西等富人区，统称西部扩展区（Western Extension Zone）。该制度的实施取得了显著的效果。伦敦交通局（Transport for London）的报告显示，在收费时段进入西部收费区的车辆比2006年同期减少了14%，道路氮氧化物（NO_x）的排放量减少2.5%，颗粒物（PM_{10}）减少4.2%，二氧化碳（CO_2）排放量下降6.5%[①]。

2017年2月，伦敦推出交通排污费（T-charge）计划，即对经过拥堵收费区（市中心$21km^2$的区域）并排放大量尾气的车辆进行额外收费。伦敦交通局官方数据显示，自T-charge计划实施后，同一时期每天在该区域内行驶的车辆总数下降了11%（约11000辆）。2019年4月，伦敦正式划定超低排放区（Ultra Low Emission Zone）（见图3），对进入该区域的旧汽车或柴油车辆进行收费（见表2）。如果同时进入拥堵收费区，还要另外支付每天15英镑的拥堵费。该政策在短期内取得效果明显。截至2019年底，在管控区域内，符合排放标准的车辆占比从2017年的39%提高到80%以上，道路二氧化氮（NO_2）排放量减少了44%，二氧化碳（CO_2）排放量减少了6%。

---

① Transport for London, Central London Congestion Charging Impacts monitoring Sixth Annual Report, July 2008.

2021 年 10 月起，超低排放区进一步扩大至南北环路，比之前区域大 18 倍，覆盖伦敦市域面积 1/4 区域内的 380 万人。

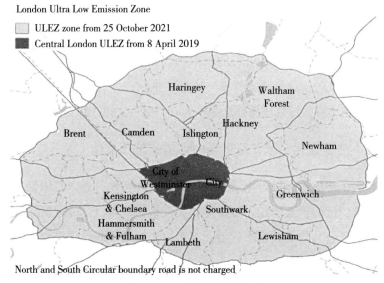

图 3　伦敦超低排放区布局

资料来源：伦敦交通局官网。

表 2　伦敦超低排放区收费标准

车辆类型(包括混合动力汽车)	最低排放标准	未达标车辆支付费用(英镑/天)
摩托车、轻便摩托车等	欧 3	12.5
汽车、面包车、小型巴士等	欧 6(柴油车) 欧 4(汽油车)	12.5
大型巴士以及 3.5 吨以上的卡车、客车和大型车辆	欧 6	100
	欧 4(颗粒物)	300
面包车、小型巴士等	欧 3(颗粒物)	100

一方面，为了鼓励更多人选择绿色、健康的出行方式，伦敦交通局在 2018 年发布《伦敦市长交通战略》（*Mayor's Transport Strategy*），希望改变伦敦的交通组合，让城市更好地为每个人服务[①]。为保障《伦敦市长交通战略》

———————

① Mayor of London, *Mayor's Transport Strategy*, 2018.

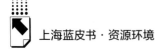

的有效落实，伦敦陆续发布了《步行行动计划》《零愿景行动计划》《骑行行动计划》等，为实现伦敦绿色交通转型提供全面的政策支撑。伦敦一方面运用价格机制等市场化手段动态调节居民的驾车出行需求、环境交通拥堵状况和空气污染问题。另一方面，伦敦通过重塑街道城市空间，打造"以人为本"的出行环境，提升绿色交通出行的吸引力。在多种措施的"推拉"作用下，越来越多的伦敦居民选择骑自行车、走路、乘坐公共交通工具或共享拼车的形式践行绿色出行，绿色环保理念深入人心，出行文化正在发生重大变革。

（四）注重文化传承，打造与时俱进的物质文化

生态文化地标作为城市生态文化的外化物和可视符号，是增强生态文化软实力、辨识度的重要依托。城市生态文化地标既可以发挥保护城市生态环境、提供绿色公共空间等生态效益，又可以作为城市向世界展示生态品质魅力的重要名片。

纽约中央公园作为世界上最大的人造景观之一，占地超过300公顷，坐落在纽约市最繁华的曼哈顿中心地带。它覆盖150多个街区，大约是整个曼哈顿岛面积的6%。与当时仅为富裕家庭开发的圣约翰公园和格拉梅西公园不同，设计者致力于将中央公园打造成为可以将所有人聚集在一起的空间，为所有进入的游客提供一个休憩之所。这一设计理念在公园入口的命名中得以体现，中央公园不仅有以拓荒者、农民、猎人、矿工、樵夫、水手、工程师、发明家和战士等职业来命名的入口，也有以女士、男孩、女孩、陌生人等人群特征来命名的入口。同时，公园内还有少数族裔社区赠送的雕像，用来纪念他们的民族英雄，如德国出生的诗人约翰·冯·席勒、爱尔兰诗人托马斯·穆尔和苏格兰作家沃尔特·斯科特爵士等。这些雕塑反映了这座城市"大熔炉"的特点，以及每个移民群体对其文化和政治领导人的自豪感。这座大型城市公园作为自然化的公共空间，不仅为忙碌的人们提供了休憩和娱乐场所，同时也发挥着重要的生态效益，包括改善城市空气质量、调节城市热岛效应、保护生物多样性等。

伦敦海德公园是伦敦最知名、最大的皇家历史园林，占地250多公顷，

毗邻白金汉宫，被誉为伦敦的心脏。公园由大片绿地、天然水体组成，但每个分区的功能多样化，可提供多处运动和休闲场所，供游客进行足球、网球、划船、骑马、演唱会等活动。位于园区东北角的演说家之角（Speaker' Corner）是英国民主的标志地点和言论自由的象征，任何人都可以演说任何有关国计民生的话题。2004 年，园区修建了黛安娜王妃纪念喷泉，外通内达的设计体现戴安娜王妃包容、开放、博爱的品质，可以让更多人融入景观，充分享受自然景致之趣。园内的蛇形画廊（Serpetnine Gallery）每年都邀请来自世界各地的建筑师和艺术家举办临时展览，一般在 7 月开放，平均每年吸引 25 万名参观者。蛇形画廊已经成为"建筑试验"的代名词，成为伦敦最有吸引力的当代艺术画廊之一。海德公园保持着迷人的生命力，保留了遗产价值，继承了其举办大型活动的历史传统，成为伦敦市丰富市民文娱活动的重要开放空间。同时，英国中央政府、地方政府和社会团体共同组建了英国园林保护和利用的组织网络，以提高历史园林的公共参与度。

巴黎左岸协议开发区（ZAC Paris Rive Gauche）（俗称巴黎左岸）是巴黎市最重要的更新项目之一，位于巴黎 13 区，目的是对奥斯特里茨火车站周围的工业荒地重新开发。在左岸开发过程中，将原有的巴黎面粉厂厂房等历史建筑改造成教学楼和图书馆，实现城市空间背景下的空间再生，使文化融入城市肌理。同时，左岸开发秉承开放式街区的理念，在每个街区内部规划绿地空间，将生态资源引入社区生活，提升居民生活品质。另外，沿河城市空间的开发为创造城市与河流的联系提供了机会，丰富了岸线空间的功能性，加强了塞纳河的生态可持续发展。为了让巴黎市民和所有热爱这座城市的人们享受到真正的河畔生活，2013 年，巴黎宣布将塞纳河左岸奥赛博物馆至阿尔玛桥之间的滨河快速道对机动车辆关闭，改造为延绵 2.5 公里的"塞纳河畔"景观大道，将岸线空间还给行人[1]。

（五）强化理念宣传，形成共建共治共享的治理格局

生态文化的建设与城市中每一位居民的生存和发展息息相关。弘扬生态

---

[1] 《法国巴黎："以人为本"规划塞纳河沿岸空间》，新华网，2016 年 12 月 5 日。

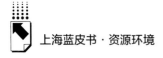

文化，营造环境保护的良好风气，完善全民参与机制，对城市生态文化建设至关重要。

《纽约 2050》呼吁所有市民共建一个强大且公平的纽约。对公众参与的重视在其城市生态文化建设方面也得到了体现。以中央公园为例，1980 年成立的中央公园保护协会（Central Park Conservancy）与纽约市政府长期合作，负责中央公园的日常运营。中央公园保护协会是一个非营利性组织，其使命是"与公众合作，恢复、管理和保护中央公园，为今世后代提供享受"。作为公园的管理者，中央公园保护协会致力于为公众的最佳利益服务，并提供必要的监督和专业知识，以确保这一世界级的绿色空间对所有人开放。协会的资金主要来自个人捐款，协会每年为公园的护理投入近 7800 万美元，用于保护和改善中央公园。这不仅使中央公园和娱乐部能够将其几乎全部预算分配给其他公园，而且还帮助创造了超过 10 亿美元的年度经济活动和 5000 个当地就业机会——这是纽约市民与纽约市真正的伙伴关系。另外，保护协会依靠全年不断的志愿者来迎接游客、带领旅游、照料草坪和小路、支持特殊活动等。2019 年，约 4000 名志愿者在公园提供了近 55000 小时的服务。

在巴黎，高度的公众参与也是城市生态文化建设的重要途径，巴黎公共屋顶花园系统是最具代表性的项目之一。例如，2009 年，巴黎树篱街维尼奥莱体育馆的屋顶上建成了一座 600 平方米的空中花园，其基本定位是可为街区居民提供日常交往的绿色空间。该花园通过举办各种园艺、休闲、艺术、环境教育活动，吸引当地居民参与共享，增强了街区的社会凝聚力。另外，为进一步鼓励居民参与当代农业问题并促进城市绿化，巴黎市政厅于2016 年发布"巴黎农耕计划"（Les Parisculteurs），目标是到 2020 年建成100 公顷的绿色屋顶、外墙和公共开放空间，其中 1/3 应用于城市农业。目前，已有老佛爷百货、巴士底歌剧院、巴黎三大等 74 家机构签署了共享空间协定。在老佛爷百货的屋顶，有着一片 1000 平方米的草莓森林，每年至少向合作的餐厅供给 400 公斤草莓。这些屋顶花园和菜地也会定期对外开放，邀请市民与游客免费参与体验和交流活动，已经成为一项著名的体验式旅游项目。

全球城市通过绿色开放空间的共治共享，为市民建立"绿色生活情景"，加强居民与大自然的联系，使生态环保融入城市生活之中，提升未来城市的环境弹性。

三　全球城市生态文化建设对上海的启示

通览全球城市生态文化建设的发展历程与实践，虽然城市之间在生态制度文化、生态物质文化、生态精神文化和生态行为文化方面各具特色，但都以人与自然和谐共生、和谐共进为目标进行了诸多尝试并积累了丰富的经验，为上海生态文化建设提供了重要借鉴。

（一）优化生态空间布局

在紧凑型城市发展过程中，生态空间的有效利用成为城市环境治理的主要挑战。它不仅可以提供气候调节、防灾减灾等生态系统服务，还可以提供重要的娱乐和文化服务。然而，与快速发展的城市化进程相比，上海城市生态空间建设显得略为滞后。面对市民对美好生活的向往，当前上海生态空间供应不充分、地区发展不平衡的矛盾日益凸显，生态功能综合利用水平仍有待提升。因此，上海应坚守城市生态安全底线，优化生态空间布局，加大生态空间保护力度，集聚绿化、林地、农田、湿地、河流、海洋等多元生态要素，强化复合生态功能的融合，赋能生态文化建设。

具体来看，一是将"人与自然和谐共生"作为城市规划的核心理念，明确生态城市的战略定位和目标愿景，完善城市功能分布，构建高品质的生态空间支撑。以《上海市国土空间近期规划（2021～2025年）》为基础，统筹生产、生活、生态空间布局，形成统一衔接、功能互补、相互协调的空间规划体系。二是盘活城市土地存量和充分利用有限的空间来实现生态空间的扩大，如通过屋顶花园、垂直花园建设，以新的形式将生态空间融入城市。三是在城市规划中，合理制定战略规划，强化多样性思维，增强各种设施和绿化场所之间的连接流动，提升生态系统的质量和韧性。

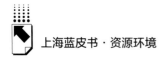

（二）完善政策制度体系

以生态文明的核心理念推进生态文化建设，并将生态文化建设纳入城市政策议程，从决策、评价、管理、考核等角度全面构建政策制度保障。首先，科学制定土地利用规划、气候变化和生态空间等领域的关键政策，加强城市生态文化建设相关工作的部署和落实，强化对社会制度和社会生态系统的治理。其次，兼顾经济发展、基础设施供给、生态环境保护等需求，增强生态保护的科学性、协同性和有效性。再次，创新激励机制，形成城市生态文化建设内在动力的良性循环。通过奖金激励和政策鼓励呼吁企业、市民、社会组织等社会力量承担起各自在环境保护、生态建设方面的社会责任，鼓励生态文化建设项目开发，充分发挥多元主体的技术优势、管理优势、市场优势。最后，创新考核和监督机制，创建生态文化考核指标，开展生态文化示范街道和生态文化示范景区评估活动等，加强对上海城市生态文化建设的理论和实践研究。

（三）传承生态文化理念

中国传统生态文化观念以崇尚自然、顺应自然、保护自然为人与自然关系的基本原则，是新时期生态文化构建的重要思想源泉。上海在发展过程中保留了中国生态文化的深厚根基，不断从传统文化中汲取生态智慧，努力打造集聚老上海风情和新上海魅力的宜居城市、韧性生态城市。坚持"两山"理念，将生态环境保护和文化保护传承放在同等重要的位置。在建设高品质生态文化的同时，加深对城市文化的理解，做好对城市文化的传承。例如，在生态景观设计中突出对上海传统文化、江南水乡文化、海派文化、红色文化的呈现，加强对特定社会、文化、历史、环境、政治、经济等影响因素或指标的考量，挖掘弘扬上海传统生态文化要素，并适度借鉴西方有益文化，形成独具特色的城市生态景观，让城市生态建设更具文化内涵。另外，构建生态文化价值体系，提升公民生态文化自信，增强生态文化价值观对生态行为和生态发展的引领作用。

（四）拓宽公众参与渠道

人民城市人民建，人民城市为人民。生态文化建设的本质是构建人与自然生命共同体，需要每一位公众的参与。城市生态文化建设需要以共享发展成果为目的，推进生态文化基本公共服务功能建设均等化，发挥人民作为城市生活主体的作用。一是积极搭建多元协商平台，畅通群众参与生态文化建设的渠道，尊重和发挥人民的主体作用。二是强调社区参与，提升对生态文化的支持和管理。社区既是居民参与社会生活的基本场所，也是城市治理的最小单元，在生态文化建设中发挥着关键作用。加强社区教育，注重伙伴关系和共同责任的宣传，增强居民参与生态文化建设的使命感和责任感是生态文化建设的重要保障。三是强调多元协同治理。生态空间既是居民福祉与社会凝聚力之间的桥梁，也可以加强居民对社区和地方的情感。

（五）发展生态教育工程

推进生态文化宣传教育，培养公众的生态自觉与生态能力，充分发挥教育在生态文化建设中的作用。结合社会各阶层公众的特点和需求，开展全民性的生态教育实践，增强全社会的生态环境意识；依托各种类型公园、动物园、植物园及风景名胜区等，形成多元化文化载体，因地制宜建设各具特色的生态文化宣教场馆和科普教育基地；通过创建生态文化地标、示范街道、示范社区、示范企业等，提供更多的生态产品和文化体验活动，提高社会成员共建生态文化的公信度和参与度，使绿色观念融入主流价值理念。

（六）增强系统思维能力

城市生态文化建设是一项长期、复杂的系统工程，需要树立系统思维，全方位、多领域、全过程、常态化地有序推进相关工作的展开，形成节约资源和环境保护的空间格局、产业结构、生产方式、生活方式，从而提供更多优质生态产品，提升居民生态福祉。一是建设绿色生态环境，积极拓展绿色生态空间，构建公园城市、森林城市、湿地城市体系，协同推进城市生态系统服务能力。二是发展绿色经济，抓住机遇发展新兴产业，鼓励绿色技术创新活动，培育壮大新动能，持续推动绿色低碳循环经济发展。三是培育绿色生态文化，促进价值取向、思维方式和生产生活方式绿色化，激发多元主体生态文化共建的积极性、主动性和自觉性。四是打造绿色社会，发展绿色交通、绿色建筑、绿色消费等，实现社会全面、协调、可持续发展。

参考文献

刘文仲：《生态文化在生态城市建设中的地位与作用》，《理论与现代化》2007 年第 6 期。

《法国巴黎："以人为本"规划塞纳河沿岸空间》，新华网，2016 年 12 月 5 日。

赵凯茜、姚朋：《伦敦环城绿带规划对我国山水城市构建的启示》，《工业建筑》2020 年第 5 期。

《都市营造的宏伟设计——东京 2040》，2017。

Yanitsky, O., "Towards an Eco-city: Problems of Integrating Knowledge with Practice", *International Social Science Journal*, 1982, 34（3）.

Transport for London, *Central London Congestion Charging Impacts Monitoring Sixth Annual Report*, July 2008.

Mayor of London, *Mayor's Transport Strategy*, 2018.

Mayor of London, "How Green is London?", *GLA City Intelligence*, 2019.

生态话语权篇

Chapter of Ecological Discourse Power

B.9

双碳目标下上海推动减污降碳
协同增效的政策建议

胡　静　戴　洁　汤庆合　程　琦　张　岩　王百合*

摘　要： 发挥减污降碳协同效应，是系统推进碳达峰碳中和的重要手段。
发达国家的经验表明，将碳排放目标纳入经济社会发展的约束性
目标，有助于引领性、系统性减碳；通过行政手段与市场手段协
同发力，有效激活市场主体减碳活力；自愿减排机制等社会机
制，为促进低碳社会发展建立了有效渠道。本文基于国际有益经
验，系统分析了我国和上海推动减污降碳协同增效的现实需求和
薄弱环节，以"需求管理为先、过程控制为重、源头与末端管
理并举"为主线，提出了加强需求侧管理，抑制终端需求的不

* 胡静，上海市环境科学研究院高级工程师，主要研究方向为低碳经济和环境管理；戴洁，上
海市环境科学研究院高级工程师，主要研究方向为低碳经济和环境管理；汤庆合，上海市环
境保护宣传教育中心主任；程琦，上海市环境科学研究院助理工程师，主要研究方向为低碳
经济和环境管理；张岩，上海市环境科学研究院助理工程师，主要研究方向为环境法学；王
百合，上海市环境科学研究院助理工程师，主要研究方向为低碳经济和环境管理。

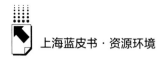

可持续增长；加强过程控制，努力提高能源及碳生产率；加强源头供给侧的能源清洁化和末端减污降碳及碳汇能力提升，系统构建目标牵引-指标约束-政策激励的行政管控体系，公开透明、充分竞争、奖优罚劣的市场机制，以及灵活多样、富有活力、共治共享的社会机制等政策建议。

关键词： 碳达峰　碳中和　减污降碳协同增效

随着《中共中央国务院关于完整准确全面贯彻新发展理念做好碳达峰碳中和工作的意见》《2030 年前碳达峰行动方案》以及能源、工业、交通运输、城乡建设等主要领域行动方案与科技支撑、财政金融、碳汇能力、统计核算和督查考核等保障方案陆续出台，中国的双碳战略迅速从顶层设计阶段走向推进落实阶段。实现碳达峰碳中和是一场广泛而深刻的经济社会系统性变革，如何将碳达峰碳中和纳入生态文明建设整体布局，切实推动减污降碳协同增效，促进经济社会发展全面绿色转型；如何加快构建减污降碳一体谋划、一体部署、一体推进、一体考核的制度机制，打赢打好碳达峰碳中和这场硬仗，成为当前以及未来相当一段时间中国各级政府需共同探索解决的重大课题。对此，本文基于国际有益经验，针对我国和上海推动减污降碳协同增效的现实需求和薄弱环节，提出对策建议。

一　发达国家和地区温室气体管控经验借鉴

欧盟、美国、日本、韩国等发达国家和地区在推进温室气体减排方面有不同的出发点和战略考量。作为全球应对气候变化的引领者，欧盟在积极树立自身政治形象的同时，有效兼顾了提升科技和产业竞争力。美国总统拜登上任第一天签署重返《巴黎协定》的行政令，将气候变化问题置于美国国家安全、外交政策以及国内规划的中心位置，以应对气候变化为抓手推进美国基础设施重建和可持续发展①。而日本和韩国则一方面以积极应对气候变化推动能源转型，降低过高的能源对外依存度；另一方面加快推动绿色增长。上述各方在温室气体管控体系建设上有很多共同之处，均制定了应对气候变化专项法律，并通过将温室气体界定为大气污染物或气候污染物，把温室气体控排纳入污染防治体系。经过多年探索实践，基本形成了"命令-控制"式行政机制与市场和社会机制相辅相成的管控体系（见附表1），在实施推进上呈现因势利导、因地制宜的特点和特色。

一是减排战略与行动体现了较强的引领性和系统性。如欧盟2019年出台的《欧洲绿色协议》，不仅明确了2030年、2050年降碳目标，还将实现"经济发展与资源消耗脱钩"纳入总体目标，将资源循环视作实现气候中和的前提条件②，一并制定了涵盖能源、工业、建筑、交通、农业、生态及污染防治等七大领域，相互依存、相互贯通的系列行动计划，"为2050年实现气候中和确定了一条更为雄心勃勃和更具成本效益的道路"③。日本于2020年底出台《绿色增长战略》，几个月后该文件更新为《2050碳中和绿色增长战略》，及时调整了部分技术路线，并匹配调整预算、税收优惠、金融体系、监管改革、标准制定以及参与国际合作等措施，推动企业大胆投资和创新研发，实现产业结构和经济社会转型④。

二是行政与市场机制相辅相成，共同发力。如美国在行政管控方面，按照《清洁空气法》修正案的规定，不仅要求新建、改建排放源实施温室气体监测和报告，还基于二氧化碳当量的排放限值将固定源温室气体排放纳入排污许可证管理体系。同时，美国联邦环保署（EPA）通过发布

① The White House, *Executive Order on Tackling the Climate Crisis at Home and Abroad*: Section 102, 2021.

② European Commission, *A New Circular Economy Action Plan For a Cleaner and More Competitive Europe*, 2020.

③ European Commission, *European Green Deal*, 2020.

④ 中国科学院武汉文献情报中心先进能源科技战略情报研究中心:《日本更新〈2050碳中和绿色增长战略〉》，https://mp.weixin.qq.com/s/p_aR9FjbfwsBXbHA7uecKg。

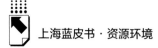

"温室气体最佳可得控制技术白皮书"，为各州和地方监管部门、排放单位提供特定工业部门温室气体控制技术和减排措施等信息支持[①]。在市场机制建设方面，美国建立了配额交易和自愿交易并存、采购方式灵活多样的绿色电力市场，有效促进了可再生能源的发展[②]，还建立了区域温室气体倡议（RGGI）与加州 AB-32 总量控制和交易计划等碳交易机制。欧盟则按照温室气体排放源不同，将监管方式分为两类：较大的固定排放源纳入碳排放权交易市场加以管控；中小型排放源则与管制大气污染物一样，利用"命令-控制"式行政手段，通过温室气体排放许可以及排放标准等制度进行管控[③]。

三是社会机制健全，形成有效补充。如英国引入气候变化协议自愿减排机制，与环境署签订了气候变化协议的企业或行业协会，如能效达到约定值，将享受气候变化税的减免。多种机制组合使用，降低了管控范围内企业的整体控排成本[④]。美国 EPA 自 1991 年起陆续发起了数十项自愿减排行动，均通过在企业、贸易协会、地方社区、高校、地方政府、联邦政府之间搭建合作伙伴关系，鼓励创新和合作，开展各类自愿减排项目。这些项目多在EPA 有明确法律法规约束的领域之外，覆盖节能、节水、废弃物回收、应对气候变化、减少各类污染物排放等，其中能源之星（Energy Star）、明智减废（Waste Wise）等行动已经家喻户晓[⑤]。日本于 2008 年制定《产品碳足迹基础方针》和《产品类别规则制定指南》[⑥]，推动以低碳消费带动低碳生

① 张建宇：《美国许可证制度下温室气体的管理经验及对我国的启示》，《环境影响评价》2021 年第 4 期。
② 袁敏、苗红、时璟丽、彭澎：《美国绿色电力市场综述》，世界资源研究所工作论文，2019 年 1 月。
③ 刘晶：《温室气体减排的法律路径：温室气体和大气污染物协同控制》，《新疆大学学报》（哲学·人文社会科学版）2019 年第 6 期。
④ 张芃、段茂盛：《英国控制温室气体排放的主要财税政策评述》，《中国人口·资源与环境》2015 年第 8 期。
⑤ EPA, *The National Environmental Performance Partnership System A Review of Implementation Practices*, 2013.
⑥ 杨楠楠：《日本建立产品碳足迹体系的经验及启示》，《中国人口·资源与环境》2012 年第 S2 期。

产，并出台针对节能型家电的"购买促进计划"和促进低碳建筑的"环保房换积分"计划[1]，为促进低碳社会发展建立了有效渠道。

二 我国减污降碳协同增效的工作基础和薄弱环节

（一）工作基础

中国高度重视应对气候变化，通过法律、行政、技术、市场等多种手段，积极推进减缓和适应气候变化工作，并取得了扎实成效。截至 2019 年底，我国单位国内生产总值（GDP）二氧化碳排放较 2005 年降低约 47.9%，提前完成我国对外承诺的 2020 年目标，扭转了二氧化碳排放快速增长的局面[2]。在温室气体管控体系建设上，已初步形成了行政、市场和社会机制共同推进的局面（见附表 2）。

一是严格落实能耗双控及碳排放强度下降目标分解和责任考核制度。我国在"十二五"时期将单位 GDP 二氧化碳排放下降作为约束指标纳入国民经济和社会发展规划，从"十二五"中后期开始对各省级人民政府进行碳排放强度下降目标分解和责任考核。发展较为领先的东部地区，如上海，"十三五"时期已全面实施能源消费总量和强度，以及碳排放总量和强度"双控"制度，有效推动了节能、能效提升以及产业和能源结构优化。

二是各领域、各条线多管齐下，形成丰富多样的政策组合。2004 年，国家发展改革委经国务院授权发布了《节能中长期专项规划》，将节能作为一项长远的战略方针并提出具体指导意见。2011 年，国务院印发《"十二五"节能减排综合性工作方案》，提出了 50 条政策措施增强节能减排的能力，针对工业、建筑、交通、农业、商业、公共机构等主要领域，全面

---

[1] 尹晓亮、平力群：《从日本的"环保积分制度"中能学到什么？》，《环境保护》2009 年第 17 期。

[2] 生态环境部：《中国应对气候变化的政策与行动 2020 年度报告》，2021 年 6 月。

推动产业结构优化、节能减排、循环经济和相关技术开发与推广，同时通过加强目标分解与考核、监督检查，并匹配财税奖补、金融支持和市场化机制等形成较为全面的政策组合，基本确立了我国节能减排工作实施推进框架。

三是逐步推动碳排放权交易等市场机制发展完善。自2013年起，启动包括北京、天津、上海等在内的碳排放权交易试点工作，在此基础上，稳步推进全国碳排放权交易市场建设工作，建立完善制度体系，夯实支撑系统建设。除碳排放交易，近年来在合同能源管理，以及用能权、发电权、排污权等绿色交易市场化机制建设方面也做出了大量探索。并通过推进绿色金融、气候投融资等试点示范，引导和撬动更多社会资金进入绿色低碳发展领域。

四是积极推进绿色低碳发展社会机制建设。全面启动低碳省市试点工作，将低碳发展融入地区发展规划体系，鼓励地方探索开展近零碳排放区示范工程建设。逐步建立完善绿色低碳产品认证体系，2004年发布《能源效率标识管理办法》，2015年发布《节能低碳产品认证管理办法》，规范和管理节能低碳产品认证工作。2005~2017年，财政部、国家发展改革委先后发布了22期关于调整节能产品政府采购清单的通知，持续推进和规范节能产品政府采购。

（二）薄弱环节

习近平总书记指出，中国作为世界上最大的发展中国家，将完成全球最高碳排放强度降幅，用全球历史上最短的时间实现从碳达峰到碳中和，这无疑将是一场硬仗。目前，国家和地方虽然已积累了一定的温室气体控排的实践经验（见图1），但是面对碳达峰碳中和战略提出的艰巨任务，以及减污降碳协同增效等实施要求，我国温室气体管控体系从立法到标准制定，从权责划分到实施监督，从目标考核到评估认证……仍有不少真空或模糊地带，存在行政管控强、市场和社会机制弱，以及管理权责不清、立法保障不足、技术支撑体系薄弱等问题。

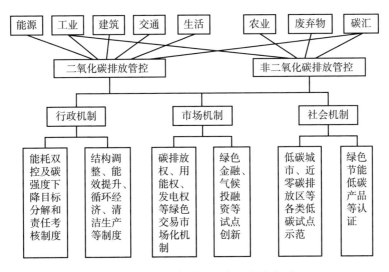

图1 我国温室气体控排主要制度体系

一是应对气候变化法律基础薄弱，管理制度衔接有待加强。我国目前仍处于应对气候变化法治建设的探索时期，2016年修订的《大气污染防治法》仅在总则中提出了对"大气污染物和温室气体实施协同控制"，并未明确具体实施规范。2018年国务院机构改革中，应对气候变化职能被划入了新组建的生态环境部，但由于缺乏对温室气体法律属性的清晰界定，生态环境管理部门尚无法将其直接纳入污染防治体系，日常管理只能依据效力相对较低的规范性文件和部门规章，可能影响行政管理的效能。同时，应对气候变化是一项复杂的系统工程，涉及温室气体减排、节能和能效提升、可再生能源利用、循环经济、生态碳汇、绿色生活等多个领域，相关领域的法律法规和管理体系有待加强与双碳战略实施推进要求的衔接与融合。

二是双碳战略实施推进体系需要提升系统性和协调性，尤其是从国家宏观战略向地方行动方案深化落实的过程中，需要加强跨区域、跨行业、跨管理部门的系统谋划与指导，并充分考虑各地资源禀赋、产业特征、功能定位和管理基础等差异性。当前由于缺乏跨区域、跨行业、跨管理部门的沟通协调机制，已出现诸如地方政府把"碳达峰"当成"攀高峰""碳冲锋"盲目开展"运动式"减碳、能源企业与地方政府争抢可再生能源开发指标、

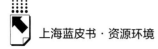

研究机构蜂拥出台碳排放核算评价标准等多种问题，亟须在顶层设计和实施推进阶段加强统筹协调，使各方多补缺位、减少越位，为基层提供系统性、一致性指导。

三是温室气体管控的行政机制与市场机制衔接不畅，对社会机制支撑不足。促进绿色发展转型，需要加快推动能源领域垄断行业改革、资源产品价格改革、财税体制改革、干部考核机制改革等，在没有解决一系列深层次障碍的情况下，温室气体减排政策工具（及其组合）只能解决部分问题①。目前，与温室气体控排直接相关的行政管理手段丰富多样，且各类"命令-控制"式行政指令大多辅以财政奖补政策推动实施，或多或少存在财政投入机制单一、引领带动不足、政策激励外溢效应不明显等不足。此外，若要更好发挥各类公共机构、社会团体及公众的积极性和主动性，需要提供更为公开透明的数据信息和灵活多样的参与渠道选择。截至2021年12月初，与碳达峰碳中和目标设定及行动计划编制相匹配的碳排放核算技术指南尚未正式出台，关键领域的排放因子数出多门，不同层级、不同用途的碳排放核算标准、指南缺乏体系性衔接，难以对温室气体减排社会机制建设形成有效指导和支撑。

四是环境管理职能部门应该加强温室气体控排能力建设。传统污染防治以末端治理为主，而温室气体控排则以源头和过程管控为主。为系统推进碳达峰碳中和战略，环境管理部门在以能源活动为主的二氧化碳排放管控和非能源领域的其他温室气体排放管控方面都应加强学习拓展和能力提升。基于发达国家和地区温室气体排放管控实践经验，一方面，需要加大与能源、工业、交通、建筑及市政建设等管理部门的沟通协作力度，合力推动产业、能源、交通、用地四大领域结构调整；加强减污降碳机理研究、关键领域适用技术筛选、协同增效管控模式探索等研究和实践，提升管理效率和效能；逐步夯实工业生产过程、农业活动、污水和固体废弃物处理等领域的非二氧化碳温室气体协同减排管理基础，以及生态碳汇能力提升的技术和政策储备，

① 陈健鹏：《温室气体减排政策：国际经验及对中国的启示》，《中国人口资源与环境》2012年第9期。

为推动实现全口径温室气体减排和碳中和奠定基础。另一方面，亟须加强减污降碳市场机制和社会机制的建设和完善，与提升环境治理体系和治理能力现代化紧密结合，强化碳交易市场的运行管理，拓展碳信用、碳金融、碳普惠等机制创新，加大减污降碳相关基础信息和技术工具的提供和服务力度，推动形成全社会绿色低碳发展共建共治共享新格局。

三 上海推进减污降碳协同增效的现实需求和工作重点

（一）现实需求

习近平总书记在 2021 年 4 月 30 日主持中央政治局第二十九次集体学习时强调，"十四五"时期，我国生态文明建设进入了以降碳为重点战略方向、推动减污降碳协同增效、促进经济社会发展全面绿色转型、实现生态环境质量改善由量变到质变的关键时期。对于上海而言尤其如此。作为我国区域经济发展龙头，高密度聚居加上高强度经济活动导致上海碳排放处于较高水平。受发展阶段及产业特征等限制，本市当前化石能源占比和高碳制造业占比呈现"双高"态势，加上建筑和交通能耗及排放刚性增长，本市碳达峰碳中和战略目标的实现面临巨大压力。

与此同时，从传统污染防治角度来看，本市钢铁、石油、化工等行业主要污染物排放总量维持高位水平；随着新冠肺炎疫情逐步受控缓解，经济社会加速复苏，交通出行反弹压力持续加大，流动源污染物排放占比持续走高；临港新片区等重点区域发展需求不断扩大，相关人口、产业、资源能源消耗预计持续增加，传统环境问题未得到根本解决，持久性有机物、环境激素等新型环境风险又逐步凸显，环境问题将进入新老交织、多领域化的复杂阶段。通过末端治理进一步改善生态环境的空间越来越小，更加需要各领域在强化源头防控、促进绿色发展转型上下更大力气，加快推动质量变革、效率变革、动力变革，提高投入产出效率，缓解资源环境约束，推动实现本市生态环境质量改善由量变到质变。

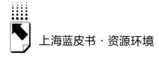

温室气体与传统大气污染物在排放机理上具有很强的同根同源性，在减排重点路径和措施上也具有显著的同向同效性。统筹谋划好碳达峰碳中和推进实施路径，强化传统污染物与温室气体的源头治理、系统治理、综合治理，将有利于上海突破传统产业发展瓶颈，驱动形成经济新动能、新产业、新业态，推动高质量发展再上新台阶；同时有利于本市加快形成绿色生产生活方式，打造生态宜居的城市环境、创新高效的环境制度和多元开放的生态文化，推动本市生态文明建设再上新征程。

（二）工作重点

上海推进减污降碳协同增效工作在碳达峰碳和中和阶段面临不同挑战。上海已明确提出在 2025 年前实现碳排放达峰、生态环境质量稳定向好、生态服务功能稳定恢复等目标，"十四五"期间应协同推进污染防治攻坚战与碳达峰行动，重点强化源头防控、结构优化和能效全面提升，平衡好工业、建筑、交通三大主要部门的发展需求，避免重大产业项目的"锁定效应"，有效控制交通、建筑等刚性增长需求，同时稳步推进"无废城市"建设、系统完善、循环经济体系建设等，在努力实现提前碳达峰的同时尽可能压低峰值，为中长期生态环境实现根本好转奠定基础。而远期实现碳中和愿景，则面临可再生能源发展空间有限、生态系统碳汇潜力不足、绿色低碳关键技术储备和成熟度相对不足等艰巨挑战。仅依靠现有技术储备和发展模式难以支撑碳中和战略目标的实现，亟须强化科技创新策源功能，全面推动以科技创新为驱动和支撑的生产方式变革、以绿色低碳循环为导向的生活和消费方式转型，逐步实现经济增长与碳排放及原生资源消耗脱钩。

四 上海推动减污降碳协同增效的政策建议

基于双碳战略与生态环境保护在目标和举措上的高度契合性，以及减污降碳一体推进的协同增效性，结合上海现实需求，在政策体系设计上，建议围绕"需求管理为先、过程控制为重、源头与末端管理并举"这一主线，加强需求侧管理，抑制终端需求的不可持续增长；加强过程控制，努力提高能源及碳生产率；促进源头供给侧的能源清洁化和末端减污降碳及碳汇能力提升，系统构建目标牵引-指标约束-政策激励的行政管控体系，公开透明、充分竞争、奖优罚劣的市场机制，以及灵活多样、富有活力、共治共享的社会机制，加快特大型城市绿色低碳转型进程，继续做好改革开放的排头兵、创新发展的先行者。

（一）需求管理为先

一是强化双碳目标和生态环境保护目标协同引领。确立生态引领、绿色发展、节约集约的城市发展主基调。紧抓"十四五"碳达峰窗口期，加强节能、减污、降碳、提质、增效目标统筹、措施协同和政策聚焦，在能源清洁化、产业低碳化发展条件尚不成熟的情况下，切实把节约能源资源放在首位，以全面提升能效、加快推动传统产业升级、培育驱动新动能为重点，在努力实现提前碳达峰的同时尽可能压低峰值。中长期积极探索需求侧和供给侧共同发力、硬技术与软机制双管齐下，努力走出一条符合本地实际和特点的低成本、高效率、高效益的减排路径，推动实现以经济发展与资源能源消耗脱钩为根本特征的高质量发展。

二是加强城市建设发展规划源头管控。切实扭转"大拆大建""去旧换新"的传统发展模式，在城市建设发展规划源头强化减污降碳系统思维，在促进产城融合、功能复合的同时，着力促进能源资源的梯级、循环利用，推动主导产业、配套产业以及还原型产业组合发展，加强对资源就地循环、高效高值利用的用地需求和流通体系建设的保障，将光伏发电、充电桩、换电站等设施建设纳入新型基础设施建设总体布局，加强统筹、科学规划。

三是着力培育绿色生产生活方式。当前以大量消费拉动大量生产，过程中产生大量废弃物的消费模式，所导致的资源环境绩效下降已部分抵消了生产领域资源环境绩效的提升，甚至影响了经济绿色转型的整体进程。亟须大力增强全社会绿色低碳发展的生态意识和价值取向,持续、深入开展宣传教育,着力引导全社会消费观念从追求产品数量转向追求产品质量,从私人占有式消费转向社会资源共享式消费,从崇尚物质至上的消费转向鼓励实现个人价值的消费[1],同步扩大生态、绿色、低碳产品和服务供给,提升全社会的低碳环保意识,并将其最终转化为绿色低碳的生活、消费行为,带动绿色生产和低碳发展转型。

(二)过程控制为重

一是全面推进制造业效率提升。保持资源环境的适度紧约束,更加重视对衡量城市经济发展质量指标的跟踪评估,如单位生产总值的直接物质投入(DMI)量、全要素生产率等,倒逼提升城市发展能级和核心竞争力[2]。对标国内最高、国际一流的资源能源利用绩效,以效率论英雄、以质量求发展,加快构建绿色低碳循环经济体系,重点行业、重点产品能源资源利用效率达到国际先进、国内领先水平,通过加强政策约束和激励,切实优化存量资源配置,扩大优质资源供给,提高要素资源的配置效率,提升实体经济的能级和竞争力。

二是着力推动市政建设提质增效。将资源能源利用效率提升纳入市政建设和管理绩效考核体系,切实促进源头减量和过程协同。加强水资源节约、高效利用,污水和污泥处理过程中的资源、能源回收,各类固体废弃物在全市层面系统最优的减量化、资源化、循环化模式探索等,促进市政建设领域的新技术、新产业、新模式发展。同时,加强市政基础设施建设和维护管理的跨部门协作,通过信息共享、管理集成、智慧调度等精细化管理,减少重复施工等造成的资源浪费,全面提升上海城市建设质量和城市管理效率。

---

① 胡静、赵敏:《从能源消费 CO_2 排放的定量分析看上海节能减排策略转变》,《上海节能》2012 年第 12 期。

② 胡静、汤庆合、周冯琦、李月寒:《上海"生态之城"建设的国际对标分析及对策建议》,载《上海资源环境发展报告(2021)》,社会科学文献出版社,2021,第 208~217 页。

三是加强制度创新和支撑体系建设。积极稳健推动本市电力市场化改革、财税绩效提升、碳排放权交易、绿色金融创新等试点示范，切实为促进制造业低碳化、绿色化、高端化发展创造有利环境；推动生态产品价值转化、碳普惠机制创新等探索实践，为全社会共同推动绿色低碳发展营造良好氛围。加快完善本市温室气体排放统计、核算、评估体系，建立关键领域特征排放因子的信息公开和定期更新机制，为本市各个条线和不同主体开展碳排放核算、碳减排目标制定、碳减排绩效评估等提供系统支撑。

（三）源头与末端管理并举

一是稳步推进供给侧能源清洁化。紧密结合本市及长三角区域新能源、节能环保、新材料、高端装备等绿色低碳技术和产业发展基础和竞争力提升研判，不断优化本市能源清洁化、低碳化发展路径，加大适用优势技术示范推广力度，有效促进本地及域外清洁能源和可再生能源发展与优化配置，积极探索符合上海实际且兼具成本效益的低碳能源基底保障。在努力推动本市能源消费与碳排放脱钩的同时，助力拉长科技创新、高端制造、金融服务长板，补齐市场化改革短板，有效平衡本市能源转型的近期成本投入和中长期优势技术、产业、商业模式发展带动的经济产出。

二是加强末端固碳能力提升。面向远期碳中和愿景，建立完善政府、企业、社会平行投入机制，加大本市生态资源保护和修复力度，促进量质齐升，充分挖掘本市自然生态系统碳汇潜力；加强对国有企业、科研院校、行业协会等创新主体提高科技投入和产出的有效引导和激励，加强低碳、零碳、负碳前沿技术攻关；结合本市产业基础和未来发展定位，加强能源供应和工业生产全流程碳捕集、利用与封存技术研发与应用，积极促进人工固碳技术和经济可行性提升。

三是提升生态环境源头准入和末端治理效能。双碳战略实施对生态环境管理部门提出了全新要求，既需要加强"三线一单"、规划和项目环评等源头准入制度与双碳战略实施推进的对接联动，也需要促进水、气、土等传统污染防治领域末端治理措施减污降碳综合绩效提升，更需要推动建立减污降碳一体谋划、一体部署、一体推进、一体考核的制度机制，为促进市场和社会机制的作用发挥提供引导和支撑，全面提高本市绿色低碳综合治理效能，为实现环境效益、气候效益、经济效益多赢做出积极贡献。

附表 1　欧盟、美国、日本、韩国温室气体管控主要政策

管控机制		欧盟	美国	日本	韩国
行政机制	立法	■ 1996 年出台《污染防治综合指令》，将二氧化碳纳入受监管的污染物，执行排放监测和报告等强制性要求 ■ 2003 年发布《欧盟温室气体排放权交易指令》，每个成员国必须按照规定提交国家分配计划 ■ 2018 年出台《减排分担条例》，为成员国规定了 2021～2030 年具有约束力的国家减排目标，涵盖欧盟碳排放交易体系以外的几乎所有领域 ■ 2021 年出台《欧洲气候法》，将 2030 年减排 55% 设定为有法律约束力的目标	■ 1970 年出台《清洁空气法》，2007 年最高法院将二氧化碳和其他温室气体判定为该法中所规定的大气污染物 ■ 1992 年出台《能源政策法》，要求能源部针对各类办公设备制定自愿性的节能方案 ■ 2009 年出台《清洁能源安全法案》，引入温室气体排放权交易机制 ■ 2021 年颁布《清洁未来法案》，提出到 2030 年将温室气体排放量在 2005 年的水平上减少 50%，到 2050 年建成净零温室气体经济体	■ 1993 年出台《环境基本法》，将控制温室效应纳入环境法体系 ■ 1998 年出台《全球气候变暖对策推进法》，于 2021 年修订，明确了日本政府提出的 2050 实现碳中和目标 ■ 2010 年出台《全球气候变暖对策基本法》，提出创建排放权交易制度，征收全球气候变暖对策税，创建可再生能源的全量固定价格买进制度 ■ 2018 年出台《气候变化适应法》，明确编制气候变化适应计划	■ 2009 年出台《韩国气候变化对策基本法》，将绿色发展计划上升为国家发展战略 ■ 2010 年出台《低碳绿色增长基本法》，制定了绿色增长国家战略，设定温室气体中长期减排目标等 ■ 2011 年出台《清洁空气保护法》，将温室气体列为大气污染物 ■ 2021 年出台《碳中和与绿色增长法》，承诺 2050 年实现碳中和，2030 年将温室气体排放量在 2018 年的水平上减少 35% 或更多

续表

管控机制		欧盟	美国	日本	韩国
行政机制	战略与行动	■ 2000 年发布《欧洲气候变化计划》，建立欧盟排放交易制度 ■ 2007 年发布《欧洲战略能源技术计划》，提出确保欧盟可再生能源技术与产业的世界领先水平等目标 ■ 2008 年发布《气候行动和可再生能源一揽子计划》，减轻欧盟进口燃料依赖、促进能源安全、增加就业等 ■ 2010 年发布《欧盟 2020 战略》，加强各成员国间经济政策协调 ■ 2014 年发布《2030 气候与能源政策框架》，确定欧盟 2030 年气候和能源发展目标 ■ 2019 年发布《欧洲绿色新政》，目标为在 2050 年使欧洲成为第一个"气候中和"大陆 ■ 2020 年发布《欧盟甲烷战略》，预计在未来 30 年减少 50% 的甲烷排放 ■ 2020 年发布《2030 气候目标计划》，提高 2030 年温室气体减排目标	■ 2015 年发布《清洁电力计划》，明确到 2030 年将发电行业碳排放降低至 2005 年的 68%。鼓励各州通过排放交易等方式推进碳减排 ■ 2020 年发布《零碳排放行动计划》，推广零碳排放技术、优化产业政策、要求美国重新加入巴黎气候协定、要求联邦政府与各州及地方政府共同协作、建立弹性清洁能源经济 ■ 2021 年发布《气候适应行动计划》，将气候适应计划整合到美国环境署计划、政策和规则制定过程中 ■ 2021 年推出《航空气候行动计划》，提出到 2050 年实现美国航空业的温室气体净零排放	■ 2006 年发布《新国家能源战略》，争取到 2030 年之前将能效水平提高 30% 以上，降低石油进口依赖程度等 ■ 2007 年发布《21 世纪环境立国战略》，将"削减温室气体排放、建设低碳社会"置于首位，明确要积极参与国际气候合作 ■ 2008 年发布《低碳社会行动计划》，确立了 21 项低碳技术；推进"清凉地球伙伴"行动 ■ 2020 年发布《绿色增长战略》，明确 14 个温室气体减排重点领域。2021 年更名为《2050 碳中和绿色增长战略》	■ 1999 年出台《气候变化框架公约下对应全球变暖的第 1 个综合预案（1999～2001 年)》，落实联合国气候变化框架公约、减排措施，以适应环境变化 ■ 2003 年发布《第二次亲环境工业综合计划》，目标为形成低排放、低污染、资源高效循环利用的生产及企业活动 ■ 2008 年发布《第一次能源发展基本计划（2008～2030)》，提出将新能源、再生能源培育成新的经济增长点 ■ 2008 年发布《低碳绿色增长战略》，明确削减温室气体排放、减少对进口石油的依赖等目标，努力打造世界绿色低碳发展强国 ■ 2021 年发布《大韩民国碳中和 3+1 战略》，"3+1"指经济结构低碳化、构建新兴低碳产业生态圈、建成公平公正的低碳社会三大举措，外加强化碳中和的制度基础

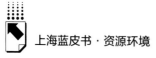

续表

管控机制		欧盟	美国	日本	韩国
市场机制	交易机制	■ 2005 年开始运行欧盟排放交易体系，2005～2007 年为第一阶段，仅涉及二氧化碳，覆盖欧盟二氧化碳排量约 50%；2008～2012 年为第二阶段，交易扩展至其他温室气体，并纳入航空行业；2013～2020 年为第三阶段，力推配额拍卖方式，其中部分行业如电力的拍卖比例高达 100%；2021～2030 年为第四阶段，修正碳市场立法框架，引入碳基金等金融产品，建立低碳融资机制	■ 自 20 世纪 90 年代开始探索建立绿色电力交易市场，已形成基于可再生能源配额制的强制交易市场和自愿交易市场两种成熟模式 ■ 区域温室气体倡议（RGGI）：由 10 个州组成，将电厂作为规制对象 ■ 加州 AB32 总量控制和交易计划：覆盖了《京都议定书》中管控的温室气体，管制排放源约占加州温室气体排放总量的 85%，包括大工业、交通和燃料等部门	■ 2005～2012 年建立 JVETS 自愿性碳排放交易制度，覆盖所有二氧化碳的直接排放和来自电力、热力企业的间接排放 ■ 2013 年推出 J-Credit 日本信用体系，企业可以用获得的减排信用进行交易 ■ 2010 年建立东京都 ETS，这是世界上第一个城市级的强制排放交易体系，将商业建筑纳入总量控制与交易计划	■ 2015 年起实施全国温室气体排放权交易，主要涵盖能源、产业、建筑、运输等五大部门。配额采取免费和有偿两种，并不断提高有偿配额比重
	碳税	■ 1990 年，芬兰成为世界上第一个征收碳税的国家。国家碳税大多针对一次能源产品，如丹麦、芬兰、荷兰对煤的使用征收碳税，丹麦、芬兰、荷兰、挪威、瑞典等国家对天然气的使用征收碳税，挪威还对石油开采征收碳税。西班牙的碳税仅适用于氟化气体	■ 美国在联邦政府层面针对化石能源消费征收消费税、环境税、特殊税和检验费，同时各州或县还会征收不同的地方税	■ 2007 年开始征收碳税，税率为 2400 日元/吨 ■ 2009 年实行绿色税制，购买混合动力车、纯电动汽车、燃料电池车等可享受税率优惠 ■ 2012 年开始对石油、煤炭和液化气等能源征税，碳税改名为全球气候变暖对策税。征收的税金用于推进能源领域碳减排	■ 机动车税：按照《机动车管理法》进行登记的机动车为征收对象——机动车所有者为纳税人。按机动车排气量课税 ■ 2009 年，开始对企业的低碳绿色存款免征利息所得税 ■ 2009 年针对低碳绿色技术研发，出台税收优惠政策，放宽企业研发的限制规定

管控机制		欧盟	美国	日本	韩国
	自愿行动	■ 2001年英国(2020年脱欧)征收气候变化税。与环境署签订了气候变化协定的企业,能效达到约定值,可享受气候变化税减免	■ 美国环保署自1991年起陆续出台了数十项自愿减排合作计划。1994年推出Waste Wise项目,旨在帮助私人和公共组织致力于减少固体废物。2003年推出Smart Way Transport Program,旨在激励供应链燃料效率提升和污染减排	■ 1997年,日本经济团体联合会推出环境自愿行动计划,主要针对工业和能源加工转换部门减排,由相关企业做出长期自愿承诺,目标是使燃料燃烧和工业生产排放的二氧化碳排放量到2010年稳定在1990年的水平	■ 1998～2008年:政府推动自愿减排制度建设。政府要求企业与政府签订环境保护相关协议,承诺其自愿保护能源,制定温室气体减排目标并接受政府监督,而协议企业可享受低利率贷款购买节能设备、税收优惠并得到技术支持
市场机制	低碳社会	■ 1999年发布的1999/94/EC指令规定,各成员国应当确保每一辆新客车在销售时都粘贴"有关燃料效率和二氧化碳排放的标识",引导公众低碳消费	■ 1992年在《能源政策法》要求下,环保署(EPA)创立了自愿性标识制度"能源之星",以促进能效产品推广并减少温室气体排放,通过消费者的选择和评价来促使企业减排。"能源之星"不仅在终端用能产品上开展节能认证,而且对新建房屋、商业和工业建筑物开展节能认证,并指导每个家庭实施节能计划	■ 2008年制定《产品碳足迹基础方针》和《产品类别规则制定指南》,确立了产品碳足迹核算及管理计划的基本框架 ■ 2009年公布碳足迹TSQ0010标准,碳足迹标签标识主要涉及食品、饮料、电器、日用品等十几种产品 ■ 环保积分制度:2009～2011年实施针对节能型家电的"购买促进计划";2010年实施"环保房换积分"计划,消费者建造或购买环保型住房将得到积分奖励,积分可用于购买其他商品	■ 2005年制定《2005年亲环境商品购买指南》 ■ 2009年通过了碳足迹标识认证制度,该制度向国民公布产品生产全过程中所产生的温室气体排放量和减排量 ■ 2009年制定"绿卡"制度。民众通过参与减排活动获取积分来获得"绿卡","绿卡"可进行消费及提现等

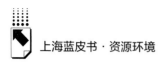

续表

注：欧盟资料整理来源于曹明德、马莎《欧盟国家温室气体减排管理立法启示》，《2011 中国环境科学学会学术年会论文集（第三卷）》，2011；东吴证券《欧盟碳中和进程》，2021 年 4 月 23 日；张敏《欧盟 2030 年气候与能源政策框架》，《中国社会科学院研究生院学报》2015 年第 6 期；European Commission 官网公开资料等。

美国资料整理来源于：李艳芳、张忠利《美国联邦对温室气体排放的法律监管及其挑战》，《郑州大学学报》（哲学社会科学版）2014 年第 3 期；帅云峰、周春蕾、李梦、胡军峰、王鹏《美国碳市场与电力市场耦合机制研究——以区域温室气体减排行动（RGGI）为例》，《电力建设》2018 年第 7 期；EPA 和 FAA 官网公开资料等。

日本资料整理来源于：陈志恒《日本构建低碳社会行动及其主要进展》，《现代日本经济》2009 年第 6 期；金哲《日本气候变化适应法制及对我国的启示》，《环境保护》2019 年第 23 期；罗丽《日本〈全球气候变暖对策基本法〉（法案）立法与启示》，《上海大学学报》（社会科学版）2011 年第 6 期；韦大乐、马爱民、马涛《应对气候变化立法的几点思考与建议——日本、韩国应对气候变化立法交流启示》，《中国发展观察》2014 年第 8 期；尹晓亮、平力群《从日本的"环保积分制度"中能学到什么?》，《环境保护》2009 年第 17 期；日本环境省官网公开资料等。

韩国资料整理来源于：李贤周《韩国的环境税费制度》，《税务研究》2003 年第 6 期；刘雅君《韩国低碳绿色经济发展研究》，吉林大学博士学位论文，2015；单吉堃《韩国应对气候变化的政策与行动》，《学习与探索》2010 年第 6 期；韦大乐、马爱民、马涛《应对气候变化立法的几点思考与建议——日本、韩国应对气候变化立法交流启示》，《中国发展观察》2014 年第 8 期。

附表 2　我国温室气体控排相关法律法规及政策体系（部分）

目标设定	我国通过《中国应对气候变化国家方案》《国家适应气候变化总体战略》《国家应对气候变化规划（2014-2020 年）》等宏观政策部署应对气候变化工作，并将碳减排目标作为约束性指标写入五年规划纲要：《中华人民共和国国民经济和社会发展第十四个五年规划和二〇三五年远景目标纲要》提出"十四五"时期"单位国内生产总值能源消耗和二氧化碳排放分别降低 13.5%、18%"等目标	
主要领域	**法律法规**	**相关政策文件**
节能	《中华人民共和国节约能源法》明确节约资源为我国基本国策，并建立了节能目标责任制和节能考核评价制度，明确了能效标识、节能产品认证、强制性标准用能产品、设备能源效率标准和单位产品能耗限额标准等措施，规制用能单位的用能行为，对重点用能单位实行节能管理	《节能中长期专项规划》将节能作为一项长远的战略方针并提出了具体的指导意见 《节能减排综合性工作方案》（"十一五"至"十四五"）提出五年期间节能减排工作主要目标、重点工程以及政策机制配套等，推进节能减排工作 《完善能源消费强度和总量双控制度方案》等文件完善相关考核指标设置、分解落实及管理制度
用能 能效	《节能低碳产品认证管理办法》和《节能监察办法》从规范节能低碳产品认证和规范节能监察行为角度，提高能源利用效率 《能源效率标识管理办法》对能效能级的确定、能效标识的标注和备案等内容予以明确，提高用能产品利用效率	《能效"领跑者"制度实施方案》在终端用能产品、高耗能行业和公共机构三个领域建立能效"领跑者"制度。电动洗衣机、照明产品等五类产品能效"领跑者"制度实施细则，落实能效"领跑者"制度 《关于严格能效约束推动重点领域节能降碳的若干意见》等文件明确了通过能效约束，推动重点行业节能降碳和绿色低碳转型的总体要求、主要目标、重点任务和保障措施
可再生能源	《中华人民共和国可再生能源法》明确可再生能源开发利用中长期总量控制，设立可再生能源发展专项资金，对发电项目进行政府补贴和税收优惠，建立固定电价及全额保障性收购制度	可再生能源发展五年规划（"十三五"、"十四五"）作为可再生能源产业高质量发展的工作指南，明确可再生能源发展目标、优化可再生能源产业布局 《关于建立健全可再生能源电力消纳保障机制的通知》，对各省级行政区域消纳责任权重完成情况进行监测评价和考核 《可再生能源发展基金征收使用管理暂行办法》《可再生能源电价附加补助资金管理办法》等规范性文件对可再生能源发展专项资金筹集、管理、使用等予以规范

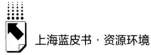

续表

主要领域		法律法规	相关政策文件
减排	清洁生产	《中华人民共和国清洁生产促进法》建立清洁生产强制审核制度和表彰奖励制度,设立清洁生产专项资金,促进清洁生产 《清洁生产审核办法》明确了清洁生产审核范围、程序等内容	《清洁生产审核评估与验收指南》以及制革、钢铁等行业清洁生产评价指标体系等对清洁生产审核评估与验收工作予以指导,保障清洁生产审核工作的科学规范 《"十四五"全国清洁生产推行方案》等以清洁生产审核为抓手,积极实施重点领域清洁生产改造,探索清洁生产区域协同推进模式,培育壮大清洁生产产业
	循环经济	《中华人民共和国循环经济促进法》对生产、流通和消费等过程中进行的减量化、再利用、资源化行为予以规范,建立了循环经济目标责任制和考核评价制度,促进循环经济发展	《关于加快发展循环经济的若干意见》《循环经济发展战略及近期行动计划》《循环发展引领行动》等文件,对循环经济发展中的长期目标、重点任务等予以明确 《"十四五"循环经济发展规划》考虑了主要资源消耗量、废弃量、回收利用水平、各项工作基础等情况及与其他有关目标衔接,提出循环经济发展的定量和定性目标
	协同控制	我国法律未将温室气体纳入大气污染物范围,但《中华人民共和国大气污染防治法》明确对大气污染物和温室气体实施协同控制,对温室气体进行管控	《打赢蓝天保卫战三年行动计划》《重点行业挥发性有机物综合治理方案》《工业炉窑大气污染综合治理方案》等文件均提出协同控制温室气体和大气污染物的工作要求;《中共中央国务院关于深入打好污染防治攻坚战的意见》明确要求统筹污染治理、生态保护、应对气候变化 《关于统筹和加强应对气候变化与生态环境保护相关工作的指导意见》等文件对应对气候变化与生态环境保护相关工作做出了统一谋划、统一布置、统一实施、统一检查等安排
	碳排放权交易	《碳排放权交易管理办法(试行)》设立全国碳排放权交易市场,规范碳排放配额分配和清缴,碳排放权登记、交易、结算,温室气体排放报告与核查等活动	《碳排放权登记管理规则(试行)》《碳排放权交易管理办法(试行)》《碳排放权结算管理规则(试行)》进一步规范全国碳排放权登记、交易、结算活动,保护全国碳排放权交易市场各参与方合法权益

主要领域	法律法规	相关政策文件
碳汇	《中华人民共和国森林法》以保护、培育和合理利用森林资源为立法目的,确立了森林资源保护发展目标责任制和考核评价制度、天然林全面保护制度以及森林生态效益补偿制度 《中华人民共和国草原法》建立了草原调查制度、草原统计制度等,并明确县级以上人民政府应当增加草原建设投入	《关于推进林业碳汇交易工作的指导意见》推进林业碳汇自愿交易,探索碳排放权交易下的林业碳汇交易,加快生态林业和民生林业建设,努力增加林业碳汇 《"十四五"林业草原保护发展规划纲要》提出2035年远景目标:生态系统碳汇增量明显增加,林草对碳达峰碳中和贡献显著增强

B.10
全球城市碳达峰碳中和动态跟踪研究

孙可智　李芳*

摘　要：　推动低碳发展，避免气候变化带来的负面影响需要全球各国协同应对，共同努力。目前，全球各大城市均已提出了明确的碳减排目标，并在交通、建筑、能源等领域采取了积极的减排政策和措施。上海作为全球大都市之一，应对气候变化行动措施越发受到全球关注。本文依据科尼尔全球城市综合排名，梳理前 30 位城市的碳达峰碳中和行动目标和排放量变化。基于历史数据的分析表明城市人均碳足迹与人均 GDP 呈现倒 U 形关系，上海需要协同经济高质量发展与碳减排目标，建立行业低碳标准规范，打造低碳技术创新中心，树立高发展、低排放的全球城市模范，提升气候变化领域话语权。

关键词：　气候变化　低碳城市　碳达峰碳中和

根据 IPCC 第六次评估报告《气候变化 2021：自然科学基础》，2019 年大气二氧化碳浓度高于至少两百万年内的任何时候，1970 年以来的 50 年间全球地表温度的增长速度至少超过了过去两千年内的任何 50 年。人类活动引起的全球气候变暖已经在许多地区造成热浪、强降水、热带气旋、干旱等极端天气和气候问题，城市由于热岛效应通常温度较周边地区高，气候变化

---

* 孙可智，博士，上海社会科学院生态与可持续发展研究所助理研究员，主要研究方向为能源环境经济学；李芳，博士，上海社会科学院生态与可持续发展研究所助理研究员，主要研究方向为资源与环境经济学。

造成的海平面升高、洪水等问题将对城市造成更大影响。中国自 2002 年加入世贸组织以来，能源消费和温室气体排放大幅提升，据国际能源署（IEA）统计，中国温室气体年度排放尽管人均水平较低，但自 2006 年起总量已超越美国成为全球第一。在过去十多年中，中国在经济转型升级、能源效率提升、可再生能源发展、生态文明建设等方面持续推进政策措施，为应对气候变化做出巨大贡献，世界越发关注中国在温室气体减排方面的发声，中国在气候变化领域的话语权也不断提升。本文梳理了全球国家、城市层面碳达峰碳中和目标与经验举措，分析了全球城市经济社会发展与碳减排的关系，提出全球城市碳达峰碳中和经验对上海实现双碳目标、提升气候变化领域国际话语权软实力的借鉴意义和启示。

一 全球城市碳达峰碳中和目标动态

城市是经济和社会发展的重要场所，也是实现碳达峰碳中和的重要载体。因此，推动城市低碳转型，是全世界城市发展的重要方向。目前，在国际上，已有城市联合起来组成联盟，如世界大城市气候领导联盟（C40）和碳中和城市联盟（CNCA），共同致力于促进城市的低碳化发展。

（一）全球城市温室气体减排目标

作为全球经济网络中的一个主要节点，全球城市与其他城市的联系对全球的社会经济事务有着直接和切实的影响。萨森推广了全球城市概念，指出纽约、伦敦和东京在世界经济中的重要性已经远远超过了其在各自国家的影响。自 2008 年起，全球管理咨询公司科尔尼每年评估发布全球城市影响力、表现和发展水平的综合排名（GCI）。本研究基于碳信息披露项目（CDP）平台的公开数据①，依据科尔尼 2021 年发布的全球城市排名②，对前 30 位

---

① CDP（https：//data.cdp.net/）是一个全球信息披露系统，拥有全球范围内最全面的企业和城市行动数据库，涉及碳排放、可再生能源、气候缓解和水资源管理等多方面环境数据。

② 参见 https：//www.kearney.com/global-cities/2021。

城市的温室气体减排目标和排放量变化进行分析①。

如表1所示，所分析的25个城市都设立了明确的温室气体减排目标。其中，大多数城市采用了绝对减排量目标，2个城市采用了基线情景目标，3个城市采用了减排强度目标，还有城市采用了固定水平目标。对于一些城市，如新加坡，存在不止一种目标。这些城市多以1990年和2005年为基准年，提出的温室气体减排幅度为16%~100%。此外，有些城市将减排目标具体到近期、中期和远期，并随着时间的推移，不断调整。例如，纽约于2014年设置了减排的中期和长期目标，即以2005年为基准年，到2030年、2050年分别将温室气体排放量减少40%、80%。多伦多于2007年宣布，到2050年将温室气体排放量减少至1990年水平的80%，同时提出了到2020年减少至30%和2030年减少至65%的阶段性目标；2019年，该市又将碳中和的实现时间提前至2050年。在这25个城市中，大多数城市提出到2050年实现碳中和；也有一些城市提出了更为野心勃勃的目标，如伦敦承诺的碳中和时间为2030年，旧金山和墨尔本则都提出将于2040年实现碳中和。

（二）全球城市温室气体排放量动态变化

基于数据可得性，图1显示了17个城市温室气体（CO_2）排放总量的动态变化②。相对而言，来自亚洲国家的东京、新加坡、首尔和香港等4个城市的排放总量处于高位。特别是东京，历年的排放总量在17个城市中一直处于最高水平，为5700万~7000万吨二氧化碳当量，虽在2014年有所下降，但2018年后又有上升。新加坡的排放水平一直呈现上升趋势，而香港

---

① 受限于数据可得性，实际分析中涉及的城市不足30个。

② CDP不同年度发布的排放量指标有所差异，本研究统计的温室气体（GHG）排放总量的取值在不同年份的对应指标为：全市范围内的排放总量（2012~2017）、电网供应能源总发电量的直接排放量、总排放量的直接排放量（去除电网供应能源的生产）、[用于电网供应能源总发电量的电网供应能源使用所产生的间接排放量和总排放量的电网供应能源使用所产生的间接排放量（去除电网供应能源的产生）] 等四个指标之和或者总基本排放量（GPC）（2018~2021）。

表 1　全球城市温室气体减排目标梳理

排名	城市	国家	地区	减排目标类型	基准年	减排目标（目标设立年份）
1	纽约	美国	北美洲	绝对减排量目标	2005	到2030年减少40%，到2050年减少80%（2014）
2	伦敦	英国	欧洲	绝对减排量目标	1990	到2020年减少40%，到2025年减少50%，到2030年减少60%，到2050年减少100%（2018），到2030年实现碳中和（2020）
3	巴黎	法国	欧洲	绝对减排量目标	2004	到2050年实现碳中和（2018）
4	东京	日本	亚洲	绝对减排量目标；固定水平目标	2000	到2030年减少30%（2016），到2050年减少50%（2020）
5	洛杉矶	美国	北美洲	绝对减排量目标；固定水平目标	1990	到2025年减少50%，到2035年减少73%（2019），到2050年实现碳中和（2019）
6	香港	中国	亚洲	强度目标；固定水平目标	2005	到2020年下降50%（2014），到2030年下降65%（2017），到2050年实现碳中和（2020）
7	芝加哥	美国	北美洲	绝对减排量目标	2005	到2025年减少26%（2005）
8	新加坡	新加坡	亚洲	强度目标；绝对减排量目标	2005	到2030年下降36%，实现碳达峰（2015），到2050年在2030年排放量的基础上减少50%（2020）
9	旧金山	美国	北美洲	绝对减排量目标；固定水平目标	1990	到2017年减少25%，到2025年减少40%（2008），到2050年实现碳中和（2018），到2030年减少61%（2021），到2040年实现碳中和（2021）
10	墨尔本	澳大利亚	大洋洲	固定水平目标	/	到2050年实现碳中和（2018），到2040年实现碳中和（2020）
11	柏林	德国	欧洲	绝对减排量目标	1990	到2020年减少40%，到2030年减少60%，到2050年减少95%（2016）
12	华盛顿	美国	北美洲	绝对减排量目标	2006	到2032年减少50%（2012），到2050年实现碳中和（2016）

续表

排名	城市	国家	地区	减排目标类型	基准年	减排目标（目标设立年份）
13	悉尼	澳大利亚	大洋洲	绝对减排量目标；固定水平目标	2005	到2030年减少70%（2006），到2050年实现碳中和（2017）
14	布鲁塞尔	比利时	欧洲	绝对减排量目标	2008	到2030年减少40%（2016），到2030年减少55%（2019）
15	首尔	韩国	亚洲	绝对减排量目标	2005	到2030年减少40%，到2050年实现碳中和（2020）
16	莫斯科	俄罗斯	欧洲	绝对减排量目标	1990	到2020年减少25%（2013），到2030年减少30%，到2050年实现碳中和（2020）
17	马德里	西班牙	欧洲	绝对减排量目标	1990	到2020年减少40%（2017），到2030年减少65%（2021）
18	多伦多	加拿大	北美洲	绝对减排量目标	1990	到2020年减少30%，到2030年减少65%，到2050年减少80%（2007），到2050年实现碳中和（2019）
19	波士顿	美国	北美洲	绝对减排量目标	2005	到2020年减少25%，到2030年减少50%，到2050年实现碳中和（2017）
20	阿姆斯特丹	荷兰	欧洲	绝对减排量目标	1990	到2030年减少55%，到2050年减少95%
21	迪拜	阿联酋	亚洲	基线情景目标	2011	到2020年，比照常情景减少16%（2012）
22	伊斯坦布尔	土耳其	欧洲	基线情景目标	2015	到2030年，比照常情景减少33%，到2050年实现碳中和
23	巴塞罗那	西班牙	欧洲	绝对减排量目标	2005	到2030年减少45%（2018）
24	蒙特利尔	加拿大	北美洲	绝对减排量目标	1990	到2020年减少30%（2005），到2030年减少55%，到2050年实现碳中和（2019）
25	苏黎世	瑞士	欧洲	强度目标（按人均排放量）	2005	到2020年减少28%，到2035年减少64%，到2050年减少82%（2008）

资料来源：碳信息披露项目（CDP）。

的排放总量近年来有所下降且在 4 个亚洲城市中处于最低。在非亚洲城市中，纽约的排放水平最高，虽年度水平有所波动，但总体为 4600 万 ~ 5400 万吨二氧化碳当量；其次是伦敦和洛杉矶。其中，伦敦在 2010 ~ 2018 年的排放水平下降明显，降幅达 28.9%，这与其 2030 年实现碳中和的承诺相关。除纽约、伦敦和洛杉矶外，来自欧美国家的其他城市的温室气体排放总量大致处于 2000 万吨二氧化碳当量以下的水平。

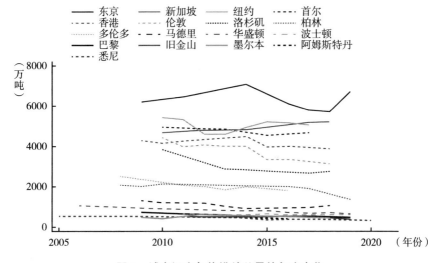

图 1 城市温室气体排放总量的年度变化

资料来源：碳信息披露项目（CDP）。

图 2 进一步展示了 15 个城市人均温室气体排放量的变化①。伦敦、香港和新加坡等 10 个城市在各自的年份区间内减少了其人均温室气体排放量，纽约和东京等 5 个城市的人均排放量则有所增加。其中，人均减排量最大的城市是墨尔本和悉尼，其次是华盛顿、旧金山和多伦多。东京的人均排放量增幅最大，达 14.4%，而纽约只增加了 1.1%。

---

① 关于这项指标，巴黎和柏林只有一年的数据，因此此处只分析了 15 个城市。此外，对于有两年以上数据的城市，本研究选择分析最大时间跨度的变化。

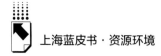
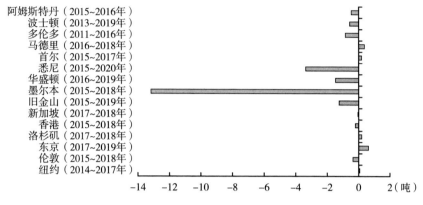

图2 城市人均温室气体排放量的变化

资料来源：碳信息披露项目（CDP）。

二 全球城市经济社会发展与碳排放关系分析

（一）城市经济社会发展对碳排放的影响机制

城市是能源消费和碳排放的集中地，仅占全球面积0.4%～0.9%的城市占据了全球总能源消费的70%以上[①]。城市发展对碳排放到底产生促进作用还是抑制作用并没有清晰的答案。在城市发展的不同阶段，人口结构、工业结构、能源结构等因素对城市农业、工业、交通、生活等部门的碳排放总量和强度会产生不同影响，城市经济社会发展通过多种途径影响碳排放，对碳排放有着复杂的影响机制。

总体来看，城市化与碳排放存在紧密的联系，城市化进程本身是影响碳排放的关键因素。一方面，城市化发展改变了土地利用方式，建筑用地的扩张带来城市碳汇减少、碳排放源增加；城市生活人均碳排放高于农村生活人

① Muneer, T., Celik, AN, Caliskan, N., "Sustainable Transport Solution for a Medium Sized Town in Turkey: A Case Study", *Sustain. Cities Society*, 2011, Vol. 1: 29-37; Felbier, A., Esch, T., Heldens, W., et al., "The Global Urban Footprint—Processing Status and Cross Comparison to Existing Human Settlement Products", *Geoscience & Remote Sensing Symposium*, 2014.

均碳排放，城市人口规模的扩张也引起能源消费规模和碳排放总量的扩张。另一方面，城市基础设施、信息技术的发展带来交通、建筑、工业、生活领域能源利用效率提升、能源利用结构优化，引起碳排放强度和总量下降；城市扩张的规模经济效应则引起边际碳排放下降，促使城市碳排放强度下降。现有实证研究表明碳排放与城市化发展存在多样关系，通常包括互为因果关系、线性关系、倒 U 形关系等①。

具体而言，城市化发展过程中的人口、产业结构、能源消费等因素是影响碳排放总量和强度的关键因素。首先，人口规模和密度均被认为是城市碳排放的决定性因素，但人口规模和密度的变化如何影响城市碳排放与城市经济发展水平、城市规模有关。Rybski② 的研究表明城市碳排放与人口的幂函数关系（$C \sim P^\beta$）取决于经济发展程度，发达国家的指数 $\beta<1$，碳排放与人口总数呈现规模经济；而发展中国家的指数 $\beta>1$，碳排放与人口总数呈现规模不经济。Ribeiro 等③的研究则发现城市碳排放与人口的关系不总是呈现单一的规模递增或递减效应，β 与城市人口、土地面积的初始值有关。以美国为例，城市规模（人口、土地）越大，碳排放对人口、人口密度变化的敏感性越强。

其次，产业结构也是影响城市碳排放的重要因素，高耗能行业规模和比重的降低对城市碳排放总量和强度下降具有积极作用，但在一定情况下城市产业结构向轻工业、服务业转型未必能够实现碳减排。Grossman 和 Krueger④ 基于发达国家的历史数据研究证明产业结构变化是经济增长达到一定水平后

① Xu, H., Zhang, W., "The causal relationship between carbon emissions and land urbanization quality: A panel data analysis for Chinese provinces", *Journal of Cleaner Production*, 2016, Vol. 137 (20): 241-248; Zhang, N., Yu, K., Chen, Z., "How does urbanization affect carbon dioxide emissions? A cross-country panel data analysis", *Energy Policy*, 2017, Vol. 107 (8): 678-687.

② Rybski, D., et al., "Cities as Nuclei of Sustainability?", *Environment Planning*, 2017, Vol. 44: 425-440.

③ Ribeiro, H. V., Rybski, D., Kropp, J. P., "Effects of Changing Population or Density on Urban Carbon Dioxide Emissions", *Nature Communications*, 2019.

④ Grossman, G. M., Krueger, A. B., "Economic Growth and the Environment", *The Quarterly Journal of Economics*, 1995, Vol. 110 (2): 353-377.

引起城市环境质量改善的原因之一。但 Zheng 等①基于中国的研究表明，并非所有城市都能够通过产业结构调整实现碳减排目标，在不考虑城市资源禀赋、不能准确识别本地碳排放密集行业的情况下采取产业结构调整政策对碳减排没有意义。

此外，能源消费结构和强度对城市碳排放总量与强度也具有决定性作用。不同城市化水平、不同收入水平的地区，能源消费结构和强度的差异引起的地区碳排放总量和强度不同。Fan 等②基于全球国家层面的研究表明，高收入国家能源强度对碳排放的影响相对于低收入国家更大，即高收入国家更多地通过技术进步和提高能源效率实现碳减排。Chen 等③基于中国城市层面的研究表明，中国东部城市相对于西部城市更多地使用天然气，而西部地区则更多地使用煤炭，并指出这一现象是由"西气东输"项目与东部地区更高的城市化水平引起的。

（二）全球城市经济人口因素对碳足迹影响的分析

研究城市碳排放与经济社会发展的关系，首先需要合理地评估核算城市碳排放量。根据 Ramaswami 等④提出的碳排放核算的四种尺度，基于城市居民消费活动的碳足迹核算包括城市居民实际生产生活引起的碳排放，适用于分析城市人口、经济水平与碳排放关系。Moran 等⑤基于全球区域层面的碳排放及城市层面的经济、人口地理数据，利用自上而下的方法估算 2013 年

① Zheng, X., Wang, R., Du, Q., "How Does Industrial Restructuring Influence Carbon Emissions: City-Level Evidence from China", *Journal of Environmental Management*, 2020, Vol. 276: 111093.

② Fan, Y., Liu, L. C., Gang, W., et al., "Analyzing Impact Factors of CO₂ Emissions Using the STIRPAT Model", *Environmental Impact Assessment Review*, 2006, Vol. 26 (4): 377-395.

③ Chen, S., Jin, H., Lu, Y., "Impact of Urbanization on CO₂ Emissions and Energy Consumption Structure: A Panel Data Analysis for Chinese Prefecture-level Cities", *Structural Change and Economic Dynamics*, 2019, Vol. 49.

④ Ramaswami, A., Tong, K., Canadell, J. G., et al., "Carbon Analytics for Net-zero Emissions Sustainable Cities", *Nature Sustainability*, 2021.

⑤ Moran, D., Kanemoto, K., Jiborn, M., et al., "Carbon Footprints of 13000 Cities", *Environmental Research Letters*, 2018, Vol. 13: 1-9.

全球 13000 个城市居民消费活动的碳足迹。本文基于 Moran 等的城市碳足迹核算数据，分析城市人口规模、经济发展水平对碳排放的影响，比较上海与全球城市在碳排放与经济社会发展关系方面的异同。

根据 Moran 等的估算，2013 年上海城市碳足迹约为 181 百万吨，总量居全球城市（群）第六名，前五名依次为首尔、广州城市群、纽约、香港、洛杉矶。尽管上海碳排放总量在全球城市中位于前列，但人均碳足迹仅约为 7.6 吨，在全球碳排放总量前 500 名的城市中位于中间水平，与巴黎、布鲁塞尔、华沙、赫尔辛基等国外城市的人均排放水平接近。图 3 展示了全球碳足迹前 500 名城市（群）的碳足迹与人口散点图，过原点的射线斜率等于 500 个城市的人均碳足迹，射线左上方的城市人均碳足迹高于平均水平，射线右下方的城市人均碳足迹低于平均水平。其中，中国香港、纽约、新加坡、首尔、迪拜、伦敦等城市（国家）远离射线落在左上方位置，人均碳足迹相对于平均水平较高；而雅加达、新德里、马尼拉、东京（及横滨）、北京、广州（城市群）等远离射线落在右下方位置，人均碳足迹相对于平均水平较低；上海则几乎落在射线上，表明上海人均碳足迹接近 500 个城市的平均值。

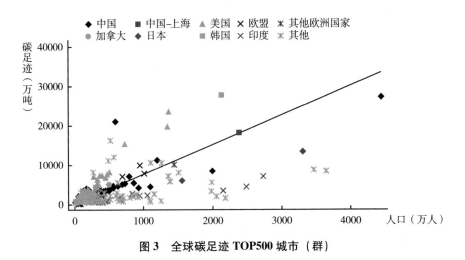

图 3　全球碳足迹 TOP500 城市（群）

资料来源：Moran et al.（2018）。

根据文献关于城市碳排放与人口关系的幂函数假设（$C \sim P^\beta$），本文构建 $\ln C = \alpha + \beta \ln P + \varepsilon$ 的回归方程，其中 C 表示城市碳足迹，P 表示城市人口总数，ε 为残差项，α 为常数项。β 表示人口规模增长1%，城市碳足迹增长的幅度，$\beta > 1$ 表示碳排放增速高于人口增速，而 $\beta < 1$ 则表明碳排放增速低于人口增速。由表2结果可见，2013年全球碳足迹前500名城市人口规模每扩大1%，城市碳足迹平均增加0.591%。其中OECD国家所属城市人口规模扩大1%，碳足迹增加0.743%，相对于非OECD国家的0.552%较高。从分国家样本的估计结果来看，欧盟、美国城市人口规模扩大1%，碳足迹分别增加1.003%、0.970%，高于中国和其他国家的0.793%、0.493%。由此可见相对非OECD国家、发展中国家，OECD国家、欧美发达国家城市碳足迹对人口规模的扩大更为敏感。

表2　城市碳排放-人口模型系数

	(1) 全样本	(2) OECD国家	(3) 非-OECD国家	(4) 中国	(5) 欧盟	(6) 美国	(7) 其他
系数估计结果	0.591***	0.743***	0.552***	0.793***	1.003***	0.970***	0.493***
	(23.94)	(20.18)	(18.72)	(26.00)	(19.63)	(45.04)	(13.35)
样本量	500	179	321	148	50	72	230

注：*** 表示在1%水平上显著。

从中美两国城市碳排放与经济发展水平来看，中国城市人均碳足迹与人均GDP均处于较低水平，其中上海在同等人均碳足迹的城市中拥有相对较高的人均GDP。图4展示了中美两国城市人均碳足迹与人均GDP的散点图，以及人均碳足迹与人均GDP二次方程的回归拟合线。中美两国人均碳足迹与人均GDP的线性拟合结果显著性较低、拟合优度较差，但人均碳足迹与人均GDP及其二次项的拟合结果系数显著、拟合优度较好。如图4所示，随着人均GDP水平的提升，城市人均碳足迹呈现先上升、后下降的趋势，人均碳足迹与人均GDP的关系符合倒U形曲线。由此可见，当经济水平发展到一定程度，城市人均碳排放下降，图中的转折点出现在城市人均GDP

达到 51.6 万元的位置，按当年汇率约合 8.3 万美元，远高于高收入国家人均 GDP 达到 12055 美元的标准。因此，对于发展中国家的大部分城市，如果不采取积极的碳减排措施，经济发展与收入水平的提高将引起人均碳排放继续增长。

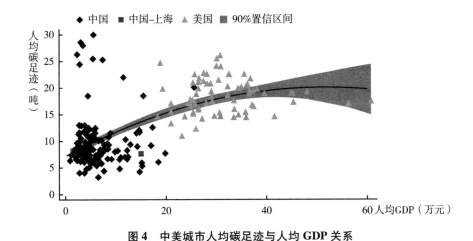

图 4　中美城市人均碳足迹与人均 GDP 关系

资料来源：Moran et al.（2018）、《中国城市统计年鉴》、美国经济分析局。

三　全球城市碳达峰碳中和政策与行动分析

本节选取纽约、伦敦和东京等典型全球城市作为案例，梳理和总结其在城市发展过程中的减碳政策和路径选择，以期为上海实现碳达峰碳中和提供启示和借鉴。

（一）纽约

2007 年，纽约发布《纽约规划》，旨在促进经济发展，应对气候变化和提高市民生活质量，并于 2011 年进行了更新。该规划主要提出四项战略措施。①抑制城市蔓延：到 2030 年吸引 90 万名新居民，以实现减排1560 万公吨。②清洁能源：利用最先进的技术取代低效发电厂，扩展清洁

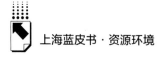

分布式发电和推广可再生能源，改善纽约市的电力供给以减少1060万吨碳排放量。③高效节能建筑：提高现有建筑的能源效率，要求新建筑提高能效，推出绿色建筑和能源法规，以及通过教育和培训提高能源意识，通过减少建筑能耗减排1640万吨。④可持续交通：通过改善公共交通以减少车辆使用，提高私家车、出租车的效率，以及降低燃料的二氧化碳浓度，增强交通系统以减少610万吨碳排放量。

2015年4月，《一个纽约——规划一个强大而公正的城市》作为《纽约规划》的后续文件发布，概述了纽约在包容性增长、可持续性和气候变化适应力等方面的发展政策。该规划重点关注建筑、电力、交通和固体废弃物等4个行业，具体减排措施有四点。①制定近期地方行动和长期区域战略，以减少电力部门的温室气体排放，如更新老化的发电设备以提高发电效率和增加可再生能源生产，提高风力发电在全市电力结构中的比重，采用智能电网技术以消除传输瓶颈，提倡分散式电力生产等。②继续推行清洁车辆技术采用试点和战略，引入新的燃料使用报告协议和防空转技术并强制执行，通过控制燃料消耗减少运输部门的温室气体排放。③通过教育和激励、加强法规、投资新基础设施以及与产生废物的社区和行业密切合作，减少废弃物，扩大有机废物的处理，改善回收利用体系并识别排放足迹最小的废弃物去向。④改造能源消耗大的市政建筑；对于私有建筑，将创造能源效率和可再生能源投资服务市场，打造世界一流的绿色建筑和能源法规。

2017年10月，纽约发布《1.5℃：使纽约市与巴黎气候协定保持一致》[1]，成为世界上第一个与《巴黎协定》的1.5℃控温目标保持一致的城市。目前，纽约的温室气体排放源主要分布在建筑和交通两个领域[2]。作为C40联盟城市之一，2018年9月，纽约与包括伦敦、东京和哥本哈根等在内的超大城市一起在伦敦签署了《净零碳建筑宣言》，承诺确保新建筑和所有建筑分别于2030年和2050年实现净零碳排放。为实现这一承诺，纽约通

---

① 资料来源：https://www.burohappold.com/news/aligning-nyc-paris-climate-agreement/#。

② 资料来源：https://carbonneutralcities.org/cities/new-york-city/。

过了 2018 年的第 32 号地方法，要求所有新建筑和重大翻修都要按照可延伸的能源规范建造，2019 年和 2022 年在基本规范基础上实现至少 20% 的改进，并且大型新建筑在 2025 年采用类似"被动房"标准的低能耗设计目标。在交通领域，纽约市支持改善地铁和公交系统，规划新的受保护自行车道，并增加共享单车的数量；通过支持共享出行，强化优先使用路边空间的智能停车政策，探索限制污染最严重车辆进入城市的低排放区，从而限制个人和商用车辆的行驶。

（二）伦敦

2007 年 2 月，伦敦发布气候变化行动计划《今天行动，保护明天》。该计划主要基于四个项目。①绿色交通：倡导市民改变出行方式，提倡"生态驾驶"，推广低碳车辆和燃料，以及实行碳定价对进入市中心的车辆收费等。②绿色家园：大量补贴阁楼和空心墙绝缘材料；通过市场营销增强居民减碳意识并减少能源账单；与节能信托基金合作或开展培训，为居民落实节能措施和安装微型可再生能源设备提供一站式咨询和转介服务。③绿色组织：提出"绿色组织徽章计划"，通过提供信息和支持，改变个人行为和改善建筑运营方式以减少碳排放；针对采纳节能和清洁能源的主要障碍进行游说。④绿色能源：到 2025 年将伦敦 1/4 的能源供应从国家电网转移到更高效的本地能源系统上。

2017 年 8 月，伦敦发布《伦敦环境战略》，提出要将伦敦建设成为最绿色的全球城市。为实现城市零碳目标，主要实施如下行动。①减少家庭和工作场所的碳排放：对家庭进行节能改造，试点全屋能源改造；推出燃料贫困支持基金（用于各区的燃料贫困咨询和转介服务），建立能源价格公平的能源供应公司；要求所有新的主要开发项目都实现零碳，包括更新能源等级制度和引入一个新的能源效率目标，同时发布关于碳抵消付款和全生命周期建筑排放的指导。②利用本地可再生能源，发展清洁、智能和综合的能源系统：维护伦敦热力图，以确定和规划分散式能源布局的优先地区；为分散式能源提供更好的国家标准，实施"分散能源授权项目"；试

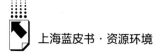

行"伦敦共同太阳能"集体购买计划；完成智能、灵活的能源系统项目、示范和试点，包括推行共享城市和推广智能电表等。③净化伦敦的交通系统，逐步淘汰包括柴油在内的化石燃料。最迟在2037年使整个公交车队达到零排放，并在2019年之前划定"超低排放区"，以阻止污染最严重的车辆进入伦敦。

2021年3月，《伦敦规划——大伦敦的空间发展战略》发布。为减少温室气体排放，该战略提出六点要求。①主要的开发项目应该是净零碳的。②主要的发展提案应包括详细的能源战略，以表明如何在能源等级框架内实现零碳目标。③除了符合《建筑节能条例》的规定，主要的开发项目还应至少达到35%的现场减排量；若无法达到要求，则需要向区政府碳补偿基金提供现金补偿或在确定替代方案并确定交付的情况下在场外提供差额补偿。④各区必须建立和管理一个碳抵消基金。抵消基金的款项限定用于实施碳减排相关项目。⑤主要的发展提案应计算并尽量减少不在《建筑节能条例》规定范围内的、其他环节的碳排放。⑥提交给市长的发展提案应通过国家认可的"全生命周期碳评估"来计算全生命周期的碳排放量，并阐明为减少全生命周期碳排放而采取的行动。

（三）东京

2007年6月，东京都政府出台《东京气候变化战略》，提出五项措施：①大力促进私营企业碳减排，对碳排放大户引入限额与交易制度，并要求金融机构扩大其提供的环境投资和贷款；②开展"消除白炽灯运动"，推广光伏发电和高效热水器等可再生能源和节能设备，减少家庭碳排放；③对城市建筑采用世界上最严格的能源效率标准，促进"无碳"风格的城市规划；④制定对节油汽车的优惠法规，引进绿色汽车燃料项目，鼓励支持生态驾驶等自愿行为，从而减少车辆碳排放；⑤鼓励支持小型企业和家庭的节能努力，引入节能税收激励措施，建立东京自己的机制来支持各部门的碳减排。

建筑是东京实现碳减排的主要目标领域。2010年4月，东京都政府启动"碳排放总量控制和交易计划"。该计划覆盖大型建筑（包括办公建筑）、工厂和供热公司等年耗能达 1500 千升或以上原油当量的设施，是一个强制性的减排计划。相关设施的业主可以通过自行减少排放量或通过碳排放交易和抵消信用（如可再生能源信用）来履行其义务。如果没有实现减排，将被要求按缺口的 1.3 倍履行减排义务；如有违反，将被公布且需缴纳罚款。同年，针对现有中小型建筑设施，东京推出"碳减排报告计划"，以鼓励中小型设施的业主识别其碳排放量并实施节能措施。针对新建筑，"绿色建筑计划"要求建造大型建筑的业主提交"建筑环境计划"，鼓励他们在建筑规划阶段自愿进行环境保护并培养他们的环境意识。

2020 年 12 月，《东京环境政策》发布，总结并提出了如下三项主要政策措施。①能源部门：通过为安装蓄电池的房屋发放补贴、发起家庭可再生能源团购的示范项目、要求能源供应方设定可再生能源数量目标，促进可再生能源的生产、消费和使用；开设教育中心让公众了解氢能，并帮助中小型运营商学习运营氢气站所需的技能，以扩大氢能源的使用。②建筑部门：针对现有大型建筑，碳交易计划处于第三个履约期（2020～2024年），旨在通过继续提高能源效率和促进可再生能源的使用从而促进碳排放量的进一步减少；针对现有中小型建筑设施，从 2020 年开始引入一个激励机制，评估和公示减排业绩优秀或努力引进可再生能源的企业，并进行低碳标签认证；针对新建筑，从 2020 年开始，东京都政府扩大项目覆盖面，并引入净零能耗建筑评估。③交通部门：通过扩大公共电动车充电器规模和补贴私人安装费用，促进零排放车辆的普及；制定法规条例，不符合条例规定的颗粒物排放标准的柴油车不允许在首都地区行驶，若屡次违规将被处以罚款。

2021 年 7 月，东京都政府公布《东京可持续发展行动》。该方案提出了进一步实现东京 2050 年零排放的行动措施：①逐步停止销售新的纯汽油车，加强对零排放车辆的购置补贴并补贴和支持其充电基础设施建设；②通过推广氢燃料电池汽车和推广氢能使用的最新技术等，发展新项目以创建氢能社会。

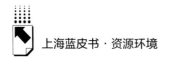

四 全球城市碳达峰碳中和经验对上海的启示

（一）上海碳达峰碳中和行动

在气候变化问题日益严峻的背景下，近年来上海已经在电力、交通、建筑等领域积极采取低碳行动。

在电力领域，上海在政策与技术上大力支持可再生能源发展。"十三五"期间，上海市新增发电装机容量 325 万千瓦，其中新增风电、太阳能装机容量占 42.12%；截至 2020 年底，上海市风电、太阳能发电装机容量达到 219 万千瓦，比"十二五"末期提高 1.67 倍①。在政策方面，上海市制定可再生能源和新能源发展专项资金，给予风电和光伏项目度电奖励；2021年 2 月发布的《上海市可再生能源电力消纳保障实施方案》明确承担可再生能源消纳责任的主体，分配消纳责任权重，保障可再生能源上网。在技术方面，为了突破本地可再生能源资源有限的局面，上海着力打造绿色电网，利用特高压技术从外省市调入清洁电力，本地发展电能质量综合治理技术，应对高比例可再生能源带来的不稳定性。"十三五"期间淮南-南京-上海特高压工程建成并投运，与"十二五"期间建成的淮南-皖南-上海特高压工程形成特高压交流双环网，为上海调入外来绿色电力带来更大空间。

在交通领域，上海着力于推进交通可持续发展，促进资源集约利用，实现交通节能减排。一方面，上海市积极推进公共、轨道交通网络增效扩能，监督相关企业节能减排。2015~2019 年，上海新增 146 条公交线路、1368辆运营公交车辆，公交线路长度增加 753 公里；轨道交通新增 2 条线路、2114 节运营车辆，年度运营里程增加 37.23%、客运总量增长 26.61%。2020 年上海市交通委向交通重点用能单位发布《上海市交通行业 2020 年节能减排重点工作安排》，要求重点用能单位报送年度节能减排总量和强度目

---

① 资料来源：《中国电力统计年鉴》。

标及完成情况，督促交通行业节能减排。另一方面，上海积极推进交通领域清洁能源替代化石能源。2020 年上海市给予 LNG 车辆节能减排专项扶持资金总计 9227.5 万元，支持交通运输行业能源结构清洁转型。根据《上海市道路运输行业"十四五"发展规划》，上海将全面推广新能源公交车。

在建筑领域，上海市对新建民用建筑、机关办公和大型公共建筑、高层建筑等提出绿色建筑标准要求，从提升建筑能效水平、升级建筑用能监管服务、发展绿色建筑与生态城区三个方面推进上海市绿色建筑高质量发展。2021 年 11 月上海市发布《上海市绿色建筑"十四五"规划》，指出推进建筑节能是实现碳达峰目标的重要举措。截至 2020 年底，上海市获得绿色建筑标识项目的建筑面积累计达到 8051 万平方米，已创建（含储备）41 个绿色生态城区，用地面积达到 124 平方公里。

（二）上海面临的挑战与机遇

相对于纽约、伦敦、东京等国际大都市，上海人口规模较大、人口抚养比[①]较低，GDP、人均可支配收入较低，产业结构中第二产业增加值比重较高（见表3）。从 2013 年的城市人均碳足迹水平来看，上海低于纽约、伦敦，但高于东京。基于全球城市人口与经济对碳足迹的影响分析，城市人口规模对碳足迹有显著影响，但人均 GDP 与人均碳足迹不是简单的线性关系，由此可见，上海可以借鉴国际大都市的碳减排行动经验，在经济总量与人均收入水平提升的同时，实现碳排放强度和总量的下降是上海未来发展的机遇。

表 3　上海与其他城市人口、经济基本情况

指标	上海	纽约	伦敦	东京
2020 年人口总数（万人）	2487.09	839.87（2018 年）	900.25	1383.49
2020 年人口抚养比（%）	26.08	32.39（2010 年纽约州）	31.7	34.2
2018 年 GDP（亿元）	32679.87	41264.53	—	64118.04

① 0～14 岁、65 岁及以上人口占总人口的比重。

续表

指标	上海	纽约	伦敦	东京
第一产业占比(%)	0.3	—	—	0.0
第二产业占比(%)	29.8	—	—	16.1
第三产业占比(%)	69.9	—	—	83.8
2018年人均可支配收入(万元)	6.42	37.67	25.8	34.81
2013年人均碳足迹(吨)	7.6	17.1	10.4	4.0

然而，上海实现碳达峰碳中和目标仍然面临着技术与政策等多方面的约束与挑战。一是经济社会发展阶段与碳达峰碳中和目标相协调的挑战。欧美发达国家城市的碳达峰均发生在经济高度发达的后工业化时期，而当前高端制造业仍然是上海经济发展的抓手之一，上海实现碳达峰碳中和目标相对于纽约、伦敦等城市面临更大的约束与挑战。二是碳减排相关政策和市场手段起步较晚形成的挑战。相对于纽约、伦敦等国际大都市，上海在可再生能源支持政策、低碳交通体系建设、绿色建筑标准和监督体系、碳交易市场等碳减排政策工具的实施和推广方面起步较晚，相关政策机制、市场机制的进一步完善是上海实现碳达峰碳中和目标的挑战之一。三是能源资源禀赋约束形成的挑战。上海本地化石能源、可再生能源资源禀赋不足，高度依赖外省市煤炭、可再生能源调入，上海能源结构的绿色转型需要依靠特高压电网、电能量综合治理等基础设施和关键技术的发展，对碳达峰碳中和目标的实现形成挑战。

（三）全球城市双碳经验对上海的借鉴和启示

基于中美两国的人均碳足迹和人均GDP历史数据的分析表明，人均碳足迹与人均GDP存在显著的倒U形关系，随着经济发展与收入水平提高，城市人均碳排放呈现先上升后下降的发展趋势。在全球已经实现碳达峰目标的地区中，俄罗斯、部分东欧国家的碳达峰是由经济衰退导致的，而欧美发达地区城市的碳达峰则是在经济高质量发展的同时实现的。上海人均GDP与人均碳足迹仍处于正相关的发展阶段，因此有必要协同经济发展与碳减排目标、借鉴国际大都市碳减排政策工具经验、支持低碳技术发展，实现经济发展与碳达峰碳中和的双赢。

1. 协同经济发展与碳减排目标，打造高发展、低排放城市模范

碳排放与经济发展具有关联性，科学的碳减排措施有利于经济高质量发展，经济绿色转型发展也能够促进碳减排目标的实现，因此上海碳达峰碳中和目标的实现需要与经济高质量发展的目标相协同，打造经济高质量发展、碳排放轻量级的全球城市模范，提升上海在全球气候变化领域的话语权。首先，对接产业发展规划与低碳发展目标。"十四五"时期制造业仍然是上海城市能级和核心竞争力的重要支撑，促进高端制造业发展、替代传统高耗能制造业，是产业发展目标与碳减排目标协同实现的关键。其次，针对经济增长与碳排放增长的重点部门推进碳减排措施。根据 2021 年全球城市综合实力排名（GPCI），在新冠肺炎疫情的影响下，上海超越伦敦、巴黎成为全球交通领域排名第一的城市。此外，"十三五"期间上海市碳排放增长主要是由交通部门规模扩大引起的，而农业、工业、其他服务业部门碳排放基本与"十二五"末期持平或下降。因此，"十四五"时期上海市碳减排目标的实现要依靠交通部门能源强度提升、能源结构低碳化。

2. 借鉴国际政策工具经验，确立行业低碳标准规范

首先，颁布和完善低碳立法和规划体系，为低碳城市建设提供良好的法律保障和制度环境。如借鉴纽约和伦敦，将低碳理念融入城市总体规划基本框架，分析区域碳排放的主要来源，编制设计兼顾经济增长和低碳发展两大目标的行动计划，为低碳城市建设提供切实可行的行动纲领。其次，制定适用于不同领域碳排放的技术标准或行业规范，为实现减排目标提供路径支撑。如针对建筑行业，各级政府可借鉴伦敦和东京的经验，将建筑按照新旧类型和规模分类，合作制定零碳建筑排放基准，通过引入配套激励措施，如推行绿色建筑的标识和认证，引导和激励有关企业自愿实施净零碳运营。最后，在逐步建立健全法律法规和技术标准等直接管制的基础上，尝试和补充经济激励型手段。如针对交通行业，可借鉴纽约和伦敦经验设置低排放区，对不符合标准的车辆进行收费；或者借鉴东京经验对"零排放车辆"的购

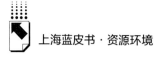

置和充电设施的安装进行补贴。

3. 支持碳减排关键技术发展，建立低碳技术创新中心

低碳技术创新是城市碳减排的核心驱动力和关键手段，上海需要积极打造长三角低碳技术创新策源地，建立具有全球影响力的低碳技术创新中心，提升上海在低碳技术领域的国际话语权。首先，设立低碳创新专项资金、大力发展绿色金融，引导资金流入低碳技术创新领域，为低碳技术创新发展提供资金保障。其次，培育低碳产业，将低碳技术创新成果应用到实践中去。最后，增进低碳技术的区域间交流，积极引进外省市、国际先进低碳技术经验。

B.11
生态环境管理制度创新研究及对
浦东新区的启示

周晟吕　胡　静　张　岩　胡冬雯*

摘　要： 中共中央赋予浦东新区改革开放新的重大任务，迫切需要浦东新区在生态环境治理理念、机制和模式上勇于探索、敢于创新。本研究在分析当前生态环境管理面临的国际形势，梳理总结国内生态环境制度创新需求及实践经验的基础上，对浦东新区生态环境制度创新提出了若干建议，包括：深化环评、三线一单、减污降碳等制度的应用、衔接与融合；健全差异化、智慧化模式，提升监管服务效能；强化重点领域技术帮扶和科技支撑，提升企业绿色低碳发展能级；加快完善绿色金融、绿色供应链、环保领跑者等约束和激励机制，助力绿色低碳高质量发展等。

关键词： 软实力　生态环境管理制度　浦东新区

2021年6月22日，中共上海市第十一届委员会第十一次会议审议通过《中共上海市委关于厚植城市精神彰显城市品格全面提升上海城市软实力的意见》。根据习总书记指示要求，上海要"不断提高社会主义现代化国际大都市治理能力和治理水平"，"探索具有中国特色、体现时代特征、彰显我

---

* 周晟吕，博士，上海市环境科学研究院高级工程师，主要研究方向为环境政策；胡静，硕士，上海市环境科学研究院高级工程师，主要研究方向为低碳经济和环境管理；张岩，硕士，上海市环境科学研究院助理工程师，主要研究方向为环境法；胡冬雯，硕士，上海市环境科学研究院高级工程师，主要研究方向为环境政策。

国社会主义制度优势的超大城市发展之路"。7月15日，《中共中央国务院关于支持浦东新区高水平改革开放打造社会主义现代化建设引领区的意见》发布，赋予浦东新区改革开放新的重大任务。根据上海城市软实力的建设要求，要以推进浦东高水平改革开放为载体，以强化四大功能为引领，着力推动规则、规制、管理、标准等制度型开放，积极参与国际规则、标准制定。更好发挥自贸试验区及临港新片区试验田作用，实行更大程度的压力测试，在若干重点领域率先实现突破。让绿色成为城市发展最动人的底色、人民城市最温暖的亮色，深刻阐述了生态环境是城市软实力的重要组成部分。在生态环境领域如何推动治理理念、机制和模式创新及示范引领，把生态环境制度优势转化为治理效能，推动生态环境精准服务经济高质量发展是迫切需要研究的问题。

一 国际形势对生态环境规则和制度提出了更高要求

当今世界正经历百年未有之大变局，全球治理规则体系变革加速推进，国际竞争已经从经济、军备、科技等领域延伸至生态环境领域，应对气候变化、生物多样性保护等环境议题受到的关注度越来越高。环境保护制度和规则已经成为提升国际影响力和国家软实力的重要工具。如《美加墨自由贸易协定》的环境专章在《北美自由贸易协定》的基础上得到了大幅拓展升级，纳入了对美国有利的环境条款以达到其借助双多边贸易协定重塑全球环境治理规则的目的[1]。以9月中国正式提出申请加入的《全面与进步跨太平洋伙伴关系协定》（CPTPP）为例，CPTPP设立专门的环境章节，对环境法规与措施方面的主权权利、公众参与和企业社会责任、争端解决程序等进行了规定[2]。对比部分环境管理条款（见附表1），国家层面和上海市层面在

---

[1] 郑军、李乐、张剑智等：《我国生态环境国际合作面临新形势的几点思考》，《中国环境科学学会科学技术年会论文集（2020）》，2020。
[2] 唐海涛、陈功：《CPTPP环境规则：承诺、创新及对我国法完善的启示》，《重庆理工大学学报》（社会科学）2019年第8期，第29~40页。

相关法律法规与政策措施设置上比较完善，但具体执行的力度和效能仍待持续提升。

同时，对标国际先进城市环境管理模式仍有较大提升空间。典型全球城市的环境管理模式呈现出生态环境保护和经济社会发展协同共进、完善的法律法规及配套政策体系、复合多样化的生态环境政策工具、多元共治的治理机制等特征[①]。相比之下，上海生态环境治理仍处于从被动应对向主动作为转变的过渡期，主要以"规划标准+财政奖补+监督执法"的方式推进，多方合作、社会共治的体系尚处于起步阶段，生态环境治理在推进城市绿色发展转型方面所发挥的战略性、全局性、主动性引领作用有待进一步增强。按照"具有世界影响力"的定位要求，上海尤其是浦东新区在生态环境制度创新方面，尚须进一步放大制度改革创新促进经济增长的优势效应，不断提升现代化监管能力，推动生态环境治理体系多方发力。

二 我国生态环境管理制度创新要求

（一）全国生态环境制度创新要求

国家治理体系和治理能力现代化，就是国家现代化的"软实力"，生态环境治理体系和治理能力现代化是提升城市软实力的重要路径。2020 年 2 月 23 日，中共中央办公厅、国务院办公厅印发《关于构建现代环境治理体系的指导意见》，对构建党委领导、政府主导、企业主体、社会组织和公众共同参与的现代环境治理体系做出了系统部署。同时，以协同推进经济高质量发展和生态环境高水平保护为目标，围绕生态环境领域放管服、减污降碳协同增效等，聚焦行政审批制度改革、优化环境监督执法、服务支持企业绿色发展、创新生态环境政策等明确了改革方向和创新要求（见表 1）。

---

① 胡静：《上海城市绿色发展国际对标研究》，《科学发展》2019 年第 127 期，第 82~92 页。

表 1　国家层面生态环境制度创新要求

主要领域	具体要求
加快行政审批制度改革	行政审批事项的下放和取消;环评行政审批前置条件的取消,排污许可证载入环评要求,规划环评与项目环评联动,环评分类分级管理优化,审批时限压缩;重大项目绿色通道;将气候变化影响纳入环境影响评价等
优化环境监管执法	深化生态环境保护督察,完善排查、交办、核查、约谈、专项督察机制,健全投诉举报和查处机制;建立实施监督执法正面清单,差异化进行执法监督,推行非现场监管方式,严格规范执法与精准帮扶相结合;强化行政执法与刑事司法衔接机制,完善举报奖励机制;探索第三方辅助执法机制;规范行政处罚自由裁量权等
强化对企业和环保产业的服务和支持	推行排污企业环境信用记录,建立健全生态环境保护信息强制性公开制度,鼓励企业公开温室气体排放相关信息,支持部分地区率先探索企业碳排放信息公开制度;强化科技支撑,推行生态环境监测领域服务社会化;推进环境治理模式创新,探索 EOD 模式,推行生态环境综合治理托管模式,规范生态环境 PPP 模式;建立健全生态产品价值实现机制,推动生态环境志愿服务等
创新生态环境政策	创新绿色金融政策,如国家绿色发展基金、气候投融资、环境责任保险、交易市场、绿色信贷、债券等金融产品创新;创新价格财税政策,如绿色发展价格机制、市场化环境权利定价机制、税收优惠和补贴;创新环境经济政策,如促进生态环境保护综合名录在产业结构优化中发挥效用,推出环保"领跑者"制度,推动绿色供应链建设,推广绿色认证体系、环境标志产品等,完善绿色贸易政策等

资料来源:《国务院关于加快建立健全绿色低碳循环发展经济体系的指导意见》《关于生态环境领域进一步深化"放管服"改革推动经济高质量发展的指导意见》《关于统筹和加强应对气候变化与生态环境保护相关工作的指导意见》《关于优化生态环境保护执法方式提高执法效能的指导意见》《关于加强生态环境监督执法正面清单管理推动差异化执法监管的指导意见》《关于建立健全生态产品价值实现机制的意见》《关于推动生态环境志愿服务发展的指导意见》等。

（二）重点区域生态环境制度创新要求

为持续深化改革,强化示范引领,国务院出台了关于支持海南、雄安新区等全面深化改革,支持深圳、浦东新区等建设社会主义先行示范区或引领区,支持浙江高质量发展建设共同富裕示范区的指导意见。在生态环境领域制度和政策创新方面,各地重点聚焦资源循环利用模式的构建,环境信用评价、信息强制性披露等制度的建立健全,环境权益交易市场的建设和完善,绿色金融的创新发展等。在强化生态环境保护与经济协同发展方面,各地结合自身实际各有侧重，如海南建立产业准入负面清单制度，全面禁止三高产业和低端制造业发展；雄安新区提出探索将资源消耗、环境损害、生态破坏计入发展成本；浙江积极拓展"两山"转化通道和生态产品价值实现机制，推动 GEP 核算应用体系建立（见表2）。

表2　重点地区生态环境制度创新要求

区域	生态环境领域制度创新
深圳	环境信用评价,信息强制性披露,环境公益诉讼; 气候投融资机制,授权深圳引进境外各类资金投资国内气候项目,允许深圳投资于国内气候项目的境外资金有序退出,推出环境污染强制责任保险; 制定产品环保强制性地方标准,绿色产业认定规则体系
海南	产业准入负面清单制度; 生产者责任延伸制度,废弃产品回收责任; 环境污染"黑名单"制度,环保信用评价、信息强制性披露、严惩重罚等,环保信用评价等级与市场准入、金融服务的关联机制,跨部门联合奖惩; 环境权益交易,生态保护成效与财政转移支付资金分配相挂钩的生态保护补偿机制; 绿色金融改革创新试点,绿色信贷,环保技术知识产权抵质押融资,排污权和节能环保等; 企业的收费权抵质押融资创新,绿色资产证券化,绿色发展产业基金,绿色保险等
雄安新区	探索将资源消耗、环境损害、生态破坏计入发展成本; 探索和推广先进的城市资源循环利用模式,率先建成"无废城市"; 环保信用评价、信息强制性披露、严惩重罚等; 资源环境价格机制,环境权益交易市场; 建设金融创新先行区,探索监管沙盒机制,绿色金融第三方认证计划,建立绿色金融国际标准,支持股权众筹试点在雄安股权交易所先行先试,设立雄安绿色金融产品交易中心,推出环境污染责任保险、生态环境类金融衍生品
浙江	构建家电、汽车等废旧物资循环利用体系。深化"无废城市"建设; 大力发展绿色金融,推进排污权、用能权、用水权市场化交易; 拓宽"绿水青山就是金山银山"转化通道,生态产品价值实现机制,GEP 核算应用体系

资料来源：《中共中央国务院关于支持海南全面深化改革开放的指导意见》《中共中央国务院关于支持河北雄安新区全面深化改革和扩大开放的指导意见》《中共中央国务院关于支持深圳建设中国特色社会主义先行示范区的意见》《中共中央国务院关于支持浙江高质量发展建设共同富裕示范区的意见》《中国（河北）自由贸易试验区总体方案》《关于构建绿色金融体系的指导意见》等。

自由贸易试验区是进一步深化改革的试验田，通过梳理分析北京、天津、江苏、湖北、湖南、陕西、海南等自由贸易试验区方案发现，在生态环

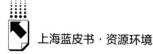

境领域制度建设集中在支持绿色金融产品和服务创新；湖北进一步明确要探索在自贸试验区内建立生态环境硬约束机制，明确环境质量要求，支持建立环评会商、联合执法、信息共享、预警应急联动机制，探索建立环境保护、绿色发展指标体系；湖南和海南强调生态产品的价值化，探索构建政府主导、企业和社会参与、市场化运作、可持续的生态保护补偿机制或生态产品价值实现路径。

为将自由贸易试验区打造为协同推动经济高质量发展和生态环境高水平保护的示范样板，2021年5月，生态环境部等八部门印发《关于加强自由贸易试验区生态环境保护推动高质量发展的指导意见》，提出要创新生态环境管理制度，健全生态产品价值实现机制，加强生态环境科技创新应用等，同时要积极对标国际环境与贸易规则及实践（见表3）。

表3 自由贸易试验区生态环境制度创新要求

领域	具体内容
推动构建绿色供应链	推广环境标志等绿色产品标准、认证、标识体系；支持自贸区龙头企业实施绿色供应链管理，提供符合国际标准的绿色供应链产品；绿色采购
积极参与碳市场建设	鼓励自贸试验区企业参与碳排放权交易；支持地方自主开展温室气体自愿减排项目；鼓励自贸区利用现有产业投资基金，加大对碳减排项目的支持力度，引导社会资本参与气候投融资试点
创新生态环境管理制度	实施环评审批正面清单，开辟重大项目"绿色通道"；推进环境信息依法披露、排污口监督管理、危险废物监管和利用处置、生态环境损害赔偿、环境污染强制责任保险等制度改革
健全生态产品价值实现机制	培育发展排污权交易市场；开展环境综合治理托管服务；探索绿色债券、绿色股权投融资；，开展生态产品价值核算试点
加强生态环境科技创新应用	建立全领域、全要素智慧环保和决策支撑平台；设立环境技术研发中心，开展绿色技术创新转移转化示范
对标国际环境与贸易规则及实践	落实我国与其他国家和地区签署的贸易协定中的生态环境条款；支持有条件的自贸试验区主动对标和参考国际高标准自贸协定中的环境条款，积极探索实现环境与贸易投资相互支持的新模式

三　我国生态环境管理制度创新实践

（一）深化环评审批制度改革

为深入贯彻落实环评"放管服"改革要求，各地积极探索环评制度改革，主要体现在以下几个方面。一是审批权限下放，如河北省将新建机场、炼铁、炼钢等项目的环评审批权限下放到市级，赋予雄安新区、张家口市、衡水市省级环评审批权限；上海集中下放浦东新区范围内环评审批权限。二是精简环评审批前置条件，如黑龙江省、江西省、浙江省等都取消了水土保持、行业预审、涉法定保护区的主管部门意见等前置条件。三是强化服务，简化环评内容、压缩审批时间，如黑龙江提出环评"容错受理"，广东省肇庆市将环评报告书审批时间从 60 天减到 18 天。四是探索清单式管理，如大连、宜昌自贸区等制定了环评审批负面清单，江西、浙江设立了高环境风险项目负面清单。上海、江西、黑龙江、大连等地设立了环评豁免、告知承诺目录或清单。五是推动区域环评和项目环评联动，上海 40 个产业园区实施联动，联动区域内 80% 以上项目分类实施环评豁免、降等、简化等举措；浙江省全面推行"区域环评+环境标准"改革；江苏在全省复制推广"区域能评、环评+区块能耗、环境标准"取代项目环评、能评的做法。六是开展排污许可和环评衔接试点，如上海自贸区临港新片区在全国首创"两证合一"。

（二）优化生态环境执法监管

为优化生态环境监管执法，提高执法效能，各地采取的举措主要包括三点。一是建立正面清单长效管理机制，如江苏、湖北、浙江、上海等地出台了监督执法正面清单实施方案或管理办法。二是推进分类分级监管，如江苏省推进企业环保信任保护，通过实施差别化监管，完善正向激励机制，创新监管形式等，实现监管与服务并重，生态环境部门与被监管对象互信。三是

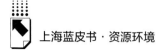

创新优化执法方法,积极推进"云检查""云上查""云听证""在线监测监控"等非现场监管手段。如河北针对符合条件的"双随机"一般监管对象,以生态环境执法指挥调度、分表计电、远程执法抽查、在线监测报警等手段代替现场执法检查。广西使用航线建图航拍、大面积土地取景、图片拼接等,迅速发现环境问题。规范行使自由裁量权,上海、四川、济南、郑州等地出台轻微或免除处罚清单,鼓励企业及时自我纠错、主动整改。以上海为例,截至2021年8月,涉及免罚案件达234件,免罚金额超过800万元。

(三)强化生态环境服务

一是优化政务服务水平,如上海全面推行审批和服务"一网通办",浙江率先提出"最多跑一次"改革,最大限度利企便民。二是畅通企业服务渠道,如福建省通过搭建生态环境亲清服务平台,实现在线审批、在线预警、在线整改、在线咨询、在线治理、在线奖惩等全链式贴心服务。上海构建上海市企事业单位生态环境服务平台,做好生态环境事务的"店小二"。三是积极推进第三方生态环境服务,江苏、浙江等地推进环保医院;上海出台全国首部第三方环保服务地方标准,并组织开展第三方环保服务试点示范;浦东新区出台了《浦东新区关于推进"环保管家"服务工作的指导意见(试行)》及其配套文件;临港新片区出台《中国(上海)自由贸易试验区临港新片区环境综合管理第三方辅助服务管理办法》等。四是强化重点领域技术帮扶,如上海积极探索废酸点对点资源化定向再利用模式,打通医疗危废收运处置"最后一公里"等。

(四)完善约束和激励机制

一是实施"亩产论英雄",如浙江省将单位能耗增加值、单位排放增加值等作为"亩产效益"综合评价的主要指标,依据评价结果优化要素资源配置,推动产业创新升级等,并提出建立健全以亩产排污强度为基础的环境准入制度。二是大力发展绿色金融,我国已经成为全球最大的绿色金融市场之一，绿色信贷规模全球第一，绿色债券余额全球第二①。通过在浙江、江西、广东、贵州、甘肃和新疆六省（区）九地实施绿色金融改革创新取得了一系列经验，如鼓励金融机构聚集，创新金融产品，推出抵质押贷款和无缝续贷、绿色支付、投贷联动、债转股等，设置金融机构发展奖励、绿色金融产品补助、风险补偿等支持绿色金融发展②。江苏率先出台"环保贷"，以财政风险补偿资金池为增信手段，引导金融资本进入生态环保领域③。上海分别与兴业银行上海市分行、建设银行上海市分行、中国银行上海市分行等签署合作协议，启动绿色金融战略合作。

四　浦东新区生态环境管理创新相关建议

浦东新区在环评制度改革、综合行政执法改革、第三方环保服务等方面走在前列，但是在新的国际形势和压力下，根据国内生态环境管理创新需要以及将浦东新区打造为社会主义现代化建设引领区的定位要求，在生态环境管理制度方面尚需要进一步深化、优化和创新。同时，浦东新区"小政府，大社会，大服务"的新型行政管理模式，在深化"放管服"的背景和要求下，更需要通过生态环境领域制度创新，推动政府职能转变，更好发挥政府作用，最大限度激发市场活力，调动企业参与生态环境保护的积极性和主动性，提高生态环境治理效能。

（一）总体思路

党中央对新时代浦东改革开放高度重视，要紧紧围绕打造社会主义现代化建设引领区这个总要求，深化生态环境领域改革创新，强化和提高服务经

---

① 绿金委 2020/21 年度工作报告与 2021/22 年度工作展望。
② 赵天奕、冯一帆：《绿色金融改革创新试验区政策梳理及经验启示》，《河北金融》2021 年第 4 期，第 11~14 页。
③ 江森、潘铁山、余洲等：《生态环保类项目风险补偿机制实践》，《环境与发展》2020 年第 1 期，第 7~8 页。

济发展的意识和能力，把生态优势转化为高质量发展优势，形成可借鉴、可复制的改革好案例、好做法、好模式，为世界超大城市生态环境建设和治理提供浦东样本、上海经验。一方面，要聚焦重点，精准发力，严格落实中央和上海市有关文件明确的任务要求，同时，参考已有实践经验，结合浦东新区实际，提出制度改革方向。另一方面，要注重创新引领，力求突破，对于其他地方在同步开展的工作，浦东新区要体现其先进性和引领性，对于国内外先进但尚不成熟的制度方向，浦东新区要积极探索、敢于创新。

（二）相关建议

1.深化制度应用、衔接与融合，放大生态环境改革促进经济增长的优势效应

一是深化环境影响评价改革。在全面落实全市环评改革要求的基础上，积极总结临港排污许可和环评"两证合一"的经验，进一步扩大试点范围，建立完善协同审批和监管工作机制，推动更多符合条件的区域纳入规划环评与项目环评范围。积极探索产业园区内同一类型的小微企业项目打捆开展环评审批，积极探索"绿岛"等环境治理模式，建设小微企业共享的环保基础设施或集中工艺设施，依法开展共享设施环评。二是强化"三线一单"应用。明晰"三线一单"、规划环评、项目环评之间的责任边界与管理机制。整合集成"三线一单"成果，以及成果应用与跟踪评估机制，完善细化分区管控要求，动态优化"三线一单"成果，支撑生态、水、大气、土壤等环境要素实施精细化管理。推进以亩产排污强度等为基础的环境准入制度，将"三线一单"作为各类空间规划和环境管理的基础，推动形成绿色发展布局。三是协同落实减污降碳目标。积极衔接落实区域和行业碳达峰行动方案，将碳排放评价纳入重点行业建设项目环评体系，统筹开展污染物和碳排放的源项识别、源强核算、减污降碳措施可行性论证及方案比选等。

2.健全差异化、智慧化模式，提升生态环境监管服务效能

一是强化分级分类监管。实施生态环境监督执法正面清单，强化监督定点帮扶。在国家及上海市文件的指导下，构建浦东新区生态环境信用体系，对排污许可证重点管理企事业开展环保信用试点评价，并强化环保信用结果的应用。全面推行"双随机、一公开"监管，深入推进以企业信用评价结果、正面清单、企业环境守法记录等为依据的分级分类监管模式。二是建设高水平智慧监管体系。推进生态环境"互联网+监管""大数据+监管"，依法推动联合监管、动态监管、信用监管和失信惩戒。深化生态环境治理"一网统管"，充分利用物联网、云计算等技术，建设集数据中心、展示中心与监管中心于一体的智慧环保大数据平台。围绕"用、融、通、智、效"，强化生活垃圾全程分类信息化平台、河湖监管平台、供排水设施运行管理信息平台、绿化监管平台、林业监管平台等应用场景的开发应用，打造生态环境治理数字化转型浦东样板。

3. 强化帮扶支持，推动环保产业发展，提升企业绿色低碳发展能级

一是聚焦重点，精准开展技术帮扶。总结浦东新区推进集成电路废酸等高品质危险废物的点对点综合利用等经验，持续围绕减污降碳、污染治理、资源利用、循环经济等领域中对浦东新区重点产业、高端产业的高质量发展形成明显制约的问题进行梳理、摸排，开展技术帮扶，提升投入强度，改革激励机制。二是打造高水平的绿色技术创新和环保产业基地。梳理绿色技术创新重点领域和关键环节，建立创新型绿色技术目录清单，在依法依规前提下，有针对性、创造性地出台更加宽松而又可控的生态环境政策、技术供给，在重要高端产业的绿色技术标准、产业链循环经济模式、绿色生产体系等方面，形成高端产业未来特有的绿色品牌核心竞争力，促进传统优势产业能级提升，实现重点区域高端产业的绿色发展赋能突破。三是试点推进提高环境绩效的自愿性机制。对标 CPTPP 关于提高环境绩效的自愿机制等条款，选择重点地区，推进企业自主实施自愿审计和报告、基于市场的激励措施、自愿分享信息和知识以及公私合作关系等。对于企业自愿执行更高标准或主动削减排放等情况，可与企业签订环境污染防治协议，实现约定目标的，给予奖励和支持。四是强化企业社会责任。选择重点地区，对标国际公认标准和指南，支持在区域内开展经营的企业在其政策和实践中自愿采取与环境相关的企业社会责任原则。

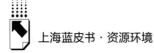

4. 加快完善约束和激励机制，全面助力绿色低碳高质量发展

一是大力发展绿色金融。充分发挥浦东金融机构聚集、金融行业发达等优势，依托上海市生态环境局与几大银行签署的战略协议，积极吸取各地在创新金融产品、金融模式、抵质押贷款、风险增信等方面的经验，通过设置金融机构发展奖励、绿色金融产品补助等推进绿色金融发展。二是积极争取气候投融资试点。建立气候投融资产业促进中心，吸引社会资本和国内外优质投资机构，并为项目管理、项目对接、能力建设、产品研发等建立平台。支持推出碳期货、碳债券、碳基金、碳租赁等金融产品创新，引导金融机构增加碳金融资产配置，参与碳普惠体系。三是加快推动企业绿色供应链建设。积极梳理推进绿色供应链不同环节面临的障碍，发挥浦东自主立法权优势，为资源循环利用强链补链，加强再制造产品认证与推广应用。积极为绿色供应链管理提供必要的综合服务平台，如技术支撑平台和信息共享平台等。加大绿色金融服务绿色供应链融资的覆盖面和放贷额度。四是开展环保"领跑者"试点。编制环保"领跑者"实施方案及指标体系，先行选择重点地区或重点行业开展试点，以点带面，推动环境管理模式从"底线约束"向"底线约束"与"先进带动"并重转变，激发市场主体节能减排内生动力、促进环境绩效持续提升。

附表1 CPTPP部分环境管理条款对照

序号	CPTPP章节	内容概要	我国及上海现有规定
1	环境违法行为的公众监督第20.7条	1. 每一缔约方应通过保证相关信息向公众公开,提高公众对包括执法和合规程序在内的环境法律和政策的认识	该条主要阐述了公众如何维护环境权益及缔约方应如何应对的问题【信息公开】1. 法律法规公开。法律法规只有通过法定的程序和方式公布,才正式生效。《立法法》详细规定了法律、法规、规章以及司法解释的公布程序和方式。《行政处罚法》第四条:对违法行为给予行政处罚的规定必须公布;未经公布的,不得作为行政处罚的依据2. 环境信息的公开(1)环境质量信息、环境违法信息公开。《环境保护法》第五十四条、《上海市环境保护条例》第五十九条规定生态环境部门应当公布环境监测、突发环境事件以及环境行政许可、行政处罚等信息(2)污染物排放、环保设施运行情况等信息公开。《环境保护法》第五十五条、《上海市环境保护条例》第六十条明确了企业的环境污染物排放信息公开义务(3)环保设施和城市污水垃圾处理设施向公众开放。根据《中共中央国务院关于全面加强生态环境保护坚决打好污染防治攻坚战的意见》要求,2020年底前,地级及以上城市符合条件的环保设施和城市污水垃圾处理设施向社会开放,接受公众参观。《上海市生态环境保护"十四五"规划》进一步提出在确保安全生产前提下,鼓励排污企业向社会公众开放3. 环境执法信息公开。2020年上海市生态环境局印发《上海市生态环境系统行政执法公示制度执法全过程记录制度重大执法决定法制审核制度推进实施方案》,公示执法信息,记录行政执法全过程,重大执法决定严格法制审核
		2. 每一缔约方应保证在其领土内居住或设立的利害关系人可请求该缔约方的主管机关对涉嫌违反其环境法律的行为进行调查,并保证主管机关依据该缔约方的法律对此类请求给予适当审议	【完善的法律救济途径】1. 民事诉讼。《民事诉讼法》第三条:人民法院受理公民之间、法人之间、其他组织之间以及他们相互之间因财产关系和人身关系提起的民事诉讼,适用本法的规定。第五条:外国人、无国籍人、外国企业和组织在人民法院起诉、应诉,同中华人民共和国公民、法人和其他组织有同等的诉讼权利和义务。外国法院对中华人民共和国公民、法人和其他组织的民事诉讼权利加以限制的,中华人民共和国人民法院对该国公民、企业和组织的民事诉讼权利,实行对等原则

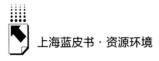

序号	CPTPP 章节	内容概要	我国及上海现有规定
1	环境违法行为的公众监督第20.7条	3. 每一缔约方应保证在其法律下环境法律执行的司法、准司法或行政程序是可获得的,且此类程序公平、公正、透明并符合正当法律程序。此类程序中的听证应依照其适用法律向公众开放,除非司法行政另有要求 4. 每一缔约方应保证,就特定事项在其法律下具有被认可利益的人可适当进入第3款提到的程序 5. 每一缔约方应对违反其环境法律的行为提供适当制裁或救济,以有效执行此类法律。此类制裁或救济可包括直接对违反者提出诉讼以寻求损害赔偿或禁止救济的权利,或寻求政府行动的权利	2. 行政诉讼。《行政诉讼法》第二条:公民、法人或者其他组织认为行政机关和行政机关工作人员的行政行为侵犯其合法权益,有权依照本法向人民法院提起诉讼。前款所称行政行为,包括法律、法规、规章授权的组织作出的行政行为。第九十九条:外国人、无国籍人、外国组织在中华人民共和国进行行政诉讼,同中华人民共和国公民、组织有同等的诉讼权利和义务。外国法院对中华人民共和国公民、组织的行政诉讼权利加以限制的,人民法院对该国公民、组织的行政诉讼权利,实行对等原则 3. 行政复议。《行政复议法》第二条:公民、法人或者其他组织认为具体行政行为侵犯其合法权益,向行政机关提出行政复议申请,行政机关受理行政复议申请、作出行政复议决定,适用本法。第四十一条:外国人、无国籍人、外国组织在中华人民共和国境内申请行政复议,适用本法 4. 信访。《信访条例》第二条:本条例所称信访,是指公民、法人或者其他组织采用书信……第五十五条:对外国人、无国籍人、外国组织信访事项的处理,参照本条例执行 【其他环境违法行为监督方式】 1. 环境违法行为举报 (1)有权举报,举报人合法权益受到保护。《环境保护法》第五十七条:公民、法人和其他组织发现任何单位和个人有污染环境和破坏生态行为的,有权向环境保护主管部门或者其他负有环境保护监督管理职责的部门举报

序号	CPTPP 章节	内容概要	我国及上海现有规定
1	环境违法行为的公众监督第20.7条		（2）通过有奖举报等方式，鼓励和引导公众举报环境违法行为。上海市生态环境局制定《上海市环境违法行为举报奖励办法》，鼓励和引导社会公众有效参与监督环境违法行为 （3）丰富举报途径和方式，便利公众举报。公众可以通过微信、电话、网络、来函来访等向生态环境部门举报环境违法行为 （4）制定信访、12345 举报等办理规程，完善举报反馈机制，保障公众举报受理的及时性、规范性 2. 环境民事公益诉讼 环境民事公益诉讼是公众监督最有力的体现。《环境保护法》《民事诉讼法》等明确，对于损害社会公共利益的环境污染、生态破坏行为，符合条件的社会组织可以提起环境公益诉讼 3. 生态环境损害赔偿 生态环境损害赔偿虽然由政府实施，但公众可以通过多种方式参与，实现对环境违法行为监督的目的。《上海市生态环境损害赔偿制度改革实施方案》规定，政府及其指定部门在开展生态环境损害赔偿工作过程中，依法公开生态环境损害调查等信息，保障公众知情权。同时不断创新工作参与方式，通过邀请专家和利益相关公民、法人、其他组织参加生态环境修复或赔偿磋商工作
			【行政执法、司法、准司法程序公正、公平、透明】 1. 环境行政执法 （1）执法公示、执法全过程记录 （2）行政处罚听证公开。《行政处罚法》第四十二条第一款第三项规定，行政处罚过程中，除涉及国家秘密、商业秘密或者个人隐私外，听证应公开举行

续表

序号	CPTPP 章节	内容概要	我国及上海现有规定
1	环境违法行为的公众监督第20.7条		2. 诉讼 (1)审理公开。《民事诉讼法》《刑事诉讼法》《行政诉讼法》均规定,法院审判案件,除法律另有规定,一律公开进行 (2)裁判文书公开。根据《最高人民法院关于人民法院在互联网公布裁判文书的规定》,民事诉讼判决书、裁定书以及公益诉讼调解书等裁判文书都应当在互联网公布,中国裁判文书网是全国法院公布裁判文书的统一平台 3. 行政复议 行政复议作为准司法行为,是公众维护合法权益的重要方式,"合法、公正、公开"是《行政复议法》确定的复议机关履行复议职责应坚持的原则。目前法律对复议程序中的公开无具体要求
		6. 每一缔约方应保证其在设定第5款所述的制裁或救济时对相关因素进行适当考虑。此类因素可包括违法行为的性质和严重程度,对环境的损害以及违反者从违反行为中获得的任何经济利益	【对环境违法行为设置较重行政责任和刑事责任,增加环境违法成本】 1. 随着《环境保护法》《大气污染防治法》等修订,环境违法行为行政处罚金额明显提高。如《大气污染防治法》修订后,将超标排污处罚金额度从一万元以上十万元以下提升至十万元以上一百万元以下 2. 上海市生态环境局制定的环境违法行政处罚裁量基准,将违法行为所造成的环境污染、生态破坏程度等作为确定处罚金额的考量要素 3. 2017年公布的《关于办理环境污染刑事案件适用法律若干问题的解释》将"违法所得""违法减少防治设施运行支出""致使公私财产损失"等作为入罪考量要素

序号	CPTPP 章节	内容概要	我国及上海现有规定
2	提高环境绩效的自愿机制第20.11条	1. 缔约方认识到，灵活的自愿性机制，例如自愿审计和报告、基于市场的激励措施、信息和专业知识的资源分享以及公司合作关系，能有助于实现和维持高水平的环境保护，并对国内管理措施形成补充。缔约方也认识到，此类机制的设计应使其环境收益最大化同时避免产生不必要的贸易壁垒 2. 因此，依据其法律、法规或政策并在其认为适当的程度上，每一缔约方应鼓励： （a）使用灵活的自愿性机制以保护其领土内的自然资源和环境； （b）参与制定用于评估此类自愿性机制环境绩效标准的该缔约方主管机关/工商界及工商组织/非政府组织和其他利害关系人继续制定和改善此类标准	该条主要阐述了缔约方通过自愿性机制提高环境绩效实施较高环境标准的问题 【相关法律制度】 1. 环境污染防治协议制度。《上海市环境保护条例》第三十八条规定本市推行环境污染防治协议制度。对于企业自愿执行更高标准或主动削减排放等情况的，生态环境部门可与企业签订环境污染防治协议，实现约定目标的，应给予奖励和支持 2. 排污许可制度。根据《排污许可管理办法（试行）》第十六条第二款规定，排污单位承诺执行更加严格排放浓度的，应当在排污许可证副本中规定。《上海市环境保护条例》第六十九条明确，排污单位承诺执行更加严格排放标准且计入排污许可证标准的，根据排污许可证管理相关规定，违反承诺内容的，将承担相应法律责任 【制度试点、创新】 1. 碳排放权交易制度。我国自2011年正式开展碳排放权交易试点，《温室气体自愿减排交易管理暂行办法》确立了交易规则。2017年12月，《全国碳排放权交易市场建设方案（发电行业）》正式印发，全国统一碳排放交易市场成立。2020年，生态环境部印发《碳排放权交易管理办法（试行）》，规范全国碳排放权交易及相关活动。上海市政府于2012年6月印发《上海市人民政府关于本市开展碳排放交易试点工作的实施意见》。2013年，上海市正式开展碳排放权交易试点，并不断完善相关制度体系。市政府制定出台《上海市碳排放管理试行办法》，建立总量与配额分配制度、企业监测报告与第三方核查制度、碳排放配额交易制度、履约管理制度等碳排放交易市场的核心管理制度和相应的法律责任

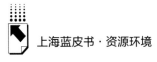

续表

序号	CPTPP 章节	内容概要	我国及上海现有规定
2	提高环境绩效的自愿机制第20.11条	3. 此外,如私营实体或非政府组织制定基于环境质量进行产品推广的自愿性机制,则每一缔约方应鼓励此类实体和组织制定符合下列各项的自愿性机制 (a)真实,非误导,且将科技信息考虑在内 (b)如适用且可获得,基于相关国际标准、建议或指导方针及最佳实践 (c)促进竞争和创新 (d)不因原产地给予产品不利待遇	2. 排污权交易制度。根据《关于进一步推进排污权有偿使用和交易试点工作的指导意见》,江苏、浙江等11个省市自2007年起开展排污权有偿使用和交易试点工作,积极探索排污权抵押贷款、排污权租赁等方式,激励企业主动减排,试点总体上取得初步成效 3. 企业环境信用评价制度。原环保部会同国家发改委等联合发布《企业环境信用评价办法(试行)》,对企业遵守环保法律法规、履行环保社会责任等方面的实际表现,进行环境信用评价,确定其信用等级,并向社会公开,供公众监督和有关部门、金融等机构应用,从而起到引导和督促企业履行环保法定义务和社会责任的作用 【政策支持】 1. 支持PPP项目。根据《关于政府参与的污水、垃圾处理项目全面实施PPP模式的通知》,政府参与的污水、垃圾处理项目全面应用PPP模式。生态环境部正在研究制定《关于打好污染防治攻坚战推进生态环境领域政府和社会资本合作的实施意见》,支持对实现污染防治攻坚战目标支撑作用强、生态环境效益显著的PPP项目 2. 财政奖补。通过财政补贴和激励政策,引导企业自愿提高环境绩效。如上海市生态环境局印发《上海市人民政府办公厅关于加快推进本市中小锅炉提标改造工作的实施意见的通知》,开展中小锅炉提标改造专项补助

序号	CPTPP 章节	内容概要	我国及上海现有规定
2	提高环境绩效的自愿机制第 20.11 条		【发挥第三方主体作用】 1. 行业协会和相关社会团体。行业协会通过开展培训交流、行业投融资、能力评价、产品及服务认证、行业评优、行业标准修订、行业调查等工作,引导企业主动提高环境绩效。如中国环境新闻工作者协会连续七年发布《中国上市公司环境责任信息披露评价报告》,促使上市公司及时发布环境责任信息报告,不断完善环境信息披露的体系和内容。又如浙江宁波多家行业协会成立环保自查自纠服务监督小组,参与环境监督 2. 试点环境污染第三方治理和环保管家。上海市生态环境局组织编制、市场监督管理局印发《第三方环保服务规范》,鼓励产业园区、街道乡镇和生产企业引进环境污染第三方治理和环保管家第三方服务,委托第三方开展环境污染治理、环境监测、辅助监管等业务,为第三方环保服务市场的健康有序发展提供技术支撑
3	低排放和适应性能力建设办法第 20.15 条	1. 缔约方认识到向低排放经济转变需要集体行动 2. 缔约方认识到每一缔约方向低排放经济转变的行动应反映国内情况和能力。与第 20.12 条(合作框架)一致,缔约方应合作处理涉及共同利益的事项。合作领域可包括但不限于:能源效率;有成本效益的低排放技术和可替代性清洁	该条主要就向低排放和适应型经济转变做出了框架性规定 中共十九大报告明确指出:加快建立绿色生产和消费的法律制度和政策导向,建立健全绿色低碳循环发展的经济体系。在低碳减排方面,我国采取了调整产业结构,优化能源结构,节能提高能效,推进碳市场建设,增加森林碳汇等一系列措施 2020 年 9 月 22 日,习近平主席宣布,我国将提高国家自主贡献力度,力争 2030 年前二氧化碳排放达到峰值,努力争取 2060 年前实现碳中和。2021 年 9 月 22 日,《中共中央国务院关于完整准确全面贯彻新发展理念做好碳达峰碳中和工作的意见》出台,对碳达峰碳中和战略推进做出系统部署

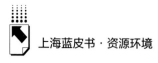

续表

序号	CPTPP 章节	内容概要	我国及上海现有规定
3	低排放和适应性能力建设办法 第 20.15 条	和可再生能源的开发；可持续交通和可持续城市基础设施的发展；滥砍滥伐和森林退化问题的处理；排放监测；市场和非市场机制；低排放、适应型发展并就该问题的处理分享信息和经验。此外，缔约方应在适当情况下开展与低排放经济转变相关的合作和能力建设活动	【相关法律规定】 1.《上海市大气污染防治条例》对清洁能源使用进行明确规定，并设置罚则 2.《环境保护法》明确国家实行重点污染物排放总量控制制度 3.《清洁生产促进法》规定污染物超标、超总量排放等企业实施强制性清洁生产审核 4.《节约能源法》明确节约资源是我国基本国策，对建筑、交通运输、公共机构等领域节能予以详细规定
4	海洋船舶污染防控制度 第 20.6 条	1. 缔约方认识到保护和维护海洋环境的重要性。为此，每一缔约方应采取措施防止船舶对海洋环境的污染 2. 缔约方还认识到依据其各自法律或政策进行的公众参与和协商在制定和实施防止船舶对海洋环境造成污染的措施中的重要性。每一缔约方应公开有关防止船舶对海洋环境污染的相关方案和活动，包括合作方案的适当信息	该条主要就防止海洋船舶污染做出了框架性规定。 1. 国际条约。我国目前已加入的公约包括：1982 年《联合国海洋法公约》、1969 年《国际干预公海油污事故公约》及其 1973 年议定书、1973 年《国际防止船舶造成污染公约》及其 1978 年议定书、1997 年议定书和六个附则等 2. 国内立法。《海洋环境保护法》《防治船舶污染海洋环境管理条例》《船舶油污损害赔偿基金征收使用管理办法》《船舶油污损害赔偿基金征收使用管理办法》等法律法规以及相关技术标准从船舶污染预防控制、污染事故应急、损害赔偿等几个方面对防止海洋污染进行了详细规定；船舶污染预防控制方面：确立了预防为主、防治结合的原则，并对船舶、货物、码头、装卸站以及船舶有关作业活动等提出了具体要求 污染事故应急方面：详细规定了防治船舶及其有关作业活动污染海洋环境的应急预案制定、应急事故处置以及污染事故调查处理等

序号	CPTPP 章节	内容概要	我国及上海现有规定
4	海洋船舶污染防控制度第20.6条	3. 在与第20.12条(合作框架)相一致的情况下,缔约方应合作应对共同关注的与船舶对海洋环境造成污染相关的问题。合作领域可包括 (a)船舶造成的偶然性污染 (b)船舶例行操作造成的污染 (c)船舶的故意污染 (d)将船舶产生的废物降低到最小程序的技术开发 (e)船舶排放 (f)港口废物接受设施的充足性 (g)在特殊地理区域提高保护 (h)执法措施,包括对船旗国发出通知,以及适当时由港口国发出此类通知	损害赔偿方面:建立了船舶油污保险和油污损害赔偿基金制度

B.12

上海提升国际生态话语权的路径与对策：基于应对 CBAM 的视角

刘新宇　曹莉萍*

摘　要： 本文以应对 CBAM 为例，分析上海如何提升以规则制定权为核心的国际生态话语权，如何为提升国家的生态话语权提供有力支撑。CBAM 实质上是发达国家为保护本国产业或利益，单方面修改国际气候规则和贸易规则，反映的是国际环境规则制定权之争。要提升以规则制定权为核心的国际生态话语权，需要以知识生产为基础，占据道德高地，并且在技术和制度发展等方面取得领先地位，从而以实力为后盾与发达国家对话。本文研判上海在绿色制造技术、碳定价政策、碳排放核算和相关知识生产等方面的短板，据此建议，以知识生产为基础，抓住"公平转型"议题抢占道德高地，将上海建成承接和转移外国先进绿色技术的枢纽，在非显性碳定价和碳排放核算等方面加快实现与发达国家接轨、互认，并大力培育为企业应对 CBAM 提供支持的第三方服务行业。

关键词： 上海　生态话语权　提升路径　碳边境调节机制

　　以防止所谓"碳泄漏"为借口，部分发达国家单方面推出或拟议推出碳边境调节机制（CBAM），对其他国家相关高碳行业造成冲击，损害

---

* 刘新宇，上海社会科学院生态与可持续发展研究所副研究员，主要研究方向为低碳发展；曹莉萍，上海社会科学院生态与可持续发展研究所副研究员，主要研究方向为循环经济和全球城市可持续发展比较。

了包括中国在内的发展中国家的正当发展权益。这实质上是发达国家为保护本国产业或利益，违背公平原则、共同但有区别的责任原则和各自能力原则，单方面修改国际气候规则和贸易规则。面对此类情况，包括中国在内的发展中国家，在以规则制定权为核心的国际生态话语权方面，经常处于被动应对的弱势地位。生态话语权是生态软实力的重要组成部分，提升国际生态话语权是提升生态软实力的一项重要课题。就上海城市层面而言，一方面要致力于提升城市的国际生态话语权，另一方面要为提升国家的国际生态话语权做出贡献。本文以应对 CBAM 为例，分析上海如何提升以规则制定权为核心的国际生态话语权，如何为提升国家的国际生态话语权提供有力支撑。

一 基本路径：提升以规则制定权为核心的国际生态话语权

（一）碳边境调节机制由来及规则制定权之争

发达国家碳边境贸易壁垒由来已久，2007~2009 年，欧美发达国家就提出征收碳关税或边境调节税，因其他国家强烈抵制而中止，2019 年后又以"碳边境调节机制"（CBAM）的形式出现。其反映的是发达国家和发展中国家（也包括一部分高碳产业较多的发达国家）围绕国际气候和贸易规则制定的话语权之争。

欧盟 2019 年 12 月发布"欧洲绿色新政"（*The European Green Deal*），提出了更激进的碳减排目标和 2050 碳中和目标，为此将实施更加严格的碳减排政策，加重本国企业负担并削弱其相对于进口产品的竞争力。为保护本国企业的利益，尤其是面临同类进口产品时的竞争力（即为了防止所谓的"碳泄漏"问题），作为"欧洲绿色新政"的配套措施，欧盟议会和理事会在 2021 年 7 月 14 日通过碳边境调节机制（CBAM）法案：对于承受进口产品竞争压力较大的一些产业，将对来自碳减排政策较宽松、碳排放成本较低的国家或地区的同类进口产品，征收一种类似碳关税的费用。欧盟 CBAM 以 2023~2025 年为过渡期，相关进口企业只需申报产品所含碳足迹，2026 年开始正式征收"碳关税"。第一阶段覆盖的行业包括钢铁、铝、化肥、水泥、电力，未来行业覆盖范围可能进一步扩大。

其他发达国家也相继将碳贸易壁垒提上议事日程。在美国，拜登竞选总统时提出的"清洁能源改革和环境正义计划"就包括碳关税提议；2021 年 7 月，美国两位国会议员已经提出制定"公平转型与竞争法"的立法提案，其核心内容就是对特定行业进口产品征收碳关税。英国首相鲍里斯·约翰逊建议以 G7 为代表的发达国家建立一个强大的碳关税联盟。2021 年 6 月和 8 月，加拿大国会和财政部分别在网站上发布了公众意见征询或讨论 CBAM 的文件，就加拿大实施 CBAM 的可能性和具体措施进行探讨。虽然日本产业界反对 CBAM，但日本政府宣布将探讨就 CBAM 建立美欧日三方协调机制的可行性。

部分发达国家以防止所谓"碳泄漏"为借口，试图单方面修改国际气候规则和贸易规则遭到发展中国家的抵制，实质上是双方围绕国际气候和贸易规则制定的斗争或话语权之争。刘险峰等研究发现，在重度压力情况下（G7 与欧盟联合征收碳关税），我国约 1.1 万亿美元出口将受影响，占 2020 年出口总额的 42.05%，石化、钢铁、陶瓷、汽车、纺织和有色金属（如铝材）等高碳行业受冲击最大。

为维护中国正当发展利益，张彬等专家提出，要通过双边和多边对话，就治理"碳泄漏"的国际制度建设提出"中国方案"，主要是更公平的多边合作机制而不是单边行动，包括发展中国家根据自身发展阶段和国情已经采取的一些碳定价政策（如非显性碳价），应敦促发达国家予以认可并豁免征收"碳关税"。在国际生态、环境、气候等规则制定过程中，发达国家能否接受中国的主张、方案关系到国际生态话语权问题。而上海作为全球城市不仅要致力于提升自身的国际生态话语权，还要对国家提升国际生态话语权有所贡献，本文从 CBAM 视角切入对这些问题加以探讨。

（二）国际生态话语权的内涵与提升基本路径

话语权是指一定主体对特定事务（尤其是公共事务或公共政策）发表意见，包括传递理念或价值观、提出方案和主张权益等，获得其他利益相关方认同，最终对特定事务处理或政策制定施加影响的权利和能力。话语权包括对特定事务或议题的定义权（即议程设置权）和评判权，以及对特定政策或规则的制定权。其中，核心是规则制定权，它直接影响各利益相关方的权利、利益分配。国际生态（环境）话语权是指一定主体对国际环境事务或议题（如气候治理）发表意见，对其他利益相关方施加影响，最终影响国际环境事务处理尤其是国际环境规则制定的权利和能力。国际环境规则制定决定国际环境权（如碳排放权）分配，对各国生存权、发展权有重大影响。要提升国际话语权，主要有以下几条路径。

其一，以实力为后盾。除了经济、政治、军事等实力，还有技术实力，即一定国家或地区是否在某一技术领域成为"领跑者"，能否在该领域率先进行规则或标准创制。以应对 CBAM 为例，除了要关注中国与欧美发达国家之间的贸易额、发达国家供应链对中国的依赖程度等来判断中国对发达国家的反制能力，还要在技术层面关注中国碳排放核算、碳定价政策等的发展情况，这决定了我们能否为"碳泄漏"的全球治理提出"中国方案"，"中国方案"能否为他国所接受。

其二，占据道德高地。发达国家目前在全球环境、生态、气候等议题上占据着道德高地，中国政界、学界等能否在环保领域设置议题、展开论述，形成我们的道德高地，或者占据一个比（片面强调）环境保护更高的道德高地？

其三，强化传播能力。通过政界、学界、媒体、公众等多渠道、多形式论述，向其他国家的人民、机构乃至政府等传递我们关于全球环境治理的理念或价值观。长期来看，这可以通过改变其他利益相关方的价值观或价值取向来增强中国在国际公共事务中的影响力。短期来看，在某一重大政策（如 CBAM）出台的节点，更多的是直接的利益之争，理念或价值观的论述或传递只能发挥外围的、辅助的作用。

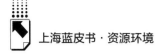

其四，以知识生产为基础。知识生产或知识权威建构为前三条路径提供支撑，支持一个国家或地区成为某一领域技术或制度创新的"领跑者"，为占据道德高地的论述提供科学依据，支持议题设置及传播内容、形式、渠道创新等。知识生产是人类在科学技术研究或实践探索过程中发现、揭示、提炼或创造各种知识（状态、趋势、规律、思想、方法、技巧等）的过程。政界、产业界、社团、普通劳动者、普通公众等多元主体都可能是知识生产的主体，而科学技术工作者或研究机构是专业从事知识生产的主体。在围绕相关国际规则制定的对话中，各国研究机构通过为本国政府、企业、社团等所提主张提供科学依据，来发挥建构权威、争取更大话语权的作用。

（三）次国家行为体提升生态话语权基本路径

作为一个非国家行为体或次国家行为体，上海提升国际生态话语权的基本路径，与国家层面既有联系又有区别。以应对 CBAM 为例，上海应以"支持国家行动、保护本地企业"为目标，在中央政府统筹安排下，从以下几方面努力提升生态话语权。

其一，促进技术进步和制度创新，增强技术层面的实力。包括提高企业绿色制造水平和绿色低碳供应链管理水平，以降低单位产品碳排放或碳足迹；加快完善碳排放核算、碳定价等制度，早日实现与国际接轨、互认。

其二，加强相关知识生产。关于绿色制造、供应链管理、碳定价政策、碳排放核算以及环保与其他可持续发展目标之间平衡等问题的知识生产，能够支持国家对外谈判或企业争取发达国家 CBAM 豁免，支持相关技术研发和制度优化，以及为中国占据道德高地进行理论创新。例如，相关知识生产可以量化企业所承担的非显性碳定价的成本，作为争取发达国家 CBAM 豁免的依据。

本文将主要从绿色低碳技术发展、绿色低碳制度发展和相关知识生产几个维度，分析上海如何在应对 CBAM 等事务中提升国际生态话语权。上海在对外传播方面有一定优势，但是如前文所述，在某一重大政策出台的节点，对外传播只能发挥外围的、辅助的作用，因此不作为本文研究的重点。

二 现状分析：上海提升国际生态话语权的三维视角

本文从技术发展、制度发展、知识生产三个维度，分析上海应对 CBAM 的能力，从中剖析上海国际生态话语权的发展现状。

（一）技术维度：上海尚未成为国际绿色技术引领者

通过综合考察欧盟 CBAM 第一阶段行业覆盖范围、刘险峰等专家对中国受影响行业的分析及上海相关行业的产能和出口数据，我们发现，在欧盟 CBAM 第一阶段，上海范围内可能受冲击的行业是钢铁业和铝材制造业；在该机制行业覆盖范围扩大后，本市范围内可能受冲击的行业包括石化、汽车制造和纺织业。在这些行业中，钢铁、汽车、石化等行业已有较高的绿色制造、企业碳管理和绿色低碳供应链管理水平，但是，从技术输出数据看，上海整体上未能成为国际绿色技术的引领者。

上海钢铁、汽车、石化等行业的产能和出口集中于少数特大企业和工业区，而这些大企业和工业区都有较高的绿色制造、企业碳管理和绿色低碳供应链管理水平。例如，1998 年宝钢、上钢合并后，上海钢铁产能就全部集中于宝钢；2016 年宝武集团成立后，宝钢股份成为该集团的一部分。上海汽车产能和出口集中于上汽集团（包括其合资子公司）和特斯拉两家企业，且它们对发达国家出口的车型为技术参数较高的高端产品。2020 年，上海汽车出口额增幅达 39.9%，对欧、对澳高端产品销售占增量绝大部分[①]；2020 年至 2021 年 1~7 月，上汽集团和特斯拉是中国对欧新能源汽车出口增量的主要贡献者[②]。经过几轮产业转型升级，目前上海化工行业产能集中于上海石化、上海化工区、金山二工区、杭州湾经济技

① 李晔：《欧洲要开中国车，上海码头每月数万辆排队等出口，拉美排名或生变……》，《解放日报》2021 年 1 月 27 日。

② 崔东树：《2021 年 1~7 月中国汽车出口分析：未来出口仍有巨大空间》，智通财经网站，2021 年 8 月 29 日，https://www.zhitongcaijing.com/content/detail/548705.html。

术开发区等区域①，以上海石化、上海赛科、华谊集团等中资企业以及德国巴斯夫、日本三井、美国科思创等外资企业为代表，形成以精细化工、高端材料为主的产业集群。

这些大型企业尤其是特大型企业的绿色制造、企业碳管理和绿色供应链管理等水平较高。以上海钢铁行业为例，宝武集团创制"环境绩效指数"（BPEI）来评估并指导本企业绿色钢铁产品生产，其中分为三个等级：Base型、Better型、Best型。2020年，宝钢股份Best型和Better型钢铁产品销量分别为269万吨和858万吨，分别比2015年增长101.56%和36.84%，分别占当年全部钢铁产品销量的5.85%和18.66%。该公司设立能源环保管理委员会，建立"三流一态"（能源流、制造流、价值流、设备状态）能源价值管理体系，并且运用全生命周期评价严控产品碳足迹、全供应链碳足迹，2020年获得世界钢铁协会颁发的"生命周期评价卓越成就奖"。在本企业边界内，宝钢股份推进氢冶金等工艺革命，加速脱碳进程；在绿色供应链管理方面，2020年其绿色采购比例已达25%②。从绿色制造、企业碳管理、绿色供应链来看，上海钢铁行业具备较好的应对CBAM的能力。而且，企业可以调整优化出口产品流向，将Best、Better型钢铁产品出口到欧美，将Base型产品出口到环境标准较低的国家。

上海其他一些受CBAM影响的行业，企业平均规模相对于钢铁、汽车、石化行业小得多，绿色制造和碳管理等技术水平与大企业相比有较大差距，抵御CBAM等外贸形势波动风险的能力较弱。如2021年前三季度，上海纺织行业共有373家企业，平均产值1.246亿元；出口交货值占总产值的22.71%，受自身竞争力和地缘政治斗争等影响，对欧、对日出口所占市场份额缩减，出口交货值同比下降10.20%，大于总产值下降幅度。上海纺织行业仍属劳动密集型产业，技术水平不高，且亏损面达37.8%；对于外贸

---

① 上海市应急管理局：《重拳出击！全面推进化工园区落后企业淘汰退出！》，搜狐网，2020年9月19日，https://www.sohu.com/a/419364413_310421。

② 《宝山钢铁股份有限公司2020可持续发展报告》《宝山钢铁股份有限公司2020年年度报告》。

形势变化，抗风险能力较弱①。

还有部分产业可能因供应链碳足迹受 CBAM 影响。例如，中国氧化铝和电解铝生产的单位碳排放远高于欧盟等发达国家（如 2020 年中国电解铝生产单位碳排放约为欧盟 3 倍②）。虽然 2020 年上海本地氧化铝和电解铝产量或产能为零③，但由于上海铝材和铝制品生产商会使用国产氧化铝和电解铝原料，上海铝材、铝制品在出口欧盟、英国等地区和国家时，可能因供应链单位碳足迹较高，而承受额外碳关税或进口限制。

从绿色技术输出数据看，上海整体上并未成为国际绿色技术的引领者。2017 年，中国政府在上海设立了绿色技术银行，以促进国际和国内地区间绿色技术转移传播和转化应用。截至 2021 年 12 月，绿色技术银行成果库已累计存入 9179 项成果。但从历年数据看，绿色技术银行中技术的需求量远小于存入的成果数量，由此可见，其中大多数技术并非在国际国内处于紧缺或领先的地位（见图 1）。虽然与碳减排相关的能源管理已成为主要绿色技术合同成交类型（见图 2），但绿色技术银行的技术交易以技术服务而不是以技术输出（技术转让）为主（见图 3、图 4）；且技术输出（技术转让）中，对国外乃至对长江流域以外地区的输出占比很小（见图 5）。从这些数据可见，上海在绿色技术研发创新和转移传播方面，都未能成为一个国际枢纽。

（二）制度维度：碳定价与碳核算尚未实现与国际接轨或互认

2013 年底，上海正式启动碳交易试点，发展至今，上海的显性碳定价水平偏低，而非显性碳定价又不被发达国家承认，并且碳金融功能发展不健

---

① 上海纺织协会：《2021 年（1～9 月）上海纺织行业经济运行情况》，2021 年 12 月 1 日，http：//www. shtex. org. cn/info/info. asp？id=3465。

② 安泰科：《2023 年欧盟将征收碳关税，中国铝材出口面临新压力》，中国有色网，2021 年 3 月 15 日，https：//www. cnmn. com. cn/ShowNews1. aspx？id=426503。

③ 《2021 年中国氧化铝行业区域分布现状分析：主要集中华东华北》，"中商情报网"网易号，2021 年 6 月 7 日，https：//www. 163. com/dy/article/GBTSQ0RV051481OF. html；中商碳素研究院：《2020 年 12 月电解铝产能运行分析》，长江有色金属网，2021 年 1 月 15 日，https：//www. ccmn. cn/news/ZX018/202101/0de9d1425e964c4684e8ea7bb5a44639. html。

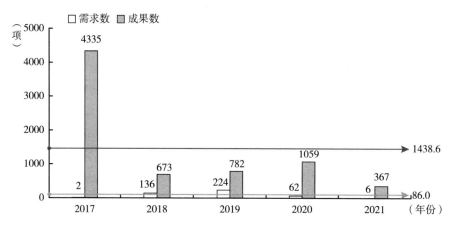

图1 截至2021年12月（上海）绿色技术银行中技术需求量和存入成果量

资料来源：（上海）绿色技术银行官网，http://www.greentechbank.com/greentech/index。
图1~图5资料来源均如此，不再赘述。

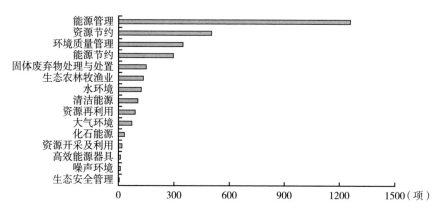

图2 （上海）绿色技术银行中2020年分行业技术合同成交量

说明：数据图生成网址链接：http://www.greentechbank.com/greentech/web/contract/myContractInfo/2020。

全；自碳交易试点启动之时，上海就开始在重点用能单位探索碳排放核算，取得了一定经验，但离发达国家提出的"三可"标准（可测量、可报告、可核实）仍有差距。在碳定价、碳核算制度建设方面，此类差距一方面让上海或中国缺乏与发达国家对话的基础；更重要的是，上海或中国不能成为

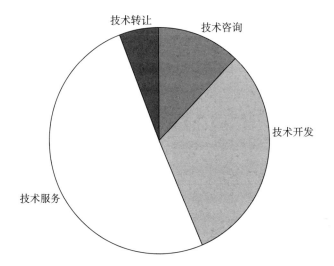

图 3　（上海）绿色技术银行 2020 年四类绿色技术合同成交数量构成情况

说明：数据图生成网址链接：http：//www.greentechbank.com/greentech/web/contract/myContractInfo/2020。

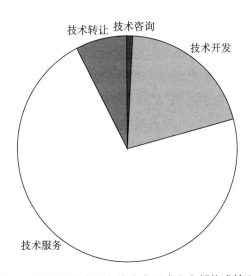

图 4　2020 年四类绿色技术合同成交金额构成情况

说明：数据图生成网址链接：http：//www.greentechbank.com/greentech/web/contract/myContractInfo/2020。

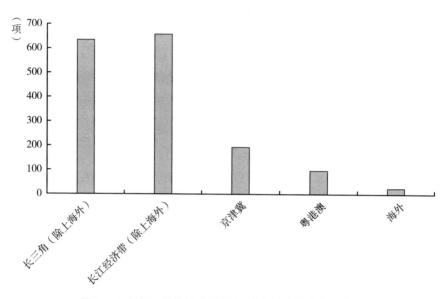

图5　（上海）绿色技术银行 2020 年技术输出合同数量

引领者甚至落后于他国，就难以在国际相关规则制定中享有话语权。

1. 显性碳定价水平偏低且碳金融功能不健全

2013 年底，作为中国 7 个试点区域之一（后来试点区域增至 8 个），上海正式启动碳交易试点；到 2021 年 7 月，全国碳交易市场正式运行，而 8 个区域碳市场在一定时期内仍然保留。由于在相关制度体系建设方面的优良绩效，上海被赋予运营全国碳市场交易系统的职责。中国全国碳市场第一阶段只纳入电力企业，未来将覆盖其他高耗能行业，仅就第一阶段覆盖范围的碳排放量而言，已经是欧盟的 2 倍[①]。从这个意义上来说，中国碳市场乃全球第一。但是从交易量（活跃度）和衍生金融市场来说，中国及上海区域碳市场的定价和金融功能与欧盟等发达地区相比，尚有较大差距。中国及上海区域的显性碳定价都偏低，虽然这在较大程度上是由我国所处发展阶段决定的，充分考虑了中国正当发展权益和社会承受能力，但在与发达国家对话时，会成为一个争论焦点。

---

① 国际碳行动伙伴组织（ICAP）：《全球碳市场进展 2021 年度报告》，2021。

从交易量占配额总量的比例来看，中国和上海区域碳市场的活跃度、流动性都较低，价格发现功能较弱，且碳定价远低于欧盟等碳市场。碳市场正式开市 5 个月，中国全国碳市场交易量达 1.4 亿吨二氧化碳，占配额总量的比例约为 3.5%[1]，折算成全年交易量占配额总量的比例，约为 8.4%。在上海区域碳市场，如表 1 所示，2020 年度配额总量为 1.05 亿吨二氧化碳（当年发放配额+储备配额）[2]，年度配额成交量为 590.45 万吨二氧化碳，成交量占配额总量比重仅为 5.62%。[3] 相比之下，2020 年欧盟碳市场（EU ETS）交易量超过配额总量 4 倍。[4]

表 1　上海区域碳市场配额总量和成交情况

年份	配额总量（亿吨）	成交量（万吨）	成交量占配额总量比重（%）
2020	1.05	590.45	5.62
2019	1.58	682.81	4.32
2018	1.58	574.23	3.63
2017	1.56	996.39	6.39
2016	1.55	1203.6	7.77

资料来源：上海市历年碳排放配额分配方案（上海市发展改革委或上海市生态环境局发布）；历年上海碳市场报告（上海环境能源交易所发布）。

而且，和国内其他区域碳市场相比，上海碳市场的活跃度或流动性也不占优势。如表 2 所示，2018 年上海碳市场成交量占配额总量比重小于北京、深圳、广东、湖北碳市场。

---

[1] 《全国碳市场交易价格行情日报【2021 年 12 月 22 日】》，国际能源网，2021 年 12 月 23 日，https：//www.in-en.com/article/html/energy-2310974.shtml。

[2] 《上海市生态环境局关于印发〈上海市纳入碳排放配额管理单位名单（2020 版）〉及〈上海市 2020 年碳排放配额分配方案〉的通知》，https：//sthj.sh.gov.cn/hbzhywpt2025/20210202/510b31e87df149348d73c7a40faab484.html。

[3] 上海环境能源交易所：《上海碳市场报告 2020》，2021 年。

[4] 莫凌水：《中国成为全球最大的碳交易市场还有多远?》，北极星大气网，2021 年 8 月 11 日，https：//huanbao.bjx.com.cn/news/20210811/1169114.shtml。

表 2　国内若干区域碳市场 2018 年配额总量和成交情况

试点区域	配额总量(亿吨)	成交量(万吨)	成交量占配额总量比重(%)
上海	1.6	574.2	3.59
北京	0.5	894.1	17.88
广东	4.2	2836.2	6.75
深圳	0.3	1286.9	42.9
湖北	2.5	1104.7	4.42
天津	1.6	228.8	1.43
重庆	1.3	26.8	0.21

资料来源：美国环保协会、上海环境能源交易所，《2021 年国内碳价格形成机制研究报告》，2021。

目前，中国全国碳市场、上海区域碳市场的碳定价水平都偏低，这将在中国与发达国家围绕 CBAM 的对话中成为争论焦点。2021 年 12 月 1~22 日，中国全国碳市场的价格为 40~50 元/吨二氧化碳[1]；2020~2021 年，上海配额价格总体保持在 40 元/吨二氧化碳左右[2]（见图 6），中国试点地区（包括上海在内）碳定价都远低于欧盟、韩国、新西兰和美国等地区和国家（见图 7）。

随着 2021 年 12 月《上海市碳排放权质押贷款操作指引》出台和保险公司等主体介入，上海碳金融中心建设不断开创新局面。但是从衍生品交易规模看，上海碳金融中心在价格预判、风险对冲、碳资产价值实现等方面，要追赶欧盟等地区尚需较多时日。以上海碳市场碳远期产品（SHEAF）为例，自 2016 年 12 月上线至 2020 年底，四年间，SHEAF 累计交易量为 433.08 万吨，占 2017~2020 四年配额总量的 0.75%，占四年现货交易总量的 15.23%[3]。相比之下，EU ETS 衍生品交易活跃度显著高于中国，2015 年，EU ETS 的期货交易量超过现货交易量的 30 倍。[4]

---

[1] 国际能源网"全国碳市场交易价格行情日报"，https：//www.in-en.com/。
[2] 上海环境能源交易所数据，https：//www.cneeex.com。
[3] 上海环境能源交易所：《上海碳市场报告 2020》，2021。
[4] 莫凌水：《中国成为全球最大的碳交易市场还有多远?》，北极星大气网，2021 年 8 月 11 日，https：//huanbao.bjx.com.cn/news/20210811/1169114.shtml。

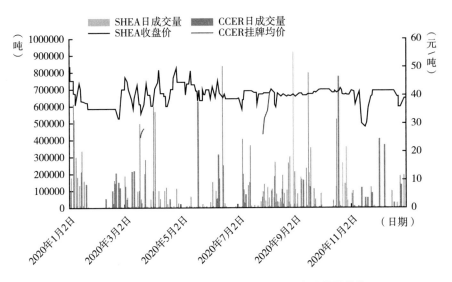

图6　2020年上海碳市场 SHEA 和 CCER 交易量及价格

资料来源：上海环境能源交易所，《2020上海碳市场报告》，2021。

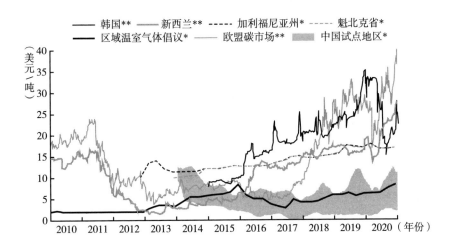

图7　2010~2020年全球主要碳市场价格变化

说明：＊代表碳市场中一级市场，＊＊代表碳市场中二级市场。

资料来源：国际碳行动伙伴组织（ICAP），《全球碳市场进展2021年度报告》，2021。

2. 非显性碳定价相关政策不被发达国家承认

包括中国在内，不少发展中国家采取了一些符合本国国情的节能减碳政策，这些政策给企业带来额外的碳排放成本；相对于碳交易、碳税等明确标示额度的碳排放价格（显性碳定价），此类政策带来的未明确标示额度的碳排放成本就是非显性碳定价。如能源消费指标总量控制、用能权交易、节能量交易等符合中国国情、有中国特色的节能减碳政策，给企业带来额外用能和碳排放成本。根据安徽、湖北等地用能权或节能量交易数据，1 吨标准煤用能权的价格为 40~50 元，按照 2019 年中国平均 1 吨标准煤排放 2.1 吨二氧化碳估算①，企业的碳排放成本为 84~105 元/吨二氧化碳，这个数值远高于中国或上海碳市场现货价，并且应该叠加到该价格之上。然而，由于缺乏精准定量分析和有力对外宣传，在围绕 CBAM 进行对话时，这一非显性碳定价不被发达国家承认。

3. 碳排放的核算/认证方法有待与国际接轨

2013 年下半年到 2014 年上半年，中国陆续启动了上海等 7 个地方级的试点碳市场，2016 年 12 月，福建和四川试点碳市场启动，到 2021 年 7 月，中国全国碳市场开市，第一阶段纳入全国发电企业。凡是开展碳交易的地区或行业，履约企业到每年履约日之前都要由具备一定资质的机构进行年度碳排放核算、报告与核查，甚至在试点正式启动前，为配额分配，需要对企业历史碳排放数据进行核算。因此，从 2013 年至今，上海等地已经积累了较丰富的企业碳排放核算经验。然而，中国各地区、各行政层级（包括各级各地政府下属或委托的相关研究机构）各自探索碳排放数据核算，迄今未形成统一、可比的碳排放核算方法，且与发达国家所采用方法之间存在一定差异，在数据质量进一步优化之前，尚难以公开。这显然无法达到发达国家

---

① 奉椿千、崔莹：《2020 年节能量与用能权交易市场进展及政策建议》，《中央财经大学绿色金融国际研究院（IIGF）研究报告》，2021，https://www.hbzhan.com/news/detail/141893.html；韩一元：《积极履行大国责任，中国减排成效瞩目》，中国网，2021 年 8 月 8 日，http://www.china.com.cn/opinion2020/2021-08/08/content_77680263.shtml；《中华人民共和国 2019 年国民经济和社会发展统计公报》。

提出的"三可"（可测量、可报告、可核实）标准，难以成为支撑我国政府与发达国家对话或者企业申请 CBAM 豁免的科学依据。

而中国、上海的碳排放核算方法与一些国际组织和发达国家不一致，使各方在 CBAM 等问题上更缺乏对话基础。在核算温室气体排放方面，目前主要有两种基本核算/认证方法论。一是基于 GHG Protocol、ISO14064 标准、产品和服务全生命周期评价规范（PAS 2050）的系数法方法论。该方法运用较为广泛，目前发达国家多以世界资源研究所（WRI）和世界可持续发展工商理事会（WBCSD）主导的系数法温室气体排放核算体系（GHG Protocol）为标杆，但这种方法核算温室气体排放不够精确。二是采用基于连续检测系统（CEMS）的实际测量法，需要加装温室气体连续检测设备，适用于精准核算细分行业的碳排放。但是，不同国家所采用的实际测量法中，核算碳排放的基数或标准不同，美国以环保局温室气体最终排放规则《温室气体排放报告强制条例》（2009）为准，欧盟出台《排放交易体系检测和报告条例》（MRR）并于 2005 年开始检测企业二氧化碳排放，我国则采用按行业细分的温室气体排放核算标准 GB/T32150/32151，目前仅在火电厂安装了 CEMS。2021 年 5 月 27 日，国内首个电力行业碳排放精准计量系统在江苏上线，在国内率先应用在线实测法，预计不久将向全国普及[①]。上海在对履约企业进行碳排放核算时多采用系数法以及按国标（GB/T32150/32151）进行实测两种方法，但是国标实测法与系数法、欧美发达国家实测法存在较大差异，彼此之间难以接轨和互认。再加上核算透明度较低等原因，中国或上海的企业碳排放核算结果较难得到发达国家采信，发达国家在实施 CBAM 时往往对我国出口产品采用高估的单位碳排放或碳足迹数据。

此外，如果碳排放核算范围超出企业自身边界，要针对企业供应链上的原材料和中间产品等核算全生命周期碳足迹，国家之间、不同（国际）组织之间甚至中国内部各级各地政府之间、研究机构之间的差异和争议更大，

---

① 人大生态金融：《碳究竟如何核算？IPCC 方法学与 MRV 体系》，新浪财经，2021 年 9 月 26 日，http://finance.sina.com.cn/esg/zcxs/2021-09-26/doc-iktzqtyt8136675.shtml? cref=cj。

彼此之间接轨和互认的难度更高。例如，企业组织边界内的温室气体排放核算范围相对明确，包括 GHG Protocol 中范围一（Scope 1）温室气体直接排放和范围二（Scope 2）外购能源的温室气体间接排放（见图 8）。但是，企业组织边界以外，在供应链上购买原材料和中间产品等的间接排放即范围三（Scope 3），较 Scope 1 和 Scope 2 更为宽泛，很难精准核算/认证。不仅各国之间有差异和争议，在中国内部，不同地区、不同研究机构之间也不一致。如果将来 CBAM 要对企业供应链碳足迹进行核算并据此征收"碳关税"，中国或上海与发达国家之间接轨、互认的难度会更高。

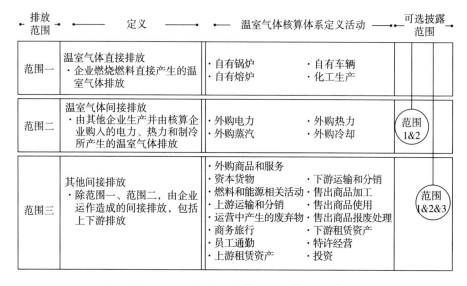

图 8　GHG Protocol 的温室气体排放核算/认证范围界定

（三）知识生产维度：学术话语未能有力支撑政治和公众话语

以表达话语的主体划分，话语体系包括政治话语、学术话语和公众话语。其中，学术话语是科学技术工作者专业的知识生产成果或其表述。对于 CBAM 之类专业性很强的领域，一般公众很难发挥作用，但如果将"公众"广义化，企业、行业协会、社团等都能在技术进步、管理创新、知识生产等多个环节有所作为。在国家间对话以及企业争取 CBAM 豁免等过程中，学术话语（专业知识生产）应当为政治话语、公众话语提供有力支持。然而，上海的相关学术话语（专业知识生产）未能较好发挥这一功能。

1. 为应对全球环境治理博弈的知识生产准备不足

从 CBAM 这一案例可见，中国或上海地方层面为参与全球环境治理博弈（预先）所做的知识生产准备或储备不足，当其他国家（主要是发达国家）就某一具体规则制定设置议题、提出主张甚至采取实质性行动时，难以支持国家相关部门及时有力应对。通过在"中国知网"（CNKI）数据库中以"中国""碳边境调节"主题词搜索文献（截至 2021 年 12 月 14 日）发现，自 2010 年起中国对于 CBAM 相关研究文献共有 34 篇，数量较少。研究文献关注主题集中在"碳关税""碳边境调节机制""碳泄漏"及相关法律问题方面（见图 9）。自 2017 年以来，我国关于 CBAM 研究的热度刚刚起步，且集中在 2020 年、2021 年两年（见图 9）。这在一定程度上反映出，2019 年 12 月欧盟推出的"欧洲绿色新政"提及 CBAM 后，我国针对该议题的研究成果才开始显著增多，在此之前，未能对该机制出台及时做出预判并做充分前瞻性研究。而且，在 2009 年欧盟已经试图推出碳关税，只不过因其他国家抵制而暂时中止的情况下，我国相关研究机构对欧盟改头换面重新推出"碳关税"（如以 CBAM 形式）未保持足够警惕性，导致 2020 年之前未雨绸缪的研究尤其是预案准备不足（见图 10）。

自 2019 年 12 月"欧洲绿色新政"表明 CBAM 可能在近期实施后，我国众多研究机构和学者才对此展开深入研究，提出很多对策建议。然而，这些政策建议集中于国家层面的应对策略，上海等非国家行为体或次国家行为体应如何有所作为，很难从公开渠道搜索到相关研究成果，也很难看到上海的相关研究机构就地方层面应对策略召开学术会议、开展国际交流或发布研究成果。从 CBAM 案例可见，上海服务于我国争取国际环境规则制定权的学术原创能力尚需进一步提升。

2. 学术话语未为政治话语和公众话语提供有力支撑

在国家间对话和企业争取 CBAM 豁免等过程中，中国或上海的学术话语或知识生产未能提供有力支撑，主要体现在以下几方面。

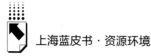

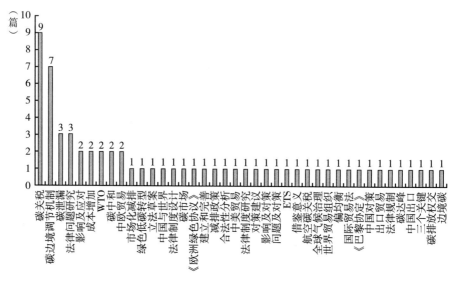

图9 2010~2021年中国碳边境调节机制研究相关文献数量

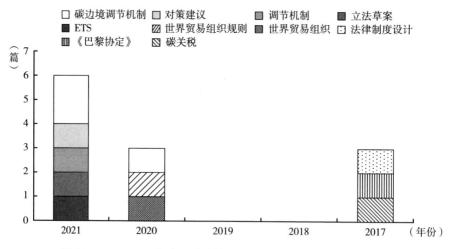

图10 2017~2021年中国碳边境调节机制研究相关文献年度分布

其一，对于发达国家在环保、生态、气候之类议题上占据道德高地，我们的研究成果还不足以支持中国站在一个更高的道德高地上予以反制。例如，相对于"环保"议题，"民生"甚至"人权"的优先序是否更高？因为过于激进的"环保"，造成民生危机或社会危机，损害就业权甚至生存权等基本人权，是否应加以抵制？我国的学术话语能否对这些问题加以深刻而系统的阐释，作为我国在道德层面反击发达国家的有力科学依据？

其二，尚缺乏能支持中国与发达国家围绕碳定价政策、碳排放核算、供应链碳足迹测算等进行对话的研究成果。对于中国特色节能减碳政策给企业带来的非显性碳定价成本，尚未能做精准定量分析并让发达国家信服。对于中国或上海加快碳排放核算与发达国家接轨和互认，尚未有研究相关行动方案的成果发布。对于供应链或全生命周期的碳足迹测算研究，中国或上海的学术界、产业界在国际上并不占优势，未来国际上若要围绕该问题制定标准或规则，中国或上海仍会因此缺乏话语权。

其三，对企业应对 CBAM 尤其是争取该机制豁免的智力支持不足。相关政府部门、行业协会、社团、法律界人士等，尚未合作设计出一套指导企业应对 CBAM 的工具箱。中国或上海的第三方核查等服务机构尚需进一步关注发达国家 CBAM 中关于第三方核查等服务机构资质及 MRV 规则的政策动态，加强为企业申报 CBAM 豁免的服务能力建设。

其四，未充分利用我们占主导或优势地位的平台或网络，向其他国家阐释全球环境治理中相关"中国主张""中国方案"立论的科学依据；也未充分利用此类平台或网络，率先创制并向其他国家传播基于我们先进成功案例的国际环保标准或规则。例如，在 2021 年 11 月第四届进博会的虹桥国际经济论坛上，政界、学界、企业界未能对中国特色节能减碳政策带来的非显性碳定价及其遏制"碳泄漏"的效应进行深入阐释；也未利用好发达国家依赖中国巨大进口市场这一有利条件，向发达国家企业（间接向发达国家政府）传递中国主张、态度和决心。相比之下，发达国家或其中心城市善于利用 C40 城市群（C40 Cities）等网络，基于发起并推广绿色低碳项目或倡议，在特定领域率先创制并传播绿色低碳技术标准，在相关国际规则制定中争夺先发优势。如发达国家生物医药制造业借推动绿色制药项目等，创制并推广评估企业绿色发展水平的绿色化学指标体系[①]。

---

① C40 城市群（C40 Cities）网站，www.c40.org/。

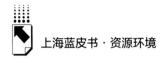

三 对策建议：以知识生产为支撑的 道德高地占据和能力强化

要提升上海乃至中国的国际生态话语权，需要以知识生产为支撑，在"公平转型"等议题上占据道德高地，在相关技术发展、制度发展等方面加强能力建设，以实力为后盾，在国际环境规则制定中让他国接受"中国主张""中国方案"。上海与中国的国际生态话语权提升是融为一体的，上海可以其在知识生产、制度先行先试等方面的优势为中国提升国际生态话语权提供支持；而中国国际生态话语权得到强化，能在国际环境规则制定中保障我国正当发展权益，则能为上海发展创造更大空间和机遇。

（一）在国际上抓住"公平转型"等议题抢占道德高地

上海乃至中国学界、政界应善于抓住"民生""就业""人权""生存权"等优先级不亚于甚至高于"环保""生态""气候"的可持续发展目标，构建理论体系，以支撑相关政治论述。"公平转型"已成为国际上气候或环境政策研究的热点议题，但在很多情况下，只是关注一国内部绿色低碳转型过程中如何平衡经济-社会-环境目标尤其是扶助弱势群体。我国学者和政府应将该议题扩展或上升至"国家间的公平转型"展开研究和论述，反对过于激进的气候或环保政策，敦促发达国家在推进气候或环保政策时加大对发展中国家的技术、资金援助，正如其在国内推行的"税收中性"政策。

（二）基于公平原则开展绿色技术转移转化国际合作

在"公平转型"诉求下，谋求深化中国与发达国家技术合作，并利用绿色技术银行等设施，将上海建设成对外承接技术输入、对内扩散先进技术的全球气候治理枢纽。在敦促发达国家对我国加大技术援助的同时，建议在绿色技术银行机制中探索技术合作的模式创新，以更好兼顾我国与发达国家利益，消除合作障碍、扩大技术输入规模，如在技术所有权转让之外探索技术"租用"的多样化创新模式。在全国绿色技术银行所在地上海对绿色技术引进消化吸收再创新后，上海能够逐步建立起绿色技术反向输出的能力，并以此为后盾形成绿色低碳标准创制反向输出的能力，使上海成为国际绿色低碳标准创制的枢纽。

（三）开展非显性碳定价量化研究争取 CBAM 豁免权

为更好地发挥碳金融市场发现价格、指导低碳项目投资、实现行业履约目标的功能，我国除了推进碳交易覆盖范围扩大、配额渐进收紧、衍生品交易扩展和监管机制优化等政策措施之外，还应加快完善全国和上海等区域碳市场。建议上海乃至中央相关部门组织研究机构，针对"非显性碳定价"等问题展开精准定量分析，作为政府间对话以及企业争取 CBAM 豁免的科学依据，并以此为基础促进发达国家与我国碳定价政策互认。

（四）加快制定与国际接轨的重点行业碳排放核算法

研究加快我国碳排放核算、碳足迹测算等与发达国家接轨、互认的行动方案，上海要争取在相关核查技术或核查方法论上率先突破，成为国内相关技术标准创制的引领者。2021 年 9 月、10 月，中共中央、国务院连续出台两份关于"双碳"工作的行动方案，其中，就实现碳排放核算、全生命周期碳足迹测算等的统一规范做出部署，并强调参与相关国际标准制定（争取更大的规则制定权），加强国际标准协调（实现接轨和互认），有些重要工作要在 2030 年前完成。这一进程是否有加快的可能，在这一进程中上海能否成为引领者，有赖于国家或上海为加快相关知识生产加大科研投资力度、设立专门研究项目。

（五）政产学研合作为企业应对 CBAM 提供智力支持

多方合作为企业应对 CBAM 设计"工具箱"，并且大力培育为相关行业、企业应对 CBAM 提供智力支持的第三方服务行业。建议政府组织研究机构、行业协会、外贸咨询机构、法律服务机构等开展合作，为企业应对

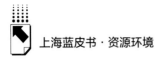

CBAM 设计"工具箱"。除了依托政府和非政府组织（NGO）提供公益性的智力支持外，还要在研究发达国家 CBAM 核算规则、申报规则和第三方服务机构资质管理规则等的基础上，加强对相关行业人力资源培养，构建为企业应对 CBAM 提供支持的第三方服务行业。

参考文献

Aylor, B., et al., "How an EU Carbon Border Tax Could Jolt World Trade", Website of Boston Consulting Group, https：//www.bcg.com/zh－cn/publications/2020/how－an－eu－carbon-border-tax-could-jolt-world-trade.

Christopher Kardish、段茂盛、陶玉洁、李莉娜、Mary Hellmich：《欧盟碳边境调节机制与中国：政策设计选择、潜在应对措施及可能影响》，德国智库 Adelphi 与清华大学能源环境经济研究所（3E 研究所）联合报告，2021。

郝海然：《欧盟碳关税的国际、国内层面应对机制研究》，《中共南京市委党校学报》2018 年第 4 期。

华启和：《中国提升生态文明建设国际话语权的基本理路》，《学术探索》2020 年第 10 期。

李欣：《欧美碳边境调节机制的软肋及我们的策略》，《中国财政科学研究院研究简报》2021 年第 18 期。

李昕蕾：《中国社会主义生态文明话语体系的构建及其国际传播》，《中国生态文明》2018 年第 5 期。

刘海涛、徐艳玲：《我国生态文明话语权构建面临的新时代境遇与路径选择》，《山东社会科学》2020 年第 2 期。

刘险峰、王清容、尤阳：《碳关税最新国际动议与风险防范》，《中国金融》2021 年第 10 期。

世界银行：《碳定价机制发展现状与未来趋势 2021》，2021。

王桂芝：《中国道路国际话语权面临的外部挑战与应对》，《北京联合大学学报》（人文社会科学版）2017 年第 3 期。

王军峰：《中国环境话语权的历史演进与现实建构》，《国际传播》2019 年第 5 期。

张彬、李丽平、赵嘉、张莉：《欧美实施碳边境调节税对我国影响分析与对策建议——碳达峰碳中和系列研究之十》，《中国环境战略与政策研究专报》2021 年第 18 期。

张首先：《中国生态文明建设的话语形态及动力基础》，《自然辩证法研究》2014 年第 10 期。

附　录

B.13
上海市资源环境年度指标

摘　要： 本文利用图表的形式对 2015～2020 年度上海能源、环境指标进行简要直观的表示，反映其间上海在资源环境领域的发展变化。结合上海"十四五"规划，分析上海资源环境现状与目标之间的差距，为"十四五"发展奠定基础。本章选取大气环境、水环境、水资源、固体废弃物、能源和环保投入等作为资源环境指标。在长三角一体化上升为国家战略的背景下，本文还对近三年苏浙沪皖的大气和水的环境质量进行分析，以期反映区域环境协作的水平。

关键词： 资源环境　长三角一体化　环境质量

一　环保投入

2020 年，上海市环保投入 1087.86 亿元，占当年 GDP 的 2.8%，比上年

增长了 0.8%（名义价格）。与 2019 年相比，生态保护和建设投资比重下降
2.8 个百分点，农村环境保护投入比重上升 1.1 个百分点，环保设施转运费
投入比重上涨了 6.5 个百分点，总体来看，2020 年上海市环保投入与 2019
年环保投入持平（见图 1）。

图 1 2015~2020 年上海市环保总投入及环境基础设施投资状况

资料来源：上海市生态环境局，2015~2020 年《上海市生态环境状况公报》。

2020 年城市环境基础设施建设投资、污染源防治投资、农村环境保护
投资与环保设施运转费用占环保总投入的比重分别为 41.80%、21.50%、
13.90% 和 20.20%（见图 2）。

二 大气环境

上海环境空气六项指标实测浓度首次全面达标。2020 年，上海市环境
空气质量指数（AQI）优良天数为 319 天，较 2019 年增加 10 天，AQI 优良
率为 87.2%，较 2019 年上升 2.5 个百分点。臭氧（O_3）为首要污染物的天
数最多，占全年污染日的 57.5%。全年细颗粒物（$PM_{2.5}$）、可吸入颗粒物
（PM_{10}）、二氧化硫、二氧化氮的年均浓度分别为 32 微克/米^3、41 微克/
米^3、6 微克/米^3、37 微克/米^3，臭氧日最大 8 小时平均第 90 百分位数为
152 微克/米^3，较 2019 年上升 0.7%，一氧化碳（CO）浓度为 1.1 毫克/

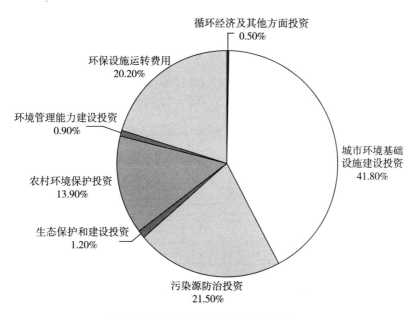

图2　2020年上海市环保投入结构概况

资料来源：上海市生态环境局，2020年《上海市生态环境状况公报》。

米³。六项指标实测浓度首次全面达到国家环境空气质量二级标准，其中二氧化硫年均浓度达到国家环境空气质量一级标准（见图3）。

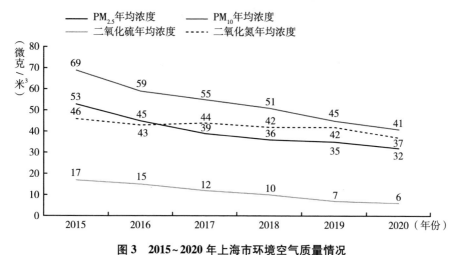

图3　2015~2020年上海市环境空气质量情况

资料来源：上海市生态环境局，2015~2020年《上海市生态环境状况公报》。

2020 年，上海市二氧化硫和氮氧化物排放总量分别为 9.22 万吨和 22.51 万吨，比 2015 年分别下降了 46.0% 和 25.1%（见图 4）。

图 4　2014~2019 年上海市主要大气污染物排放总量

资料来源：上海市生态环境局，2015~2020 年《上海市生态环境状况公报》。

三　水环境与水资源

2020 年上海市地表水环境质量相对于 2019 年有所改善。2020 年全市主要河流断面水质达 Ⅲ 类水及以上的比例占 74.1%，无劣 Ⅴ 类水质断面（见图 5）。高锰酸盐指数、氨氮、总磷平均浓度均呈明显下降趋势，2020 年分别为 4.1 毫克/升、0.51 毫克/升、0.159 毫克/升，较 2019 年分别下降 6.8%、16.4%、16.8%。

2020 年上海市化学需氧量和氨氮排放总量分别比 2015 年下降了 63.3% 和 38.0%（见图 6）。

2020 年，全市取水总量 72.62 亿立方米，比上年下降 4.4%，自来水供水总量 28.86 亿立方米，比上一年下降 3.1%（见图 7、图 8）。

2020 年，上海市城镇污水处理率为 97.00%（见图 9）。

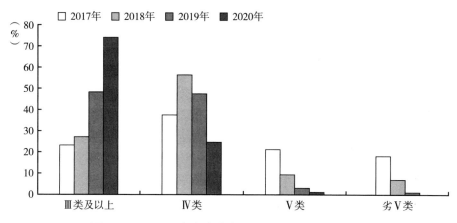

图5　2017~2020年上海市主要河流水质类别比重变化

注：全市主要河流监测断面总数为259个。

资料来源：上海市生态环境局，2017~2020年《上海市生态环境状况公报》。

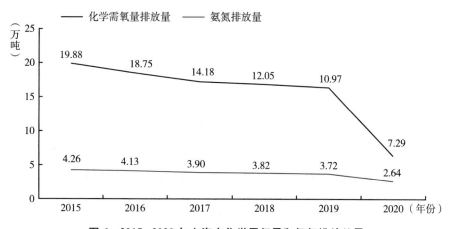

图6　2015~2020年上海市化学需氧量和氨氮排放总量

资料来源：上海市统计局，《上海统计年鉴2021》。

四　固体废弃物

2020年，上海市一般工业废弃物产生量为1808.75万吨，综合利用率

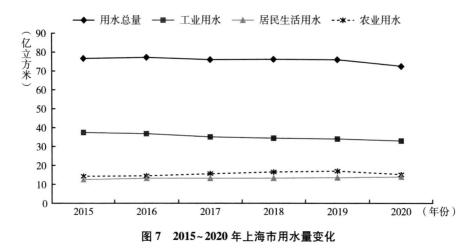

图7 2015~2020年上海市用水量变化

资料来源：上海市水务局，2020年《上海市水资源公报》。

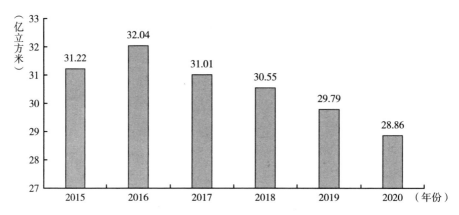

图8 2015~2020年上海市自来水供水总量变化

资料来源：上海市水务局，2015~2020年《上海市水资源公报》。

为94.09%。冶炼废渣、粉煤灰、脱硫石膏占工业固体废弃物总量比重为73.37%。2020年上海市生活垃圾产生量1132.92万吨①，干垃圾和湿垃圾分别占45.61%和31.02%。无害化处理率为100%，填埋处理量为69.95万

----

① 生活垃圾产生量较往年有较大增长，主要原因是2020年将可回收物全量纳入生活垃圾产生总量统计口径。

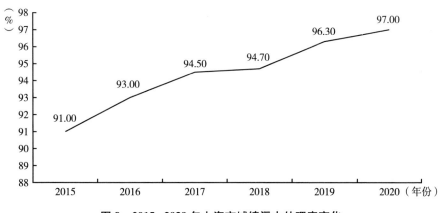

图9 2015~2020年上海市城镇污水处理率变化

资料来源：上海市水务局，2015~2019年《上海市水资源公报》；上海市发展和改革委员会，《上海市生态环境保护"十四五"规划》。

吨，通过焚烧等处理682.11万吨，资源化利用总量为380.77万吨，有害垃圾无害化处理量为0.09万吨（见图10、图11）。

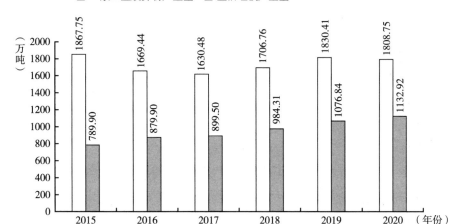

图10 2015~2020年上海市生活垃圾和工业废弃物产生量

资料来源：上海市生态环境局，2015~2020年上海市固体废弃物污染环境防治信息公告。

2020年上海市危险废弃物产生量143.4万吨，全市医疗废物收运量5.69万吨，医疗废物处置量5.69万吨，无害化处置率100%。

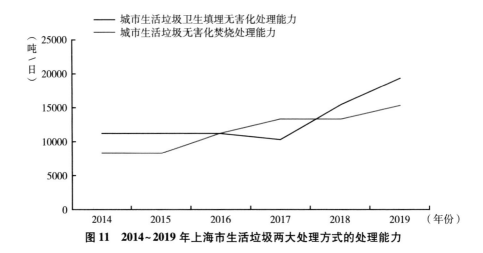

图11　2014～2019年上海市生活垃圾两大处理方式的处理能力

五　能源

2020年，上海万元生产总值的能耗比上一年下降了6.64%，万元地区生产总值电耗下降了1.16%。

2020年，上海市能源消费总量为11099.59万吨标准煤，比上一年下降5.1%（见图12）。

图12　2015～2020年上海市能源消费总量变化

资料来源：上海市统计局《上海统计年鉴2021》，国家统计局《2020分省（区、市）万元地区生产总值能耗降低率等指标公报》。

六 长三角区域环境质量比较

从 2018 年到 2020 年，长三角地区的环境质量总体上呈逐步改善趋势。在环境空气质量方面：2020 年长三角环境空气质量达到有监测记录以来最好水平，上海市、浙江省、江苏省、安徽省的细微颗粒物（$PM_{2.5}$）浓度下降比较明显，可吸入颗粒物（PM_{10}）污染状况也得到改善；三省一市的二氧化氮年均浓度下降幅度较小；安徽省 2020 年可吸入颗粒物年均浓度首次达到国家二级标准，二氧化硫、二氧化氮年均浓度指标表现良好，均达到国家一级标准，臭氧浓度达二级标准（见表1）。

表 1   2018～2020 年长三角省市环境空气质量状况

城市环境空气质量指标	省市	2018 年	2019 年	2020 年
$PM_{2.5}$ 年均浓度 （微克/米^3）	上海	36	35	32
	江苏	48	43	38
	浙江	31	31	25
	安徽	49	46	39
PM_{10} 年均浓度 （微克/米^3）	上海	51	45	41
	江苏	76	70	59
	浙江	52	53	45
	安徽	76	72	61
SO_2 年均浓度 （微克/米^3）	上海	10	7	6
	江苏	12	9	8
	浙江	7	7	6
	安徽	13	10	8
NO_2 年均浓度 （微克/米^3）	上海	42	42	37
	江苏	38	34	30
	浙江	25	31	29
	安徽	35	31	29

资料来源：上海市生态环境局，2018～2020 年《上海市生态环境状况公报》；浙江省生态环境厅，2018～2020 年《浙江省生态环境状况公报》；江苏省生态环境厅，2018～2020 年《江苏省生态环境状况公报》；安徽省生态环境厅，2018～2020 年《安徽省生态环境状况公报》。

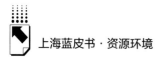

在水环境质量方面，长三角劣Ⅴ类水断面监测比例全部归零，上海市、安徽省首次劣Ⅴ类断面实现清零，浙江省水质状况表现最好（见表2）。

表2　2018~2020年长三角省市地表水水质

地表水水质	省市	2018年	2019年	2020年
Ⅲ类水及以上比重（%）	上海	27.2	48.3	74.1
	江苏	74.2	77.9	87.5
	浙江	84.6	91.4	94.6
	安徽	69.5	72.8	76.3
Ⅵ-Ⅴ类水比重（%）	上海	65.8	50.6	25.9
	江苏	25.0	22.1	12.5
	浙江	15.4	8.6	5.4
	安徽	26.8	25.3	23.6
劣Ⅴ类水比重（%）	上海	7.0	1.1	0
	江苏	0.8	0	0
	浙江	0	0	0
	安徽	3.7	1.9	0

资料来源：上海市生态环境局，2018~2020年《上海市生态环境状况公报》；浙江省生态环境厅，2018~2020年《浙江省生态环境状况公报》；江苏省生态环境厅，2018~2020年《江苏省生态环境状况公报》；安徽省生态环境厅，2018~2020年《安徽省生态环境状况公报》。

Abstract

On June 22, 2021, Shanghai enacted the overall plan to comprehensively enhance urban soft power, which is a key strategy in building up the city's future core competitiveness. Ecological soft power being one of the main parts of urban soft power, Shanghai should indentify and materialize the pathways and concrete measures to enhance urban ecological soft power in the respects of ecological quality, ecological culture and ecological discourse power. This report establishes the Urban Ecological Soft Power Index covering the three dimensions of ecological quality, ecological culture and international influence, and makes international comparison among Shanghai, Beijing, Hong Kong, New York, London, Tokyo, Paris, Singapore and etc., finding that there is a big gap among the global cities in terms of ecological culture, while the gap is relatively small in terms of international influence. Shanghai keeps a good balance among the three dimensions of ecological soft power, but lack of a remarkable competitive edge makes Shanghai's urban ecological soft power lag behind the top global cities to some extent. In order to further enhance Shanghai's urban ecological soft power, this report suggests the city to pay greatest attention to improving urban ecological quality so as to agglomerate high-end resources, to develop mega-city ecological culture with Shanghai characteristics based on strengthening ecological " soft culture" and "hard institutions", and to promote international ecological discourse power through adapting to and assimilating the related international standards.

Ecological quality making the city more amicable and appealing, this report establishes a multi-dimensional framework to assess Shanghai's urban ecological quality, covering the six fields of harmonious co-existence of human and nature, fair and resilient ecological infrastructure, tolerant and harmonious ecological culture, balanced and efficient ecological economy, beautiful and pleasant housing environment as well as green and low－carbon transportation. In the process of enhancing Shanghai's urban ecological soft power by improving urban ecological quality, greatest attention should be paid to painting amazing ecological ground color, creating the life space leading to the future, building up harmonious and livable eco－city, and highlighting ecological charm of the city. Ecological quality can improve welfare and happiness of the residents, and the questionnaire survey of this report shows that satisfaction of urban residents with ecological quality will bring about more pro－environment behaviors, achieving virtuous interaction between urban residents pro－environment behaviors and ecological welfare based on ecology and environment. This report further focuses on improving residents ecological welfare in the "Five New Cities" of Shanghai, and suggests that the objective ecological welfare and subjective satisfaction of the residents should be improved by overcoming shortcomings and weak points in environmental governance, optimizing structure and function of ecological space, increasing waterfront spaces and promoting public participation in ecological and environmental governance.

Ecological culture shapes the image and values of the city, and either ecological culture or soft power of the city contains the four respects of spirits, materials, behaviors and institutions, so enrichment and improvement of ecological culture is of great significance to enhancing urban soft power. Development of global cities ecological culture has experienced the three phases featuring nature as the center, human as the center and harmonious co－existence of human and nature, showing that urban ecological culture is inevitably the combination of humanistic ecology and natural ecology. Development of Shanghai's urban ecological culture should not only be rooted in "soft culture" but also be regulated by "hard institutions". The former mainly includes urban ecological notions, ecological behaviors, ecological values and etc., which are the ecological notions and norms that urban residents commonly acknowledge and abide by, while the latter mainly include urban ecological laws, policies and etc., which are the ecological governance regulations or behavior rules that urban residents commonly abide by. Shanghai can take ecological culture landmarks building as one of the main pathways to enhance urban ecological soft power, incorporating the culture genes of the Red Culture, Shanghai-style Culture, South-of-the-Yangtze River Culture and the - Huangpu River Culture into the urban ecological soft power building process. Focusing on the key projects such as waterfront development along the Huangpu River and the Suzhou Creek, it is suggested to optimize coordination between the municipal and district - level governments and to guarantee the funding mechanisms so as to build up highly - identifiable new landmarks of urban ecological culture, making them the carriers condensing urban ecological culture.

Ecological discourse power is a symbol of international influence and competitiveness, and the global cities focus on the discourse power concerning climate change. Analysis based on the global cities historical data shows that there is inverted U-shaped relationship between urban per capita carbon footprint and per capita GDP, so, in order to enhance the discourse power concerning climate change, Shanghai needs to coordinate the targets of high - quality economic development and carbon emission reduction, to establish industrial low - carbon standards and norms and to build up low - carbon technology innovation hubs, making itself into a model global city boasting about high-quality development and low carbon emission. Aiming at promoting international ecological discourse power with the rule making power as the core, Shanghai should design the policy system "putting demand management at first, emphasizing process control and paying equal attention to source and end management", advancing coordination of carbon emission reduction and other pollutants abatement. Based on knowledge production, Shanghai should build up the nexus of assimilating and transferring advanced foreign green technologies, accelerate adaptation to and mutual recognition with the developed countries concerning non - explicit carbon prices and carbon emission MRV, as well as nurture the third-party services industries to support the enterprises to meet CBAM challenges.

Keywords: Ecological Soft Power; Ecological Quality; Ecological Culture; Ecological Discourse Power

Contents

I   General Report

B.1   Connotation and Promotion Path of Shanghai Ecological

Soft Power   *Zhou Fengqi, Cheng Jin and Wang Yating* / 001

Abstract: Ecological soft power is one of the important components of city soft power. Shanghai should identify and visualize the development direction and specific implementation measures of city ecological soft power from the three aspects of ecological quality, ecological culture, and ecological discourse power. Ecological quality makes the city more Affinity and attractiveness, ecological culture shapes the image and values of the city, and the right of ecological discourse demonstrates international influence and competitiveness. A comparative analysis of the ecological soft power of the eight cities of Shanghai, Beijing, Hong Kong, New York, London, Tokyo, Paris, and Singapore shows that New York and London are in the first echelon, representing the highest level of ecological soft power of Global cities, and Singapore is in the second echelon, Shanghai, Beijing, Hong Kong, Tokyo and Paris are the third echelon. Shanghai's ecological soft power is still far from the top level of global cities, the development level of each sub-field of Shanghai's ecological soft power is similar, and overall it has not yet formed an absolute advantage field. In order to further enhance Shanghai's ecological soft power, first of all, it is guided by the gathering of high-end resources to improve the urban ecological quality, build a multi-dimensional urban ecological quality improvement standard, and play the role of talent attraction, citizen cohesion and cultural appeal of urban ecological quality. Second, develop a mega-city ecological culture with Shanghai characteristics, strengthen the construction of ecological "soft culture" and "hard systems", and create an urban ecological cultural landmark with Shanghai characteristics. Third, actively docking and transforming international ecological rules and standards, and actively carry out multilateral and bilateral exchanges and cooperation in international ecological environment governance.

Keywords: Ecological Soft Power; Ecological Quality; Ecological Culture; Ecological Discourse Power

Ⅱ   Chapter of Ecological Quality

B . 2   Research on the Multidimensional Evaluation Criteria

of Shanghai's Urban Ecological Quality   *Wu Meng* / 022

Abstract: Entering the new stage of high-quality development, considering the harmonious coexistence of human and nature and the appeal of high-quality urban living environment, urban ecological quality is a profound reflection of the values, targets and elements of urban environment construction in the past. It is also a necessary way to comprehensively enhance the city's soft power. At present, Shanghai is actively participating in the global city competition, it is the inherent need and inevitable trend to build ecological quality that matches the outstanding global city target. Research on the multi-dimensional evaluation standards of ecological quality will help to promote the transformation of urban "indexed ecological construction" to "multi-value integration of urban development" . To this end, this research uses grounded theory to smelt the theoretical knowledge related to urban environment construction in urban ecology, sociology, economics, ethics and human settlements, so as to build a city. The multi-dimensional evaluation standard of ecological quality provides theoretical support.

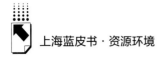

On this basis, centering on the ecological city construction goal of "becoming a benchmark for green, low-carbon and sustainable development of international megacities" proposed in the "Shanghai Urban Plan (2017-2035)", a NICEST-based city will be constructed. The multi-dimensional evaluation standard framework for ecological quality includes one goal, six standards and 18 elements, in order to provide a scientific reference for evaluation and management for the improvement of Shanghai's urban ecological quality, and to promote the improvement of Shanghai's urban ecological soft power through evaluation and promotion. Comprehensive competitiveness of the city.

Keywords: Ecological Quality; Ecological Soft Power; High-quality Development; Evaluation Criteria; Shanghai

B.3 Ideas and Paths for Shanghai's Urban Ecological Environment Quality to Promote the Improvement of Urban Ecological Soft Power

Shang Yongmin / 042

Abstract: Excellent ecological environment quality is the development foundation and strategic resource of global cities, and it is also one of the important manifestations of urban soft power. From the mechanism of action, improving the quality of the urban ecological environment will help enhance the urban ecological affinity, shape the creativity of livable and workable, demonstrate the appeal of ecological culture, and enhance the global ecological influence. The soft power of the urban ecological environment will form the quality of the ecological environment. Goal-oriented role, construction of incentive mechanism and construction of demonstration role. The quality of Shanghai's urban ecological environment promotes the improvement of the city's soft power. It should adhere to the ecological base, people-oriented, cultural soul, face the world, and lead the future. The quality of Shanghai's urban ecological environment should promote the improvement of urban ecological soft power. We should focus on creating a moving ecological background of the city, constructing a living space that leads the future, creating a harmonious and livable ecological city, and demonstrating the urban ecological charm.

Keywords: Eco-environmental Quality; Ecological Soft Power; Mechanism of Action; Promotion Path; Shanghai

B.4 Improvement of Urban Residents' pro-environment Behavior and Ecological Well-being　　　　*Chen Ning*, *Luo Liheng* / 062

Abstract: More and more studies have proved that residents' behavior has a direct impact on the ecosystem, so it is a realistic way to improve ecological well-being by intervening and improving residents' behavior. Existing studies often focus on the direct or static impact of residents' behavior on ecological well-being, but in fact, changes in ecological well-being will also affect residents' behavioral decisions. This paper explains and quantifies the interaction between pro-environmental behavior and ecological well-being of Shanghai urban residents, and finds that the higher the satisfaction of the ecological environment of Shanghai urban residents, the higher the frequency of self-reported pro-environmental behavior. At the same time, the more frequent the contact with nature, the higher the frequency of self-reported pro-environment behavior. In addition, no matter different income, different education level, or different job positions, there is a positive correlation between pro-environment behavior and satisfaction with ecological well-being and ecological environment exposure. At present, Shanghai has entered the stage of comprehensively promoting the green transformation of production and life style. Governments and departments at all levels in Shanghai should regulate the residents' pro-environment behavior on the whole, integrate the residents' pro-environment behavior into the ecological environment governance system, and pay attention to improving the satisfaction degree of ecological well-being and enhancing the fairness of ecological well-being.

Keywords: Pro-environmental Behavior; Ecological Well-being; Urban Resident

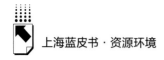
B.5　Research on Ecological Quality Improvement Strategies of
New Towns - A Case Study of the Construction of Five
New Cites in Shanghai　　　　　　　*Zhang Wenbo, Dong Di* / 091

Abstract：Building the five new towns is an important measure for Shanghai to optimize the urban spatial layout and functions, and enhance the agglomeration of elements and the competitiveness of the city. This will lead to the reconstruction of urban spatial structure, reshaping of the ecological environment system, redistribution of residents' ecological well-being, and rebalancing of urban functions and ecological functions of Shanghai, which will affect the ecological well-being of residents. To achieve the goal of building an ecological city with the concept of people-centered, how to enhance and improve the ecological well-being of residents in the five new towns has become an important issue. Combined the statistical and questionnaire analysis, the results show that (1) the construction of five new towns in Shanghai has generally improved the new towns, in the aspects of environmental quality, ecological space layout and residents' ecological well-being; (2) residents are highly satisfied with the quality of the ecological environment in the new towns, however, the diversity, accessibility and service functions of ecological space still need to be improved; (3) public participation in ecological environment governance is low; (4) the subjective perception of the ecological well-being of residents still needs to be improved. To improve the objective ecological well-being and subjective perception of residents, several measures are recommended, including making up for the shortcomings and weaknesses of environmental governance, optimizing the structure and function of ecological space, increasing the number of waterfront spaces, and improving public participation in ecological environmental governance mechanisms.

Keywords：Ecological Well-being; Urban Construction; Environmental Quality; Residents' Perception; Shanghai

Ⅲ Chapter of Ecological Culture

B.6 Progress and Suggestions of Shanghai Ecological Culture
Construction from the Perspective of Urban Soft Power
Improvement *Li Haitang* / 118

Abstract: The constituent elements of urban ecological culture and urban
soft power include spirit, material, behavior and system. The enrichment and
improvement of the connotation of ecological culture is of great significance to
enhance and shape the urban soft power dominated by attraction, radiation and
influence. Ecological spiritual culture can enrich the spiritual core of urban soft
power, ecological behavior culture can shape the citizen image of urban soft power,
ecological system culture can improve the good governance efficiency of urban soft
power, and ecological material culture can enhance the life experience of urban soft
power. Shanghai's ecological culture construction has also made significant progress
in ecological spiritual culture, ecological behavior culture, ecological system culture
and ecological material culture. However, compared with the "excellent global
ecological city", Shanghai still has room for improvement in ecological culture
construction. Therefore, through the strengthening of digital technology, public
participation, laws and policies, publicity and education and other measures, we can
help the construction and development of Shanghai's ecological culture, and then
make due contributions to improving Shanghai's urban soft power.

Keywords: Urban Soft Power; Ecological Culture; Urban Spirit; Shanghai

B.7 Study on Building Urban Ecological and Cultural Landmarks
in Shanghai *Zhang Xidong* / 134

Abstract: Urban ecological soft power plays an important role in improving the

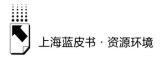
energy level of urban development. As the material carrier of urban ecological soft power, urban ecological and cultural landmarks are of great significance to enhance urban ecological soft power. To build Shanghai into an excellent global city, it needs to have a very high level of urban ecological soft power, and the construction of ecological and cultural landmarks provides a starting point for improving the urban ecological soft power. Based on the development of Shanghai ecological culture, this paper analyzes the characteristics and shortcomings of Shanghai ecological culture landmark construction. By identifying the main vein of Shanghai's ecological culture, this paper analyzes the general area suitable for the construction of ecological and cultural landmarks in Shanghai. On this basis, it is considered that in order to build an ecological and cultural landmark in Shanghai, we should improve the urban two-level linkage mechanism, establish a capital investment guarantee mechanism, prepare the urban regional development plan, introduce relevant supporting industries, and create multiple communication channels.

Keywords: Soft Power; Ecological Culture; Landmark

B . 8   Ecological Culture Development in Global Cities:

Case Studies and Policy Implications　　*Wang Linlin* / 147

Abstract: Ecological culture is an important part of urban soft power. The construction of global cities shapes corresponding urban ecological culture and leads the development trend of global ecological culture. Analysis of the development process and shaping methods of global urban ecological culture has many references for Shanghai's ecological culture construction and the improvement of urban soft power. Based on the typical cases of four global cities including New York, London, Paris, and Tokyo, this report extracts the experience of global urban ecological culture construction from five perspectives: planning and design, policy guarantee, behavior cultivation, material culture, and governance pattern. On this basis, further aiming at the shortcomings of Shanghai's ecological culture construction, the paper proposes suggestions for improving Shanghai's ecological culture construction from six aspects: optimizing ecological space layout, improving policy and institutional system, inheriting ecological cultural concepts, expanding public participation channels, developing ecological cultural education projects, and enhancing systematic thinking ability.

Keywords: Ecological Culture; International Experience; Policy Implications

Ⅳ   Chapter of Ecological Discourse Power

B.9   Research on the Synergy of Pollution Reduction and Carbon Reduction in Shanghaibased on the Carbon Peaking and Carbon Neutrality Goals

Hu Jing, *Dai Jie*, *Tang Qinghe*, *Cheng Qi*,
Zhang Yan and Wang Baihe / 163

Abstract: Giving full play to the synergistic effect of reduction of pollution and carbon emissions is an important means to systematically promote carbon neutralization. The experience of developed countries shows that incorporating carbon emission targets into the binding targets of economic and social development is conducive to leading and systematic carbon emission reduction, the coordinated efforts of administrative and market means can effectively activate the carbon reduction vitality of market players, Voluntary Emission Reduction and other social mechanisms have established effective channels for promoting the development of a low-carbon society. Based on research on international experiences, this paper systematically analyzes the actual needs and weaknesses of promoting the coordinated reduction of traditional pollutants and carbon emissions both in China and Shanghai, and puts forward counterpart policy suggestions, with the principle of "putting demand control as top priority, focusing on process control, and reinforcing both source management and end-of-pipe treatment".

Keywords: Carbon Peak; Carbon Neutralization; Coordinated Reduction of Traditional Pollutants and Carbon Emissions

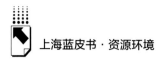

B.10 Carbon Peaking and Carbon Neutrality: Tracing the Actions

of the Global Cities　　　　　　　　　*Sun Kege, Li Fang* / 184

Abstract: Promoting low-carbon development and avoiding the negative impacts of climate change require concerted efforts from all countries around the world. At present, major cities around the world have put forward clear carbon reduction targets and adopted active policies and measures to reduce emissions in areas including transportation, buildings and energy. As one of the global metropolises, Shanghaiis receiving increasingattention for its policy measures to cope with climate change. Based on the 2021 Global Cities Index (GCI) published by Kearney, this study compared the top 30 cities in terms of their targets of carbon peaking and carbon neutrality, and their annual changes in greenhouse gas emissions. Based on the analyses of historical data, carbon footprint per capita and GDP per capita of global city show an inverted U-shape relationship. It is necessary for Shanghai to coordinate the goals of high quality economic growth and cabon emission, establish industrial low-carbon standard, develop low-carbon technology innovation center, thus building a global city model of high quality development and low carbon emission and enhancing the voice in the field of climate change.

Keywords: Climatechange; Low-carbon City; International Experience

B.11 Research on Innovation of Ecology and Environmental

Management Regulatory and Its Insights for Pudong New Area

Zhou Shenglv, Hu Jing, Zhang Yan and Hu Dongwen / 205

Abstract: The innovation of the ecology and environmental management regulatory is an integral part of improving the socialist system with Chinese characteristics, and advancing the modernization of the national governance system and capabilities. It is also an essential support for enhancing the soft power of cities. In recent years, China has achieved remarkable results by carrying out a series ofecology and environmental management reforms and innovations in several key regions or fields. The Central Committee of the Communist Party of China has given the Pudong new area new major tasks of reform and opening up. It is urgently needed for the Pudong new area to explore and innovate in the concept, mechanism and model of ecology and environmental governance. Based on analyzing the current international situation, summarizing the domestic ecology and environmentalmanagement innovation needs and practical experience, this study puts forward several suggestions for the ecology and environmentalmanagement regulatoryof Pudong new area, including the application and integration of different ecology and environmental management regulatory; improving differentiated and intelligent models to enhance the effectiveness of regulatory services; strengthening technical assistance and technological support in critical areas; continuing to innovate the environmental policies.

Keywords: Soft Power; Ecology and Environmental Management Regulatory; Innovation; Pudong New Area

B . 12 Pathways to Promote Shanghai's International Ecological Discourse Power: In the Perspective of CBAM

Liu Xinyu , Cao Liping / 226

Abstract: In the perspective to meet CBAM, this article analyzes how Shanghai can promote international ecological discourse power with the rule making power as the core and how Shanghai can support the nation to enhance ecological discourse power. In essence, CBAM is the developed countries' unilateral action to modify international climate and trade rules to protect their own industries or interests, reflecting the struggle for power in international environmental rules making. In order to promote international ecological discourse power with the rule making power as the core, we need to occupy the moral

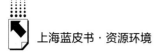

highland and to attain the leading status in technology and institution development, based on knowledge production, so that we can conduct dialogue with developed countries backed by the strength. Based on the analysis on Shanghai's shortcomings in terms of green production technologies, carbon pricing policies, carbon emission MRV, the related knowledge production and etc. , this article suggests that, based on knowledge production, Shanghai should occupy the moral highland with "just transition" topic, build up the nexus of assimilating and transferring advanced foreign green technologies, accelerate adaptation to and mutual recognition with the developed countries concerning non-explicit carbon prices and carbon emission MRV, as well as nurture the third-party services industries to support the enterprises to meet CBAM challenges.

Keywords: Shanghai; International Ecological Discourse Power; Pathways to Promote; Carbon Border Adjustment Mechanism

权威报告·连续出版·独家资源

皮书数据库
ANNUAL REPORT(YEARBOOK)
DATABASE

分析解读当下中国发展变迁的高端智库平台

所获荣誉

- 2020年，入选全国新闻出版深度融合发展创新案例
- 2019年，入选国家新闻出版署数字出版精品遴选推荐计划
- 2016年，入选"十三五"国家重点电子出版物出版规划骨干工程
- 2013年，荣获"中国出版政府奖·网络出版物奖"提名奖
- 连续多年荣获中国数字出版博览会"数字出版·优秀品牌"奖

皮书数据库

"社科数托邦"
微信公众号

成为会员

登录网址www.pishu.com.cn访问皮书数据库网站或下载皮书数据库APP，通过手机号码验证或邮箱验证即可成为皮书数据库会员。

会员福利

- 已注册用户购书后可免费获赠100元皮书数据库充值卡。刮开充值卡涂层获取充值密码，登录并进入"会员中心"—"在线充值"—"充值卡充值"，充值成功即可购买和查看数据库内容。
- 会员福利最终解释权归社会科学文献出版社所有。

数据库服务热线：400-008-6695
数据库服务QQ：2475522410
数据库服务邮箱：database@ssap.cn
图书销售热线：010-59367070/7028
图书服务QQ：1265056568
图书服务邮箱：duzhe@ssap.cn

社会科学文献出版社 皮书系列
SOCIAL SCIENCES ACADEMIC PRESS (CHINA)

卡号：278535993465
密码：

基本子库
SUB DATABASE

中国社会发展数据库（下设 12 个专题子库）

紧扣人口、政治、外交、法律、教育、医疗卫生、资源环境等 12 个社会发展领域的前沿和热点，全面整合专业著作、智库报告、学术资讯、调研数据等类型资源，帮助用户追踪中国社会发展动态、研究社会发展战略与政策、了解社会热点问题、分析社会发展趋势。

中国经济发展数据库（下设 12 专题子库）

内容涵盖宏观经济、产业经济、工业经济、农业经济、财政金融、房地产经济、城市经济、商业贸易等 12 个重点经济领域，为把握经济运行态势、洞察经济发展规律、研判经济发展趋势、进行经济调控决策提供参考和依据。

中国行业发展数据库（下设 17 个专题子库）

以中国国民经济行业分类为依据，覆盖金融业、旅游业、交通运输业、能源矿产业、制造业等 100 多个行业，跟踪分析国民经济相关行业市场运行状况和政策导向，汇集行业发展前沿资讯，为投资、从业及各种经济决策提供理论支撑和实践指导。

中国区域发展数据库（下设 4 个专题子库）

对中国特定区域内的经济、社会、文化等领域现状与发展情况进行深度分析和预测，涉及省级行政区、城市群、城市、农村等不同维度，研究层级至县及县以下行政区，为学者研究地方经济社会宏观态势、经验模式、发展案例提供支撑，为地方政府决策提供参考。

中国文化传媒数据库（下设 18 个专题子库）

内容覆盖文化产业、新闻传播、电影娱乐、文学艺术、群众文化、图书情报等 18 个重点研究领域，聚焦文化传媒领域发展前沿、热点话题、行业实践，服务用户的教学科研、文化投资、企业规划等需要。

世界经济与国际关系数据库（下设 6 个专题子库）

整合世界经济、国际政治、世界文化与科技、全球性问题、国际组织与国际法、区域研究 6 大领域研究成果，对世界经济形势、国际形势进行连续性深度分析，对年度热点问题进行专题解读，为研判全球发展趋势提供事实和数据支持。

法律声明

"皮书系列"（含蓝皮书、绿皮书、黄皮书）之品牌由社会科学文献出版社最早使用并持续至今，现已被中国图书行业所熟知。"皮书系列"的相关商标已在国家商标管理部门商标局注册，包括但不限于 LOGO（ ）、皮书、Pishu、经济蓝皮书、社会蓝皮书等。"皮书系列"图书的注册商标专用权及封面设计、版式设计的著作权均为社会科学文献出版社所有。未经社会科学文献出版社书面授权许可，任何使用与"皮书系列"图书注册商标、封面设计、版式设计相同或者近似的文字、图形或其组合的行为均系侵权行为。

经作者授权，本书的专有出版权及信息网络传播权等为社会科学文献出版社享有。未经社会科学文献出版社书面授权许可，任何就本书内容的复制、发行或以数字形式进行网络传播的行为均系侵权行为。

社会科学文献出版社将通过法律途径追究上述侵权行为的法律责任，维护自身合法权益。

欢迎社会各界人士对侵犯社会科学文献出版社上述权利的侵权行为进行举报。电话：010-59367121，电子邮箱：fawubu@ssap.cn。

社会科学文献出版社